Sind wir noch zu retten?

Sind wir noch zu retten?

Christopher J. Preston

Sind wir noch zu retten?

Wie wir mit neuen
Technologien die Natur
verändern können

 Springer

Christopher J. Preston
Philosophy, University of Montana
Missoula, USA

Übersetzt von Sebastian Vogel

ISBN 978-3-662-58189-6   ISBN 978-3-662-58190-2   (eBook)
https://doi.org/10.1007/978-3-662-58190-2

Die Deutsche Nationalbibliothek verzeichnet diese Publikation in der Deutschen Nationalbibliografie; detaillierte bibliografische Daten sind im Internet über http://dnb.d-nb.de abrufbar.

Übersetzung der englischen Ausgabe: The Synthetic Age von Christopher J. Preston, erschienen bei The MIT Press, Cambridge MA, USA 2018, © 2018 Christopher J. Preston. Alle Rechte vorbehalten.

Einbandabbildung: © Orlando Florin Rosu/stock.adobe.com
Planung/Lektorat: Sarah Koch

Springer ist ein Imprint der eingetragenen Gesellschaft Springer-Verlag GmbH, DE und ist ein Teil von Springer Nature
Die Anschrift der Gesellschaft ist: Heidelberger Platz 3, 14197 Berlin, Germany

*Für Toby, Jessica und Alice …deren Leben durch das
synthetische Zeitalter geprägt sein wird.*

Danksagung

Meine Frau, meine Eltern, mein Bruder und meine Schwester sind unermüdliche Muntermacher für alles, was ich bin und was ich tue. Ich danke ihnen aus tiefstem Herzen für alles, was sie mir im Laufe der Jahre gegeben haben.

Eine Reihe von Freunden, Kollegen und Bekannten haben dazu beigetragen, dass dieses Manuskript an verschiedenen Punkten auf seinem Weg lebendig blieb. Unter anderem danke ich Fern Wickson, Svein Anders Lie, Geoff Gilbert, Jake Hanson, Patrick Kelly, Armond Duwell, Neal Anderson, Jennifer Beck, Jack Rowan, Beth Clevenger, Ted Catton und Bradley Layton für ihre Unterstützung in Form von Informationen und Ermunterung.

Mein Agent Kevin O'Connor schließlich war mir bei meinen Bemühungen, mich in der Welt der Literatur zurechtzufinden, eine größere Hilfe, als ich es verdient hatte. Er war provokativ, fleißig, informativ, fröhlich und engagiert, und nur ihm ist es zu verdanken, dass Sie jetzt dieses Buch in den Händen halten. Kevin war zweifellos ein qualifizierter Ratgeber, wie man ihn sich als Autor nicht besser wünschen kann.

Inhaltsverzeichnis

Einleitung

Was man auch ist – Wissenschaftler oder Maler, Bauer oder Philosoph, junge Mutter oder runzeliger Großvater – ein radikaler Wandel unserer Sicht auf die Welt beginnt in der Regel mit einem einzigen Augenblick des Erwachens. Plötzlich geschieht etwas, und eine ganze Reihe von Gedanken und Beobachtungen kristallisiert zu einer schockierenden neuen Erkenntnis. Einen solchen Augenblick erlebte ich vor nicht allzu langer Zeit an einer abgelegenen Küste Alaskas in Gesellschaft eines grauhaarigen Fischerbootkapitäns namens Walt.

***

Es war 14 Uhr und ich hockte auf dem Hinterdeck eines 42-Fuß-Bootes. Ich hatte einen hässlich aussehenden Fischerhaken[1] in der Hand und sah zu, wie 400 Meter Fischleine aus dem Meer auftauchten.

„Fertig?" fragte Walt. „Wenn ein Fisch rauskommt, musst du schnell sein."

Ich nickte und schob meine Füße hin und her, damit sie auf dem Deck festen Halt hatten. Hoffentlich würde ich meinen ersten Versuch, einen für den kommerziellen Markt bestimmten Alaska-Heilbutt an Land zu ziehen, nicht vermasseln.

„Lehn' dich bloß nicht zu weit raus", fügte Walt hinzu, „sonst zieht einer von den großen Kerlen dich rein. Wenn die an die Oberfläche kommen, kämpfen sie wie verrückt."

Ich gab ihm zu verstehen, dass ich verstanden hatte, und klammerte mich fester an die Reling des Bootes. In den Gewässern vor Alaska kann ein Heilbutt doppelt so viel wiegen wie ein Mensch und an einem kleinen Boot wirklich Unheil anrichten. Manche Fischer schießen dem Heilbutt eine Kugel in den Kopf, bevor sie ihn an Bord ziehen, um möglichst keine Verletzungen zu riskieren, wenn der Fisch auf dem Deck um sich schlägt.

Während mir das Herz bis zum Halse schlug, blickte ich hinunter zu der Stelle, wo die tropfende Leine aus dem Meer auftauchte, und sah gerade noch rechtzeitig, wie eine riesige ovale Gestalt in mein Blickfeld schwamm.

Neun Stunden nachdem die Umrisse dieses ersten Fisches neben unserem Boot aufgetaucht waren, bogen wir im Schatten des Mount Fairweather in eine abgelegene Bucht ein. Unter Deck war der Laderaum mit mehr als 400 Kilo unserer Beute gefüllt. Ihre ausgenommenen Bäuche waren mit Eisflocken vollgestopft. Als wir in die Bucht glitten, blickte ein Braunbär am Strand von einem Lachs auf, den er zwischen seinen riesigen Pranken gepackt hatte, widmete sich dann aber schnell wieder seiner Mahlzeit. Nachdem der Anker geworfen war und der Kapitän den lauten Dieselmotor abgestellt hatte, waren in der schweren, flüssigen Stille nur noch das Wasser, das gegen den Schiffsrumpf klatschte, und ein paar Schreie von vorüberfliegenden Möwen zu hören.

Es war fast Mitternacht, und nachdem ich den ganzen Nachmittag mit den schweren Fischen gearbeitet hatte, war ich erschöpft. Dennoch saß ich im Zwielicht des Nordens noch lange in meiner verschwitzten Fischerausrüstung auf dem Hinterdeck und ließ die Berge, die Gletscher und den verblassenden Umriss des Bären am Strand auf mich wirken. Mental und physisch durch die Arbeit mitgenommen, überkam mich eine traurige Erkenntnis: Ich hatte endlich begriffen, was es bedeutete, wenn man sagte, dass Menschen die Erde völlig verwandelt hätten.

Von unserem Boot abgesehen, war in allen Richtungen keine Spur von Menschen zu sehen. Wir hatten die wunderschön geformten Fische in einem der abgelegensten Küstengewässer Nordamerikas gefangen, einem Gewässer, in dem es von Arten wimmelte, die man in dieser Zahl an kaum einem anderen Ort findet. Wenn es irgendwo auf der Erde noch etwas gab, was eine gewisse Ähnlichkeit mit der unberührten Natur hatte, dann waren es Orte wie dieser.

Aber das glitzernde weiße Fleisch des Heilbutts, den wir aus dem Ozean gezogen, sorgfältig mit unseren Messern ausgenommen und unter Deck in Eis gepackt hatten, war nicht unberührt. Es enthielt so viel Quecksilber aus chinesischen, 7000 Kilometer entfernten Kohlekraftwerken, dass die US-amerikanische Lebensmittel- und Arzneimittelbehörde nur den Verzehr von drei kleinen Portionen im Monat für ungefährlich hielt. Schwangere Frauen und kleine Kinder sollten davon noch weniger essen.

Zu meinem eigentlichen Beruf gehört es, Collegestudenten etwas über Umweltthemen beizubringen, und so wusste ich in einem abstrakten Sinn bereits, dass es auf der Erde keinen Ort mehr gibt, der von der industriellen Umweltverschmutzung unberührt geblieben wäre. Irgendwo in meinem Gehirn hatte diese Information zwar ihren Platz gefunden, vollständig verarbeitet hatte ich sie aber ganz offensichtlich nicht. Denn jetzt *spürte* ich es zum ersten Mal. Die Auswirkung des Menschen auf unserem Planeten bedeutet mehr als nur eine Reihe von Zahlen, die auf sinkende Schneemengen, schmelzende Gletscher und schrumpfende Artenzahlen hindeuten. Es bedeutet, dass eine Landschaft die Folgen der Industrie nicht mehr abschütteln kann, ganz gleich, wie weit sie von den Produktionsstätten und Ballungsräumen entfernt ist. Der Mensch hat überall auf der Welt seine Spuren hinterlassen. Und die Folgen sind auch nicht geringfügig. Selbst an weit entfernten Orten können die Hinterlassenschaften der Menschen sich darauf auswirken, wie ungefährlich die Lebensmittel sind, die wir in den Mund stecken.

In den Monaten seit meiner Rückkehr von dem Fischereiausflug habe ich mich immer wieder gefragt, was ein solches Erbe für die vor uns liegenden Zeiten bedeutet. Die Frage, der ich in diesem Buch nachgehen möchte, lautet: Wie geht es von hier aus weiter?

***

Bis vor kurzer Zeit haben praktisch alle nennenswerten Teile der Menschheitsgeschichte in einer Epoche stattgefunden, die man als Holozän bezeichnet. Der Begriff stammt von den griechischen Wörtern *holos* und *kainos* und bedeutet wörtlich „ganz und gar neu". In diese „ganz und gar neue" Epoche ist unser Planet vor der erdgeschichtlich kurzen Zeit von rund 12.000 Jahren eingetreten.

Seit ungefähr zehn Jahren äußert eine buntscheckige Mischung aus Klimaforschern, Ökologen und Geographen die Vermutung, der übergroße Einfluss der Menschen auf der Erde könne bedeuten, dass wir im Begriff stehen, das Holozän hinter uns zu lassen. Diese ernüchternde neue Realität wird heute häufig als Beginn des Anthropozän oder „Menschenzeitalters" bezeichnet.[2]

Fachsprachlich betrachtet, ist *Anthropozän* ein geologischer Begriff, der – wenn man sich *wirklich* fachsprachlich ausdrücken will – bisher eigentlich überhaupt nichts bedeutet. Es ist der neue Name, der für die geologische Epoche, welche das Holozän ablösen soll, in Erwägung gezogen wird. Eine wachsende Zahl von Kommentatoren schlägt vor, die kommende Epoche zu Ehren der Spezies zu benennen, deren Spuren heute auf jedem Quadratzentimeter des Bodens und in jedem Tropfen des Meerwassers nachzuweisen sind.

Aber obwohl *Anthropozän* nach einem treffend gewählten Wort klingt, ist es nicht der einzige Begriff, mit dem man diesen erdgeschichtlichen Augenblick des Wandels einfangen will. Für die neu entstehende Epoche wurden auch andere Begriffe geprägt, und in jedem davon spiegelt sich eine andere Vorstellung von der Bedeutung eines durch Menschen dominierten Planeten wider. Manchmal wurde *Kapitalozän* oder *Ökonozän* vorgeschlagen, weil man deutlich machen wollte, welche Rolle Geschäfte für den Übergang, den der Planet erlebt, in Wirklichkeit spielen. Andere meinen, das Wort *Homogenozän* würde die schrumpfende menschliche und biologische Vielfalt am besten charakterisieren. Nach Ansicht mancher Feministinnen eignet sich der Begriff *Manthropozän* am besten zur Charakterisierung der Frage, welcher Teil der Menschheit auf unserem Planeten den größten Teil des Unheils angerichtet hat. Einem parallelen Gedankengang entspringt der Begriff *Eurozän,* und eher pessimistische Stimmen haben einfach *Obszän* vorgeschlagen.

Aber wichtiger als der Name, den wir für diese neue Phase der Erdgeschichte wählen, ist die Frage, wie wir sie *gestalten* wollen. Der Beginn einer neuen Epoche ist nicht nur eine Chance, einen neuen Namen für den Planeten zu finden, den wir unabsichtlich mit Mühe und

Fleiß verwandelt haben. Es ist auch eine Gelegenheit, sorgfältig darüber nachzudenken, was für eine Welt wir erschaffen wollen. Und was das angeht, leben wir in einer bemerkenswerten Zeit. Gerade jetzt, da die Diskussion um die Benennung geführt wird, dämmert ein neues Zeitalter herauf. Vom Atom bis zur Atmosphäre entwickelt sich eine Fülle neuer technologischer Mittel, die gemeinsam versprechen, die Natur umzugestalten.

***

In dem 1967 erschienenen Film *Die Reifeprüfung* wird der verwirrt aussehende Held Benjamin Braddock (der von Dustin Hoffman gespielt wird) von einem wohlmeinenden Freund der Familie beiseite genommen und erfährt, der Schlüssel zu seiner Zukunft liege in einem einzigen Wort: „Plastik". Nach Ansicht des Freundes würden ungeheuer viele von den Dingen, die Ben um sich herum sah, schon bald mittels neuer, billiger und höchst vielseitiger chemischer Prozesse in Fabriken produziert. Wenn Ben wisse, was gut für ihn und seine Karriere sei, müsse er sich bemühen, daran teilzuhaben.

Würde Ben heute einen solchen Ratschlag erhalten, er würde daraus ein noch viel großartigeres Versprechen über eine erstaunliche synthetische Zukunft heraushören. Heute umgeben wir uns nicht nur mit neuen Materialien. Unsere Spezies ist mittlerweile sogar in der Lage, eine ganze Reihe entscheidender Prozesse auf unserem Planeten neu zu gestalten. Wir lernen, wie man neue DNA-Anordnungen synthetisiert und zusammenbaut, um so neue, nützliche Lebewesen zu schaffen. Wir erzeugen neue Atom- und Molekülstrukturen, um Materialien vollkommen neue Eigenschaften zu verleihen. Wir stellen die biologischen Arten in Ökosystemen neu zusammen und experimentieren sogar mit dem Ziel, ausgestorbene Tiere von den Toten aufzuerwecken. Wir gehen der Frage nach, mit welchen technischen Mitteln wir die Sonne abschirmen und unseren Planeten abkühlen können. Auf allen diesen Wegen lernen die Menschen, wie sie einige der einstmals einflussreichsten Vorgänge in der Natur durch synthetische, von uns selbst gestaltete Prozesse ersetzen können.

Dass auf der Erde bereits wichtige Veränderungen stattgefunden haben, wird niemand leugnen. Bisher hat unsere Spezies solche globalen Auswirkungen aber in den meisten Fällen unabsichtlich verursacht. Niemand hatte geplant, Buchten in Alaska mir Quecksilber zu verschmutzen oder zuzulassen, dass Industriechemikalien sich im Fleisch der Wale anreichern, die unter dem arktischen Eis schwimmen. Weder die Erwärmung der Atmosphäre durch das Verfeuern fossiler Brennstoffe noch das Massenaussterben durch die großflächige Zerstörung von Lebensräumen waren Absicht. Der bisherige globale Wandel mit all seinen Veränderungen war nicht von seinen Verursacher gewollt.

Von jetzt an sieht die Sache anders aus. Nachdem wir uns in vollem Umfang bewusst sind, dass wir weltweite Schäden angerichtet haben, bleibt uns keiner andere Wahl, als mit größerem Selbstbewusstsein unsere Entscheidungen über zukünftige Handlungen zu treffen. Wie das verwundete Tier, das wir leidend am Straßenrand auffinden, so ist auch der verletzte Planet plötzlich Gegenstand unserer Verantwortung geworden. Die Möglichkeit, uns abzuwenden und so zu tun, als hätten wir es nicht bemerkt, haben wir nicht mehr. Unser Gewissen lässt es nicht mehr zu.

Noch schlimmer wird die Sache, weil unsere Verantwortung heute besonders drängend ist. Gerade zu einer Zeit, in der wir unsere moralische Verpflichtung auf uns nehmen müssen, schaffen neue Technologien die Möglichkeit, unsere Umwelt noch tiefgreifender zu verändern als je zuvor. Eine ganze Reihe von Grundfunktionen der Erde – der Aufbau der DNA, die Durchlässigkeit der Atmosphäre für das Sonnenlicht, die Zusammensetzung der Ökosysteme – werden zunehmend der Planung durch Menschen zugänglich. Was früher die ungewollten Folgen natürlicher Prozesse waren, ist heute mehr und mehr ein Produkt unserer bewussten Entscheidungen. Zu der Frage, in was für einer Zukunft wir leben werden, hat der Chemie-Nobelpreisträger Paul Crutzen eine unverblümte Ansicht. Von jetzt an, so sagt er, „sind wir es, die entscheiden, was die Natur ist und wie sie sein wird."[3]

Die Verdrängung natürlicher Vorgänge durch synthetische Prozesse ist das Kennzeichen einer Epoche, die wir als Plastozän bezeichnen könnten. Der Begriff soll nicht an eine Welt voller Plastik denken lassen. Die Menschheit könnte Gründe finden, warum sie von dieser synthetischen Schöpfung im Laufe der kommenden Jahrzehnte Abstand nimmt. In dem Begriff *Plastozän* spiegelt sich vielmehr der Gebrauch des Adjektivs *plastisch* wider: Er weist auf einen Planeten hin, der zunehmend weich und formbar wird. Das Plastozän ist Ausdruck der beispiellosen Formbarkeit der Erde, die durch neue Technologien möglich wird, wenn wir die Mittel aufwenden wollen, um sie zu entwickeln und anzuwenden.

Indem die Menschen gezielt in einige der grundlegenden physikalischen und biologischen Abläufe auf unserem Planeten eingreifen, stehen sie im Begriff, aus einer Welt, die vorgefunden wurde, eine erzeugte Welt zu machen. Im Plastozän wird die Welt durch Molekularbiologen und Ingenieure von Grund auf neu konstruiert, und damit beginnt das erste synthetische Zeitalter unseres Planeten.[4]

Die Umgestaltung des Planeten während dieses synthetischen Zeitalters wird sich nicht auf eine Veränderung der

Oberflächen beschränken. Sie wird tief in den Stoffwechsel der Erde eingreifen. Die technischen Mittel, die diese neue Epoche vorantreiben, werden nicht nur das *Aussehen* unseres Planeten verändern, sondern auch seine *Funktionsweise*. Die Natur und die Prozesse, die sie funktionieren lassen, werden zunehmend unserer Gestaltung unterliegen.

Zu verstehen, was das für Wandlungen sind, ist von größter Wichtigkeit, denn wir müssen lebenswichtige Entscheidungen treffen. Im Einzelnen sind die Umrisse des Weges, der vor uns liegt, noch nicht festgelegt. Wir müssen entscheiden, wie weit wir mit der Umgestaltung der Erde gehen wollen. Dass die natürlichen Prozesse bis zu einem gewissen Grade bewirtschaftet werden, ist zwar heute unvermeidlich, das Plastozän kann aber immer noch viele verschiedene Formen annehmen, je nachdem, wie aggressiv wir unsere Konstruktionen umsetzen wollen.

Einem Denkansatz zufolge wird die neue Beziehung zur Erde es in der kommenden Epoche notwendig machen, dass wir den Gedanken, einen Schritt zurückzutreten und unsere Spuren auf dem Planeten so gering wie möglich zu halten, völlig aufgeben. Stattdessen würden wir dann sehr viel stärker in die Natur und ihre Prozesse eingreifen. Aber statt gedankenlos und nach dem Zufallsprinzip unsere Spuren zu hinterlassen, würde wir den Planeten in einem „Vollgas-Plastozän" voller Zuversicht absichtlich und manchmal auch rücksichtslos prägen, je nachdem, wie es den besten Fähigkeiten unserer Experten entspricht. Nichts wäre verboten.

Andere schrecken vor derart weitreichenden Eingriffen zurück und sehen im Heraufdämmern der neuen Epoche eine Gelegenheit, unsere Einmischung teilweise rückgängig zu machen. Selbst wenn wir die Bewirtschaftung der Natur in manchen Bereichen intensivieren, könnten wir uns in anderen zunehmend weniger engagieren. Wenn wir uns beispielsweise entschließen, bestimmte

DNA-Abschnitte als unverletzlich zu erklären, könnten wir den Schutz eines Teils dessen gewährleisten, was die Evolution uns an die Hand gegeben hat. Wenn wir den Zutritt zu manchen Landschaften völlig verbieten, könnten wir einige wichtige Symbole für die Wildheit und Unabhängigkeit der Erde bewahren. Während wir also einerseits die Entwicklung bestimmter Technologien im weltweiten Maßstab aus humanitären Gründen vorantreiben, könnten wir andere Aspekte einer zunehmend synthetischen Welt ablehnen.

Da viele Fragen nach der Gestalt dieses synthetischen Zeitalters noch nicht beantwortet sind, erleben wir derzeit einen entscheidenden Übergangsmoment, eine flüchtige Gelegenheit zum Nachdenken, während unser Planet in eine neue Periode seiner Geschichte eintritt. Gerade zu einer Zeit, in der wir endlich das Ausmaß unserer Auswirkungen erkennen, möchte ich auf den folgenden Seiten den Vorschlag äußern, die Diskussion um die Frage, was für eine Zukunft wir uns wünschen, noch ein wenig länger auszudehnen. Statt davon auszugehen, dass der Name unserer Spezies bereits überall in die vor uns liegende Epoche eingeprägt ist, wollen wir annehmen, dass wir nur einen kurzen, aber wichtigen Spielraum zum Nachdenken haben. Denken wir an Janus, den römischen Gott des Wechsels, der mit einem Gesicht zurück und mit einem anderen nach vorn blickt: Dieser Augenblick verschafft uns eine kurze Gelegenheit, uns einen Überblick über die ungewollten Auswirkungen der Vergangenheit zu verschaffen und sorgfältig zu überlegen, welche absichtlichen Wirkungen wir in der Zukunft erzielen wollen.

Die jüngste Welle des Populismus in der europäischen und US-amerikanischen Politik wurde häufig so interpretiert, dass immer mehr Menschen befürchten, ihnen werde die Kontrolle über die Zukunft entgleiten. Ihnen scheint, als würde ihr Leben zunehmend in der Hand anderer liegen. Wenn wir uns in einem solchen Augenblick des Wandels nicht wohlüberlegt verhalten, werden die Umrisse des synthetischen Zeitalters tatsächlich von weit entfernten Experten und wirtschaftlichen Interessen geprägt werden. Die Entscheidungen darüber, wie stark die Erde umgestaltet wird, werden dann von einer technischen Elite und den Märkten getroffen, und beide lassen sich durch eine Kombination aus echtem Altruismus und der Aussicht auf neue Profite zu immer tiefgreifenderen Eingriffen verleiten. Wenn wir uns dann durch kommerzielle Interessen gedankenlos in ein Vollgas-Plastozän hineinziehen lassen, wird uns eine weitreichende Veränderung aufgezwungen. Die Erde und viele ihrer grundlegenden Prozesse werden ihre Unabhängigkeit von uns verlieren. Dann wird unsere Umwelt in einem sehr realen und endgültigen Sinn ihrer Natürlichkeit beraubt. Die Biosphäre wird vollständig der Technosphäre untergeordnet.

Solche Vorgänge werden Folgen haben. Wenn wir der Erde so etwas antun, tun wir es letztlich uns selbst an.

***

Eines möchte ich von vornherein klarstellen: Dieses Buch richtet sich nicht gegen die wichtigen Forschungsgebiete und Entdeckungen, die hier beschrieben werden.[5] Ausgehend von der Ebene der Atome und bis hin zur Manipulation der ganzen Atmosphäre feiern die nachfolgenden Kapitel eine Reihe der leistungsfähigsten technischen Verfahren, die derzeit im Entstehen begriffen sind. Es besteht kein Zweifel daran, dass viele dieser Entwicklungen notwendig sein werden, wenn wir mit den Folgen fertig werden wollen, die eine zunehmend urbanisierte und industrialisierte Bevölkerung bereits verursacht hat. Die technischen Verfahren werden die Möglichkeit schaffen, dass mehr Menschen besser leben als je zuvor und dabei weniger Spuren hinterlassen. Manche derartigen Hilfsmittel werden auch unentbehrlich sein, wenn wir die bereits angerichteten Schäden reparieren wollen. Irgendeine Version des synthetischen Zeitalters ist bis zu einem erheblichen Grade unvermeidlich.

Aber die Unvermeidlichkeit mancher derartigen Wandlungen verbindet sich mit einer nüchternen Warnung. Hinter den Versprechungen der Technologie lauern auch einige verführerische Gefahren. Häufig geht es dabei um übertriebene Fantasien um die Kontrolle. Sie versetzen uns in die Rolle eines Planetenverwalters, auf die wir kaum vorbereitet sind. Und sie lösen einen uralten Pakt auf, der darüber bestimmt, wie Menschen mit der Welt um sie herum umgehen sollten.

Die Umgestaltung unserer selbst und der Erde, wie sie durch das synthetische Zeitalter möglich wird, ist eindeutig ein zweischneidiges Schwert. Man wird sicher viele nützliche Wirkungen erzielen. Aber das wird auch einen beträchtlichen Preis haben. Auf der einen Seite bietet sich eine erfreuliche neue Vision von Gesundheit und Wohlstand, aber auch eine optimistische Erkundung neuartiger Beziehungen zu unserer Umwelt. Auf der anderen werden wir uns verzweifelt bemühen müssen, unsere geistige Gesundheit in einer Welt zu behalten, die sich im Vergleich zu jener, die wir in der Vergangenheit bewohnt haben, bis zur Unkenntlichkeit verändert. Wir werden feststellen, dass wir schnell und blind durch unsicheres, holpriges Gelände eilen.

Unsere Zukunft wird mit Sicherheit anders sein, aber welche Gestalt sie annimmt, ist noch nicht festgelegt. In einer gerechten Welt würde eine nachdenkliche, gut informierte Bevölkerung darüber entscheiden. Das ist eine der zentralen Botschaften, die ich im Folgenden vermitteln möchte. Es sind keine Entscheidungen, die man einigen wenigen Auserwählten überlassen könnte. Schließlich könnte für unsere Spezies kaum mehr auf dem Spiel stehen.

Übersicht über wichtige Personen und Fakten

Name	Lebensdaten	Kurzbeschreibung
Diane Ackerman	geb. 1948	Autorin eines der ersten Populärwissenschaftlichen Bücher über das Anthropozän: *The Human Age: The World Shaped by Us*
Jennifer Beck	geb. 1973	Botanikerin der US-Nationalparkbehörde am Crater Lake National Park; Befürworterin vorausschauender Wiederherstellungsversuche für die gefährdete Weißstämmige Kiefer
Paul Bogard	geb. 1966	Autor von *The End of Night. Searching for Natural Darkness in an Age of Artificial Light* (2013) [dt. *Die Nacht;* Üb. v. Y. Badal (2014)]
Steward Brand	geb. 1938	Zukunftsforscher und früherer Umweltunternehmer; strebt mit der Long Now Foundation die Wiederbelebung ausgestorbener Arten wie der Wandertaube an

Name	Lebensdaten	Kurzbeschreibung
Francis Collins	geb. 1950	Wissenschaftler und früherer Leiter des staatlich finanzierten Humangenomprojekts; Direktor der US-amerikanischen Institutes for Health
Michael Crichton	1942–2008	Amerikanischer Science-Fiction-Autor; brachte die Öffentlichkeit mit seinem Roman *Prey* [dt. *Beute*], der von durchgedrehten Nanobots handelt, gegen die Nanotechnologie auf
Paul Crutzen	geb. 1933	Atmosphärenchemiker und Nobelpreisträger aus den Niederlanden; gilt allgemein (zusammen mit Eugena Storer) als derjenige, der die Vorstellung von einem Anthropozän einem breiten Publikum näher brachte; befürwortete als erster namhafter Wissenschaftler das Geoengineering; führender Befürworter aggressiver Eingriffe in natürliche Systeme
Eric Drexler	geb. 1955	Zukunftsforscher und Mitbegründer des Foresight Institute; Pionier der molekularen Produktion in der Nanotechnologie; wurde wegen seiner Mitwirkung an der Vorstellung vom „grauen Schleim" und der nachfolgenden PR-Katastrophe der Nanotechnologie angegriffen
Richard Feynman	1918–1988	Nobelpreisgekrönter Physiker, Autor, Musiker und Beamter; wurde durch einen Vortrag 1959 zum Mitbegründer der Nanotechnologie; arbeitete in der Rogers-Kommission mit, die das Unglück der Raumfähre *Challenger* untersuchte
Stephen Gardiner	geb. 1967	Experte für Klimaethik und Autor des Buches *A Perfect Moral Storm: The Ethical Tragedy of Climate Change* (2011); mahnt bei Geoengineering zur Vorsicht

Name	Lebensdaten	Kurzbeschreibung
Jay Keasling	geb. 1964	Führender Vertreter der synthetischen Biologie; entwickelte ein Verfahren zur Herstellung halbsynthetischer Artemisinsäure, einer Vorstufe für ein wichtiges Malariamedikament
David Keith	geb. 1964	Professor an der Harvard University und Experte für Energiepolitik; nachdrücklicher Befürworter der Forschung im Bereich Geoengineering
Ray Kurzweil	geb. 1948	Nanotechnologe, Zukunftsforscher und Experte für künstliche Intelligenz; Erfinder des Keyboard-Synthesizer und der Sprachausgabetechnik; Autor von *The Singularity Is Near: When Humans Transcend Biology* (2005) [dt. *Menschheit 2.0: die Singularität naht;* Üb. v. M. Rötzschke (2013)]; Befürworter des Transhumanismus
Keekok Lee	geb. 1938	Technologie- und Umweltphilosoph; entwickelte eine Kritik an den „tiefen Technologien"
Aldo Leopold	1887–1948	Früher amerikanischer Naturschützer; Autor von *A Sand County Almanac* (1949) [dt. Teilübersetzung *Am Anfang war die Erde;* Üb. v. E. M. Walter (1992)]; maß wilden und relativ unberührten Landschaften einen hohen moralischen Wert bei
Jason Mark	geb. 1975	Journalist und Redakteur des *Sierra Magazine;* Autor von *Satellites in the High Country: Searching for the Wild in the Age of Man* (2015); Befürworter des Gedankens von der Bedeutung der Wildnis in unserer Zeit

Name	Lebensdaten	Kurzbeschreibung
Emma Marris	geb. 1979	Wissenschaftsautorin und Verfasserin von *Rambuntious Garden: Saving Nature in a Post-Wild World* (2011); führende Vertreterin der neuen, interventionistischen Denkrichtung im Umweltschutz
Bill McKibben	geb. 1960	Amerikanischer Klimaaktivist; sein Buch *The End of Nature* (1989) [dt. *Das Ende der Natur;* Üb. v. U. Rennert (1990)] war ein wichtiger erster Hinweis auf die philosophische Bedeutung des Klimawandels; vertritt nachdrücklich stärkere Beschränkungen und den Respekt vor der Eigenständigkeit der Natur
John Stuart Mill	1806–1873	Britischer Politikphilosoph und Reformer; in seinem Essay „On Nature" (1874) unterschied er zwischen den Gedanken, das Handeln der Menschen spiele sich ausschließlich innerhalb oder außerhalb der Natur ab
Svante Pääbo	geb. 1955	Schwedischer Genomforscher; erlangte Berühmtheit mit seinen Arbeiten zur Kartierung des Neandertalergenoms
Fred Pearce	geb. 1951	Freier britischer Wissenschaftsjournalist; Autor von *The New Wild: How Invasive Species Will Save the World* (2015) [dt. *Die neuen Wilden: Wie es mit fremden Tieren und Pflanzen gelingt, die Natur zu retten;* Üb. v. G. Gockel u. B. Steckhan (2016)]
Richard Smalley	1943–2005	Nobelpreisgekrönter Chemiker und Pionier der Nanotechnologie; wurde als Mitendecker des Buckminsterfullerens bekannt

Name	Lebensdaten	Kurzbeschreibung
Chris Thomas	geb. 1959	Biologe und Experte für die ökologischen Auswirkungen des Klimawandels; Pionier beim Verfahren der unterstützten Wanderung: brachte zwei Schmetterlingsarten in Großbritannien mit dem Auto weiter nach Norden
J. Craig Venter	geb. 1946	Synthetischer Biologe; beschleunigte durch sein Eingreifen die Fertigstellung der Genomsequenzierung im Rahmen des Humangenomprojekts: leitete die Arbeitsgruppe, die 2010 erstmals ein lebendes synthetisches Genom konstruierte
Gaia Vince	k/A	Australische Reise- und Wissenschaftsautorin; verfasste *Adventures in the Anthropocene: A Journey to the Heart of the Planet We Made* (2014) [dt. *Am achten Tag: eine Reise in das Zeitalter des Menschen;* Üb. v. M. Niehaus, M. Wiese u. J. Wissmann (2016)]
Sergej Zimov	geb. 1955	Russischer Ökologe und Direktor des „Pleistozänparks" in Sibirien

1

Materie, neu gestaltet

Angesehene historische Gestalten wie Benjamin Franklin, Karl Marx und Hannah Arendt haben vorgeschlagen, den *Homo sapiens* (den „weisen Hominiden") lieber als *Homo Faber* („bauenden" oder „Werkzeuge herstellenden Hominiden") zu bezeichnen. Unser Hang, Dinge zu konstruieren – von den Pyramiden über Einkaufszentren bis zum batteriebetriebenen Tesla –, gehört zu unseren wichtigsten Eigenschaften. Man kann sogar behaupten, er sei das Wesentliche, das uns zu Menschen macht. Der Wunsch, Gegenstände und Vorrichtungen zu bauen, scheint in unserer DNA festgeschrieben zu sein. Und die Tatsache, dass wir darauf nicht verzichten können, war der Schlüssel zum spektakulären Erfolg unserer Spezies im Vergleich zur gesamten sonstigen, gefiederten und pelzigen Tierwelt, die unseren Planeten bewohnt.

Auch wenn man in Hinterhöfen, auf Straßenmärkten, in Läden und bei kitschigen Websites rund um den Globus buchstäblich Millionen von hergestellten Dingen

© Springer-Verlag GmbH Deutschland, ein Teil von Springer Nature 2019
C. J. Preston, *Sind wir noch zu retten?*,
https://doi.org/10.1007/978-3-662-58190-2_1

kaufen kann, hat die Natur unseren Konstruktions-projekten stets Grenzen gesetzt. Bestimmte Eigenschaften des Materials schränken das Spektrum der Dinge ein, die man daraus herstellen kann. Man kann beispielsweise aus einer Wanne voll Wasser keinen Ofen bauen, und aus einem Haufen belegter Brote wird kein funktionierendes Flugzeug. Bei aller Fantasie und Geschicklichkeit, die Menschen in die Herstellung von Dingen gesteckt haben, hat die Natur der Materie uns immer gewisse Grenzen oder Beschränkungen auferlegt. So sehr wir ein Material auch biegen, schneiden, mischen, abkühlen oder schmieden, zu bestimmten Dingen kann es einfach nicht werden.

So schien es jedenfalls. Aber seit es die Nanotechnologie gibt, kann man vermuten, dass diese grundlegende Wahrheit nicht mehr gilt.

Das Verdienst, die Nanotechnologie aus der Taufe gehoben zu haben, wird in der Regel dem amerikanischen theoretischen Physiker Richard Feynman zugeschrieben. Es geschah während eines bemerkenswerten Vortrages, den er 1959 am California Institute of Technology hielt. Wir werden später darauf zu sprechen kommen, was er dort sagte, zunächst einmal aber müssen wir etwas über den Mann wissen, der diese bahnbrechende Rede hielt.

Für die Persönlichkeit von Richard Feynman ist die Bezeichnung *Renaissancemensch* – ein Begriff für eine Person mit so weit gefächerten Begabungen, dass sie praktisch über jedes Thema etwas Kluges sagen oder Erstaunen hervorrufen kann – vermutlich eine Untertreibung. In erster Linie war er ein führender theoretischer Physiker und Mathematiker. Aber Feynman war auch ein begabter Bongospieler, ein Bestsellerautor, Übersetzer von Maya-texten, Teilzeitkünstler, der unter dem Pseudonym „Ofey" zeichnete (abgeleitet nach seinen eigenen Angaben von dem französischen *au fait*, was so viel wie „erledigt" bedeutet), und ein bekannter Geschichtenerzähler, der seinen schrägen Sinn für Humor häufig mit großer Wirkung einsetzte.

In Erinnerung blieb Feynman aber nicht nur als Physik-Nobelpreisträger von 1965, sondern auch als angesehener Staatsdiener. Als junger Mann arbeitete er nach anfänglichem Zögern in der Arbeitsgruppe in Los Alamos in New Mexico an der Entwicklung der Atombombe mit, die dazu beitrug, den Zweiten Weltkrieg zu beenden. In seinem letzten Lebensjahr wurde er von dem Präsidenten Ronald Reagan gebeten, in die Kommission einzutreten, die 1986 die tödliche Explosion der Raumfähre *Challenger* untersuchte. In einer vom Fernsehen übertragenen öffentlichen Anhörung zu der Katastrophe, bei der sieben Astronauten ums Leben kamen, ließ Feynman einen gespannten Gummiring in einen Becher mit Eiswasser fallen, um so zu demonstrieren, wie die Temperatur an der Abschussstelle der Rakete das ordnungsgemäße elastische Verhalten der Dichtungen am Treibstofftank der *Challenger* beeinträchtigt hatte. Auf diese einfache Weise konnte er dem amerikanischen Fernsehpublikum die Ursache der Explosion deutlich machen. Obwohl Feynman damals bereits an Magenkrebs im Endstadium litt, beschäftigte er sich lange und intensiv mit allen Annahmen und Vorstellungen, die das gesamte Space Shuttle-Programm geprägt hatten. Nach seinen Berechnungen lag die Wahrscheinlichkeit eines katastrophalen Unfalls für jede einzelne Shuttle-Mission nicht bei 1 zu 100.000, was die Ingenieure der National Aeronautics and Space Administration (NASA) stets öffentlich behauptet hatten, sondern eher bei 1 zu 100 — eine Statistik, die sich während der 30 Jahre, in denen die Flotte der Raumfähren im Dienst war, auf tragische Weise bemerkbar machte.

Feynmans gewaltige Intelligenz lag zum Teil darin, dass er allen vorgefassten Geisteshaltungen und dem von ihnen begünstigten übermäßigen Selbstvertrauen skeptisch gegenüberstand. Während seiner Zeit in Los Alamos machte er sich so große Sorgen um die Möglichkeit, dass die dort entwickelte Nukleartechnologie in die falschen Hände geraten könnte, dass er sich selbst zu einem fachmännischen Tresorknacker ausbildete. Seine Vorgesetzten lachten darüber, aber kurz nach dem Ende des Zweiten Weltkrieges brach Feynman den Safe auf, der alle zum Bau der Bombe notwendigen Akten enthielt, und bewies damit den höheren Chargen, was er mit institutioneller Selbstzufriedenheit meinte. In der Praxis wie in der Theorie wusste Feynman, wie er Licht in Fragestellungen bringen konnte, die man in seiner Umgebung unmittelbar vor der Nase hatte.

In jenem Hörsaal des California Institute of Technology sprach Feynman 1959 nicht über Dichtungsringe oder die Geheimnisse des Kalten Krieges, sondern über etwas mehr Theoretisches. Vor einigen der klügsten Physiker der Vereinigten Staaten spekulierte er darüber, wie Dinge im Größenmaßstab der Atome und Moleküle in Wirklichkeit aussehen. Zu jener Zeit hatten alle den Verdacht, dass man in einem solchen Größenbereich absoluten physikalischen Grenzen näher kam und dass das Wesen der Dinge dort im Wesentlichen festgelegt war. Aber in seinem Vortrag mit dem Titel „Ganz unten ist noch viel Platz" stellte Feynman eine andere Hypothese auf: Danach ist tief im Inneren jedes einzelnen Stücks Materie noch so viel Platz, dass Menschen die Teilchen, die sie dort vorfinden, neu ordnen und manipulieren können. In der Diskussion, die das Bewusstsein ein wenig veränderte, ging es um den verfügbaren Platz auf dem Kopf einer Stecknadel, um die Menge des gedruckten Textes in der *Encyclopaedia Britannica* und um die in der DNA gespeicherte Informationsmenge; Feynman stellte den Größenmaßstab der Atome als Umfeld dar, das ein gewaltiges Potenzial für Manipulationen birgt.

Solche absichtlichen Neuordnungen, so seine Idee, würden die Voraussetzungen für außergewöhnliche Vorgänge schaffen. Er behauptete, das sei ein Forschungsgebiet, das nur darauf wartete, betreten zu werden.

In seinem bahnbrechenden Vortrag prophezeite Feynman, man werde Atome und Moleküle eines Tages mit speziell dazu konstruierten Werkzeugen unmittelbar handhaben können und so neue Materialien mit verblüffenden, nützlichen Eigenschaften schaffen. Zuversichtlich erklärte er, wenn Menschen die Kontrolle über die Anordnung von Atomen hätten, würden sie entdecken, dass „Substanzen ein ungeheuer viel größeres Spektrum von Eigenschaften haben können und dass wir ganz andere Dinge tun können".[1]

Es war ein bemerkenswert weitsichtiger Vortrag. Die Rastertunnelmikroskope, mit denen man im Größenmaßstab der Atome „sehen" kann, gab es 1959 noch nicht.[2] Deshalb konnte niemand bestätigen, ob Feynman recht hatte. Dennoch lockten seine Vorhersagen zahlreiche Wissenschaftler und Ingenieure auf einen revolutionären neuen Weg zur Umgestaltung der physikalischen Welt.

***

Die Nanotechnologie-Revolution begann in aller Stille. Erste Konsumprodukte, die Nanomaterialien enthielten, kamen 1999 auf den kommerziellen Markt. Schon bevor die Öffentlichkeit auch nur eine Ahnung davon hatte, was Nanotechnologie ist, wurden Autostoßstangen mit Nanomaterial-haltigen Farben lackiert, die widerstandsfähig gegen Kratzer waren, die Rahmen von Tennisschlägern wurden mit Kohlenstoff-Nanoröhren verstärkt, und Sonnenschutzmittel, in denen reflektierende Reagenzien von Nanogröße das ultraviolette Licht zurückwarfen, tauchten in den Läden auf. Die Konsumenten kauften sie und integrierten sie in ihr Alltagsleben. Welche außergewöhnlichen physikalischen Erkenntnisse in den Nanomaterialien steckten, blieb dem ahnungslosen Verbraucher verborgen.

Die Vorsilbe *Nano* steht für 10^{-9}, also für ein Milliardstel. Die vielen Nullen, die diese Zahl enthält, deutet darauf hin, dass es sich um einen sehr kleinen Bruchteil von irgendetwas handelt. Wenn es um das Längenmaß des Meters geht, ist ein Nanometer eine sehr kleine Länge. Dinge, in solchen Einheiten gemessen werden, sind wirklich winzig. Ein Nanometer ist ungefähr ein Hunderttausendstel der Dicke eines Blattes Papier. Zehn Millionen Nanometer machen einen Zentimeter aus. Ein DNA-Strang, der tief im Kern einer einzigen unserer Körperzellen verborgen liegt, hat bereits einen Durchmesser von zwei Nanometern. Könnte man eine Glasmurmel auf die Größe eines Nanometers reduzieren und alles andere im gleichen Ausmaß schrumpfen lassen, könnte ein Erwachsener mit einem Schritt über die Erde steigen (natürlich vorausgesetzt, der Erwachsene ist nicht im gleichen Maße geschrumpft).

Und für diejenigen, die eine andere Bezugnahme auf den menschlichen Körper bevorzugen: Fingernägel wachsen in jeder Sekunde um ungefähr einen Nanometer. Selbst wenn wir unsere Nägel wirklich intensiv anstarren, sehen wir nicht, wie sie länger werden. Dagegen wächst der Dreitagebart von Ryan Gosling – wie der praktisch jedes anderen Filmstars – fünf Nanometer pro Sekunde (und die Menschen starren ihn sicher tatsächlich an).

Und das ist, was die verblüffenden Eigenschaften von „Nano" angeht, bei weitem nicht alles. Ein Wassermolekül ist einen knappen halben Nanometer lang. Ein Goldatom liegt eher bei einem Viertel Nanometer und ist damit noch kleiner. Ein typisches Bakterium dagegen ist bereits gewaltige 2500 Nanometer dick, und der Basketballspieler LeBron James misst ungeheure 2,03 Milliarden Nanometer.

Damit sind wir an einem wichtigen Punkt. In der Regel spricht man nicht mehr vom Nanomaßstab, wenn Dinge größer als 100 Nanometer sind. Wenn sie darüber hinausgehen, werden sie *Makro*. Das heißt, dass weder das Bakterium noch LeBron James eine Nanogröße haben. Andererseits wird ein Material aber als „Nano" bezeichnet, wenn es zumindest in einer Dimension die Nanogröße hat. Graphen ist beispielsweise ein Kohlenstoffgerüst, dass nirgendwo dicker als ein Atom ist. Eine Graphenschicht mit dem Durchmesser eines Esstellers geht als Nano durch, weil der „Teller" aus Graphen von unten bis oben nirgendwo mehr als einen Nanometer misst. Die Beispiele weisen alle in die gleiche Richtung. Ein Nanometer ist sehr wenig, und die Nanowissenschaft beschäftigt sich mit den Eigenschaften der Materie in diesen sehr kleinen Dimensionen.

Die Erforschung des Nanomaßstabs ist zwar ein relativ neues wissenschaftliches Forschungsgebiet, vereinzelt gab es aber bereits Dinge im Nanomaßstab auf der Erde, lange bevor der *Homo Faber* anfing, Dinge herzustellen. Verstreut findet man Objekte von Nanogröße im Boden, im Wasser der Ozeane und in der Atmosphäre. Einige der fesselndsten Naturphänomene – der Glanz eines Schmetterlingsflügels, die Haftfähigkeit der Füße eines Geckos oder das glitschige Material am Rand einer fleischfressenden Kannenpflanze – basieren auf biologischen Strukturen von Nanogröße, die zu den verschiedenen Lebewesen gehören. Ungewöhnliche Nano-Kohlenstoffstrukturen wie Graphene und Fullerene – Letztere sind eigentlich Graphene in Kugelform – kommen von Natur aus nicht nur auf der Erde vor, sondern auch im Weltraum.

Hin und wieder haben auch Menschen unabsichtlich Nanomaterialien erzeugt. Jahrhundertealtes gefärbtes Glas verdankt seine Schönheit Gold- und Silberteilchen von

Nanogröße, aber die Künstler, die das Gas schufen, hatten keine Ahnung, dass sie sich den Nanomaßstab nutzbar machten. Über 1000 Jahre alte Damaszenerschwerter enthalten, wie man festgestellt hat, in ihren Klingen einzelne Kohlenstoff-Fullerene. Der Duft, der von einer frisch gebrühten Tasse Kaffee ausgeht, oder der abstoßende Geruch eines faulenden, feuchten Abfallhaufens sind auf Eigenschaften im Nanomaßstab zurückzuführen.

In der Natur kommen also gelegentlich Materialien im Nanomaßstab vor (und unabsichtlich wurden sie vereinzelt auch von Menschen im Laufe der Jahrhunderte hergestellt), in ihrer großen Mehrzahl sind die Materialien und Elemente der Natur aber viele tausend Mal größer. Dass der Nanomaßstab für Wissenschaftler seit Feynmans Zeit so interessant wurde, hat viel mit den Gründen zu tun, warum Nanomaterialien so selten sind.

Im Nanomaßstab sind Materialien höchst reaktionsfreudig und von einer vielversprechenden Instabilität. Überlässt man sie in der Natur sich selbst, reagieren sie also in der Regel sehr schnell mit Nachbarsubstanzen, wobei etwas Größeres und Trägeres entsteht. Dass die Nanotechnologie zu einem der aktuellen Forschungsgebiete von Wissenschaft und Technik geworden ist, liegt gerade daran, dass man herausgefunden hat, wie man diese starke Reaktionsfreudigkeit im Nanomaßstab zur Herstellung von Materialien nutzen kann, bevor das Material reagieren und zu etwas Langweiligem, Stabilem werden konnte.

Mit absichtlich hergestellten Nanomaterialien wird das Gewöhnliche sehr schnell zum Außergewöhnlichen. Mehl im Nanomaßstab kann explodieren, wenn es einer Flamme ausgesetzt wird, Gold kann sich rot verfärben und seine Schmelztemperatur sinkt ab, und Kohlenstoff leitet Elektrizität im Gegensatz zu anderen Formen des Elements in der Nanoform sehr gut. Nanopunkte leuchten auf seltsame, aber kontrollierbare Weise auf, wenn man sie mit Licht bestrahlt, Materialien können um Größenordnungen härter werden, wenn man ihnen eine Nanooberfläche gibt, und Nanosubstanzen können heftige chemische Reaktionen katalysieren. In der seltsamen Nanowelt können plötzlich supermagnetische Eigenschaften entstehen, und die Richtung des Magnetfeldes kann unter dem Einfluss der Temperatur zufällig wechseln. In den verschiedensten Bereichen schafft die Verkleinerung von Materialien eine vollkommen neue, spannende Realität.

Hinter solchen Kunstgriffen stehen einige grundlegende physikalische Tatsachen, die sehr aufschlussreich sind und nicht die Kenntnisse eines Doktors in theoretischer Physik erfordern. Dass Nanomaterialien so reaktionsfähig sind und ungewöhnliche Eigenschaften haben, liegt zu einem großen Teil an ihrer grundlegenden Geometrie. Wenn man eine beliebige Kugel immer stärker schrumpfen lässt, steigt das Verhältnis der Oberfläche zum Volumen. Oder anders gesagt: Ein sehr kleines Materiestück hat in seinem Inneren im Verhältnis zu seiner Außenseite weniger Material. Die Oberfläche einer kleinen Murmel ist im Verhältnis zu ihrem Volumen größer als die einer großen Murmel. Und eine wirklich winzige Murmel hat nochmals ein größeres Verhältnis von Oberfläche zu Volumen als die kleine.

Die im Verhältnis zum Volumen große Oberfläche hat zur Folge, dass ein viel größerer Anteil des Materials der Außenwelt ausgesetzt ist. Chemische Reaktionen zwischen Substanzen finden an der Oberfläche statt. Wenn also so viel Oberfläche freiliegt, kann ein größerer Teil der fraglichen Substanz an Reaktionen teilnehmen. Und solche Reaktionen machen zahlreiche interessante Dinge möglich.

Wenn Material bis in die Größe des Nanobereichs schrumpft, wird das Verhältnis von Oberfläche zu Volumen geradezu lächerlich. Bei einem Teilchen mit einem Durchmesser von 20 Nanometern liegen beispielsweise 20 % der Atome an der Oberfläche. Bei einem Teilchen von drei Nanometern sind es schon 50 %. Das ist für die Außenseite eine Menge Material! Bei einer so großen freiliegenden Oberfläche ist es nicht verwunderlich, dass sich chemische und physikalische Eigenschaften entwickeln, die dieselbe Substanz in größerem Maßstab nicht besitzt.

Aber Geometrie ist nicht alles. Ein anderer Grund, warum sich die Eigenschaften im Nanomaßstab dramatisch verändern, hat mehr mit der Materie selbst zu tun. In größeren Maßstäben fallen die recht gespenstischen Effekte, die es in der Quantenwelt gibt, kaum einmal auf, weil sich bei den Millionen Atomen, aus denen das Material besteht, Durchschnittswerte herausbilden. Im Nanomaßstab enthält ein Material jedoch bedeutend weniger Atome, und deshalb hat der durchschnittliche Ausgleich der Quanteneigenschaften, der in größeren Ausmaßen immer stattfindet, nicht mehr eine so starke Normalisierungswirkung. Deshalb können nun Quanteneffekte über das Verhalten der Materie bestimmen.

Man kann es sich so vorstellen: Wenn 10.000 Menschen mir obszöne Worte zurufen, höre ich wahrscheinlich nur einen lauten, unbestimmten Lärm. Schreien fünf oder sechs Personen die gleichen unanständigen Ausdrücke, höre ich wahrscheinlich so viel, dass ich beleidigt bin. Etwas Ähnliches spielt sich auch im Nanomaßstab ab: Hier kann sich eine Handvoll Quanteneigenschaften echtes Gehör verschaffen.

Eine Ursache der Quanteneffekte sind die abgegrenzten Energieniveaus, auf denen die Elektronen innerhalb eines Materials schwingen. Schrumpft ein Materialstück so weit, dass es die Größe dieser „Banden" erreicht, ändert sich das Verhalten der Elektronen. Solche Veränderungen können die optischen, mechanischen, thermischen, magnetischen und elektrischen Eigenschaften eines Materials beträchtlich beeinflussen und fügen deshalb zu dem Oberflächeneffekt einen weiteren Aspekt hinzu. Kohlenstoff-Nanoröhren – die ein wenig wie Nanometer-große Penne-Nudeln aussehen – leiten Wärme von einem Ende der „Penne" zum anderen sehr gut, isolieren aber effizient Richtung des Röhrenquerschnitts. Graphen ist in der Regel nicht magnetisch, kann aber magnetisch werden, nachdem es für kurze Zeit von bestimmten Materialien eingehüllt war.

Graphene und Nanoröhren haben wegen ihrer winzigen Dimensionen auch die ungewöhnliche optische Eigenschaft, Licht besonders stark zu absorbieren. Damit gehören sie zu den schwärzesten Materialien, die man kennt, und sind nützlich für die Anwendung in der Lasertechnologie. Nanoröhren halten auch sehr gut zusammen und besitzen damit ein Mehrfaches der Zugfestigkeit von Stahl bei einem Bruchteil des Gewichts. Mit dieser phänomenalen Festigkeit unterscheiden sie sich stark von Makroformen des Kohlenstoffs. Graphit ist ziemlich zerbrechlich daran erinnert sich sicher so mancher, dem in der Schule unzählige Male der Bleistift abgebrochen ist. Graphen mit seinen Nanoausmaßen dagegen eignet sich als Material für kugelsichere Westen.

In den Eigenschaften der Materie, die Wissenschaftler heute im Nanomaßstab nutzbar machen können, steckt sicher ein gewaltiges Potenzial. Wenn billige, allgemein verfügbare Materialien wie Kohlenstoff plötzlich leichter, fester, biegsamer, elektrisch leitfähiger und magnetischer sind, nur weil sie in anderer Größe hergestellt werden, eröffnen sich für ganze Unternehmensbereiche neue, spannende Möglichkeiten. Zu diesen Feldern gehören Materialwissenschaft, Gesundheitswesen, Informationstechnologie, Energieproduktion, Optik und Sensortechnik,

Militärtechnik und kommerzielle Produktion. Die Liste ließe sich beliebig verlängern. Was die Möglichkeiten angeht, erklärte der Nobelpreisträger und Nanotechnologie-Pionier Richard Smalley euphorisch: „Die Liste der Dinge, die man mit einer solchen Technologie erreichen könnte, liest sich wie der Weihnachtswunschzettel unserer Zivilisation."[3] Was man auch will, man kann es haben. Potenzielle Anwendungsgebiete für die Nanotechnologie gibt es in nahezu allen Bereichen, in denen der *Homo Faber* etwas herstellt.

Wie eine wichtige Unterart des *Homo Faber* – der *Homo faber oeconomicus* – sofort erkannte, steckt in den neuartigen Eigenschaften, die sich überall im Nanomaßstab herauskristallisieren, gewaltiges wirtschaftliches Potenzial. Wenn Menschen der Materie neue Kraft verleihen können, indem sie mit einer veränderten Größe ihre ungewöhnlichsten und wertvollsten Eigenschaften an den Tag bringen, eröffnet sich eine ganze vielversprechende neue Welt. Mit solchen Aussichten kann man gewaltige Geldsummen verdienen. Das ist einer der Gründe, warum die US-Regierung derzeit jährlich rund 1,5 Milliarden Dollar in die National Nanotechnology Initiative investiert, ein breit angelegtes Projekt, mit dem Erfindungen und Entdeckungen im Nanomaßstab quer durch die US-Wirtschaft gefördert werden sollen.

***

Mittlerweile ist die moderne Nanotechnologierevolution 20 Jahre alt, und es fällt schwer, die vielen Bereiche nachzuverfolgen, in denen Nanomaterialien heute die Wirtschaft beeinflussen. Mit Nanobehandlungen, durch die sich das Verhalten von Oberflächen verändert, werden viele Haushaltsgegenstände stärker wasserabstoßend, oder sie reflektieren weniger, filtern ultraviolettes Licht, beschlagen weniger und hemmen

Mikroorganismen. Golfschläger, Sonnenbrillen, Fensterbeschichtungen, Nahrungsergänzungsmittel, Küchengeräte und Kinderspielzeug enthalten Nanomaterialien. Nanobeschichtete Stoffe bekommen von Rotwein und Ketchup keine Flecken mehr. Silber-Nanopartikel, die im Achselbereich in Hemden eingewirkt werden, töten die für den Körpergeruch verantwortlichen Bakterien, sodass die Menschen weniger nach Schweiß riechen. Lebensmittelverpackungen mit Nanosilber hemmen schädliche Mikroorganismen und verlängern die Haltbarkeit. In Verpackungen eingebettete Nanostrukturen halten auch wünschenswerte Eigenschaften wie den Kohlensäuregehalt von Sprudelgetränken besser fest. Mit Nanomaterial behandelte Kühlschränke und Tiefkühltruhen bleiben länger sauber. Das Spektrum der Funktionen, die Nanoteilchen in kosmetischen Produkten erfüllen, reicht von der Fähigkeit, besser in die Haut einzudringen, bis zur Verbesserung des gleichmäßigen Auftragens einer Lotion. Schneidwerkzeuge, deren Schneiden Material in Nanogröße enthalten, sind um ein Vielfaches haltbarer als ihre Entsprechungen ohne Nanotechnologie.

In der Informationstechnologie hat die Nanotechnologie ihre Leistungsfähigkeit an der Nutzerschnittstelle bereits unter Beweis gestellt. Smartphonebildschirme mit Nanostruktur-Polymeren erzeugen schärfere Bilder mit weniger Blendung. Biegsame Bildschirme eröffnen die Aussicht, ein mobiles Gerät in die Gesäßtasche zu stecken und sich darauf zu setzen, ohne dass anschließend ein teurer Ausflug zum Handyladen notwendig wird. Aber all das sind nur oberflächliche Entwicklungen. Ein noch größeres Potenzial birgt der Nanomaßstab, wenn es darum geht, digitale Informationen zu verarbeiten.

Wie Feynman in seinem Vortrag bereits theoretisch erläutert hatte, verspricht eine geringe Größe unglaubliche Möglichkeiten für die Speicherung und Handhabung von Informationen. In heutigen Computern werden diese Funktionen von Transistoren ausgeführt, die aus Halbleitermaterial wie Silizium bestehen. Ein Transistor enthält in der Regel zwei Endpunkte, zwischen denen eine Spannung ein- oder ausgeschaltet werden kann, wenn an einem dritten Endpunkt, dem Gatter, eine Spannung angelegt wird. Nachdem die Transistoren immer weiter geschrumpft sind, wurde die Technologie wegen der geringen Abstände zwischen den Endpunkten nicht nur unverhältnismäßig teuer, sondern sie nähert sich allmählich auch dem Punkt, an dem das seltsame Phänomen der Quantentunneleffekte auftritt.

Der Quantentunneleffekt hat eine unglückselige Folge: Elektronen können zwischen dem Gatter und dem Kanal, der die beiden anderen Endpunkte trennt, auch dann ungewollt fließen, wenn dieser Raum isoliert ist. Deshalb und wegen anderer Elektronenlecks entsteht unerwünschte Wärme, die Leistungsfähigkeit sinkt, und die großen Nullen und Einsen, die zur Darstellung digitaler Informationen notwendig sind, lassen sich nicht mehr zuverlässig darstellen.

Eine mögliche Antwort auf dieses Problem besteht darin, die konventionellen Transistoren durch Transistoren aus Nanodrähten zu ersetzen. Wegen der Struktur und der Ausmaße solcher Nanodrahtkanäle lässt sich der durch sie fließende Strom zuverlässig kontrollieren, und Elektronen dringen nur in geringem Maße nach außen. In einem radikaleren Ansatz werden die Transistoren völlig weggelassen, und man nutzt stattdessen den binären Spin der Atome und Elektronen. In der Wissenschaft findet man allmählich heraus, wie sich ein solcher Spin praktisch von einem Augenblick zum anderen umkehren lässt. Eine dritte Möglichkeit wird von niederländischen Wissenschaftlern untersucht: Sie nutzen die Positionen von Atomen, um die Einsen und Nullen wiederzugeben. Diese

Forscher haben herausgefunden, wie man Information im Vergleich zur derzeitigen Technologie in einer um zwei bis drei Zehnerpotenzen größeren Dichte speichern kann, indem man einzelne Chloratome auf einer Kupferplatte in unterschiedliche Positionen bringt.

Wenn man Daten in diesem Größenmaßstab verarbeitet, wird eine erstaunliche Rechenleistung möglich. Die Prozessoren können dann viel kleiner und energieeffizienter werden als alles, was heute verfügbar ist. Die zusätzliche Rechenleistung würde die Entwicklung nutzerfreundlicher Funktionen ermöglichen, die heute unmöglich sind, darunter die nahezu augenblickliche Speicherung von Daten während eines Systemabsturzes.

Von dem Weg zu höchst leistungsfähigen Methoden der Datenverarbeitung bis hin zu der vollkommen banalen Bequemlichkeit einer fleckabweisenden Einkaufstasche erweist sich die Nanotechnologie quer durch viele Bereiche des modernen Lebens als umwälzende Neuerung.

***

Inmitten der ganzen Aufregung um dieses ungeheure Potenzial sollten wir einen Augenblick innehalten und darüber nachdenken, was für eine radikale Umwälzung die Nanotechnologie darstellt. Sie schafft für einige grundlegende Parameter der materiellen Welt, in der die Evolution der Menschen stattgefunden hat, ganz neue Maßstäbe. Die normalen Formen der Materie, die uns die Erde präsentiert, lassen sich jetzt in erheblichem Umfang neu strukturieren. Durch die Verkleinerung bis hin zum Nanomaßstab können Materialien neue Bauelemente mit neuen Eigenschaften bilden, die in der Natur selbst meist verborgen geblieben waren. Schleier, hinter denen sich nützliche Verhaltensweisen verbargen, wurden gelüftet. Diese *neuen* Formen *alter* Materialien können uns auf eine Weise nützlich werden, die sich frühere Verkörperungen des *Homo Faber* nicht einmal hätten träumen lassen. Wenn Menschen in den Nanomaßstab vordringen, lüften sie den Deckel von einer Welt, die unserem Blick bisher verborgen geblieben ist, einer Welt, die früheren Generationen vollkommen unbekannt war und von ihnen nicht genutzt wurde.

Die Nanotechnologie wird Eingriffe in die Natur in einem Ausmaß möglich machen, das weiter geht als alles Frühere, und damit schafft die Technologie unterschwellig auch neue Maßstäbe für die Beziehung zwischen den Menschen und dem physikalischen Stoff der Welt. Wir brauchen uns nicht mit den vorhandenen Formen und Eigenschaften der Materialien zufrieden zu geben, die wir vorfinden, ja nicht einmal mit der Standardstruktur der von uns nachgewiesenen Elemente. Die Nanotechnologie versetzt uns in die Lage, die vorhandenen Atom- und Molekülanordnungen zu ändern und so neue Eigenschaften zu entdecken. Die materiellen Grenzen der vertrauten Formen der Materie gelten nicht mehr. Die Nanotechnologie macht uns letztlich eine ganz neue Dimension der materiellen Welt zugänglich.

Der Gedanke, die Materie auf der Ebene der Atome und Moleküle zu manipulieren, weckt bei vielen Umweltschützern höchst gemischte Gefühle. Manche von ihnen haben den Eindruck, man würde damit einen Schritt zu weit gehen. Für sie hat es einen Grund, dass die ungewöhnlichen Eigenschaften, die sich im Nanomaßstab zeigen, früher den Blicken verborgen geblieben sind. Dass dabei eine so heftige Reaktionsfähigkeit zu Tage tritt, ist fremdartig und beunruhigend. Die Tatsache, dass diese ungewöhnlichen Eigenschaften nach dem normalen Verlauf der Dinge für uns unerreichbar bleiben, sagt etwas Wichtiges aus. Die Erforschung der Nanowelt ist für manche etwas Ähnliches, als würde man eine schlafende

Schlange, die man besser in Ruhe lässt, mit einem Stock reizen.

Ein solches Zögern ist zwar verständlich, umweltbewusste Zweifler müssen aber einräumen, dass die Nanotechnologie große Beiträge zur ökologischen Nachhaltigkeit leisten kann. Im Bereich der Energieversorgung können Nanostrukturen, die im Hinblick auf ihre thermoelektrischen Eigenschaften gestaltet wurden, Abwärme überall da festhalten, wo sie ins Freie dringt, und wieder in Elektrizität verwandeln. Schon heute tragen die Entwicklungen der Nanotechnologie zu einer effizienteren Solartechnik bei, die leistungsfähigere, schneller aufladbare Batterien versorgen kann. Nanotechnologie schafft die Möglichkeit, flexible Solarzellen zu bauen, die man möglicherweise sogar anstreichen und dann an jedem Gegenstand anbringen kann, der sich in der Sonne befindet – vom Auto über das Garagentor bis zum Hund.

Als Katalysatoren können Nanomaterialien für eine effizientere Verbrennung sorgen und dazu beitragen, holziges Pflanzenmaterial abzubauen und schneller in Biotreibstoffe umzuwandeln. Nanopartikel mit besonderen optischen Eigenschaften können als Indikatoren für Umweltverunreinigungen dienen. Eine Behandlung mit stark reaktionsfähigen Nanomaterialien kann dazu beitragen, solche Verunreinigungen aus Schmutz oder Wasser zu entfernen und Orte, die mit schwierig zu beseitigenden Umweltgiften gesättigt sind, zu reinigen. Derzeit werden Nanostrukturen aus Gold entwickelt, mit denen man der Atmosphäre das Kohlendioxid ausschließlich mithilfe von Sonnenenergie entziehen kann. Graphenschichten können als Nanofilter dienen und Wasserstoff auf ganz ähnliche Weise aus der Luft filtern, wie ein Netz die Lachse aus dem Meerwasser fischt. Den Wasserstoff kann man dann als sauberen Brennstoff verwenden, wobei als Abfallprodukt nur Wasser entsteht.

Ein anderes Umfeld, in dem sich die Nanotechnologie als hilfreich erweisen könnte, ist der menschliche Körper. Die neuen Methoden versprechen nicht nur großen Nutzen für die Umwelt, sondern es gibt für sie auch in der Gesundheitsversorgung ein breites Spektrum verschiedener Anwendungsmöglichkeiten. Die Quanteneigenschaften bestimmter Nanokristalle bieten große Vorteile für die medizinische Bildgebung – unter anderem fluoreszieren injizierte Substanzen länger und in einem breiteren Spektrum von Lichtwellenlängen als alles, was in der Vergangenheit verfügbar war. In den Organismus eingebracht, beeinträchtigen solche sogenannten Quantenpunkte sehr viel weniger das Verhalten der Zellstrukturen, die man im Rahmen der Diagnose untersuchen möchte.

Derzeit werden Nanosensoren entworfen, mit denen man molekulare Veränderungen in den Zellen nachweisen kann. Damit eröffnet sich die Möglichkeit, bösartige Entartungen weitaus früher nachzuweisen, als es mit der heutigen Technologie möglich ist. Außerdem wurde gezeigt, dass Nanomaterialien das Wachstum von Seh- und Spinalnerven beschleunigen können, sodass nach schweren Verletzungen eine bessere Genesung möglich wird. Schon heute spielen Nanostrukturen eine Rolle für Knochen- und Zahnimplantate: Sie schaffen bessere Oberflächen, die eine bessere Integration des Prothesenmaterials im Kieferknochen des Patienten erlaubt. Fettpartikel in Nanogröße, die mit giftigen Wirkstoffen beladen sind, können in Tumoren eingeschleust werden, und wenn man sie dann mit schwacher Wärmeeinwirkung anregt, setzen sie das Medikament frei, ohne Nachbarzellen zu schädigen. Solche „thermischen Nanogranaten", die derzeit entwickelt werden, wurden von Medizinexperten als „heiliger Gral der Nanomedizin" bezeichnet.

Die Wunschliste, die offensichtlich im Nanomaßstab angeboten wird, setzt in den Köpfen von Ingenieuren und

Erfindern eine Menge Kreativität in Gang. Wollen wir eine Fracht billig in den Weltraum befördern? Wie steht es mit einem Weltraumaufzug? Eine solche Vorrichtung würde aus einem sehr langen Kabel bestehen, das vom Erdboden bis zu einer Raumstation in der Umlaufbahn reicht, sodass man die Fracht von der Erdoberfläche aus dem Bereich der Schwerkraft hinaus befördern kann. Ob man ein Kabel erfinden kann, das so fest und gleichzeitig so leicht ist, dass es sich in derartiger Länge aufspannen lässt? Kein Problem. Wir brauchen es nur aus Kohlenstoff-Nanoröhren zu flechten. Die Nanotechnologie macht solche unmöglichen Visionen möglich. Und Weltraumaufzüge sind nur – wenn man bei einem solchen Gedanken von „nur" sprechen kann – eine besonders futuristische Spitze des riesigen Nanotechnologieeisbergs.

***

Wenn man alle diese vielversprechenden Aussichten zusammennimmt und das ganze Paket mit kühlem, vorurteilsfreiem Blick betrachtet, fragt man sich vielleicht, ob die Nanotechnologie sich nicht ein wenig zu gut anhört, um wahr zu sein. Die Möglichkeiten, die sie bietet, haben zweifellos etwas ungeheuer Spannendes. Aber auch hier gilt das Gleiche wie bei so vielen leistungsfähigen neuen Technologien, die nach Ansicht ihrer begeisterten Vertreter unser Leben unermesslich zum Besseren verändern werden: Auch das machtvolle Nanotechnologieschwert des *Homo Faber* kann zweischneidig sein.

Wenn es darum geht, neuartige, höchst reaktionsfähigen Formen der Materie gezielt in viele Bereiche unseres Alltagslebens einzuführen – Bereiche wie Ernährung, Kleidung und unseren Körper selbst –, gibt es stichhaltige Gründe, vorsichtig zu sein. Die Nanotechnologie hat gerade deshalb ein so großes wirtschaftliches Potenzial, weil sie vollkommen neue Eigenschaften besitzt. Deshalb hat sich unsere Spezies größtenteils nicht parallel zu diesen Materialien entwickelt, und welche langfristigen Folgen sie für uns und für unsere Umwelt haben werden, ist nicht geklärt. Man kann zwar unterschiedlicher Meinung darüber sein, ob man Nanomaterialien als „unnatürlich" einstufen soll – immerhin hat es sie in kleinen Mengen quer durch die Natur immer gegeben –, wir Menschen sind es aber nicht gewohnt, ihnen in unserem Alltagsleben so häufig zu begegnen und in so engen Kontakt mit ihnen zu kommen.

Es gibt eine Kampagne, die Parallelen zu der Diskussion um gentechnisch veränderte Lebensmittel aufweist: Was die Auswirkungen der neuartigen Strukturen auf die Gesundheit von Menschen und Umwelt angeht, bestehen nach Ansicht mancher Verbraucheranwälte so große Unsicherheiten, dass kommerzielle Produkte, die Nanomaterialien enthalten, eindeutig gekennzeichnet werden sollten. In den meisten Ländern ist eine solche Kennzeichnung derzeit nicht erforderlich. Als Antwort auf diesen Informationsmangel geben mehrere Online-Verzeichnisse sich große Mühe, mit dem Strom der neuen Nanoprodukte, die auf den Markt kommen, Schritt zu halten.

Eine der umfassendsten derartigen Listen wurde vom Project on Emerging Nanotechnologies (PEN) in Washington entwickelt. Da sehr schnell immer neue Konsumartikel entstehen, die Nanomaterialien enthalten, behauptet das PEN heute nicht mehr, seine Liste sei vollständig. Immerhin enthält sie aber zurzeit fast 2000 Produkte, die man kaufen kann und die nach unserer Kenntnis irgendeine Form von Nanomaterialien enthalten.

Um die Gegenwart von Nanomaterialien erfassen zu können, müssen sich die Autoren der Liste auf die Hersteller der Produkte verlassen. Manchmal wird eine solche Behauptung auf der Verpackung des Materials als

Verkaufsargument angeführt. In anderen Fällen befürchtet man vielleicht eine negative Reaktion der Öffentlichkeit und hüllt sich deshalb, was Nanomaterialien angeht, in Schweigen. Was die öffentliche Wirkung von Nanomaterialien betrifft, herrschen in verschiedenen Ländern ganz unterschiedliche Empfindlichkeiten. Der Hersteller des Sonnenschutzmittels „Banana Boat" fürchtete beispielsweise Bedenken der Verbraucher wegen seiner Produkte und erklärte deshalb 2012 in Australien: „Banana-Boat-Sonnenschutzmittel, die in Australien hergestellt und verkauft werden, enthalten keine Nanopartikel (das heißt keine Teilchen mit einer Größe von weniger als 100 Nanometern)."[4] Die US-Website des Unternehmens dagegen schweigt sich zu dem Thema aus. In vielen Fällen, das räumen die Betreiber der PEN ein, ist es nicht möglich, die Behauptungen eines Herstellers unabhängig zu überprüfen.

Die PEN-Datenbank enthält auch Angaben darüber, auf welchen Wegen ein Mensch, der das Produkt benutzt, mit den Nanomaterialien in Kontakt kommen kann. Bei diesen Wegen handelt es sich um Haut, Lunge und Magen, denn verschiedene Nanoprodukte sind dazu konstruiert, festgehalten, eingeatmet oder gegessen zu werden. Wie sich in einer aktuellen Studie zeigte, können Gold-Nanopartikel, die in die Lunge eingeatmet werden, sich mit dem Blut im ganzen Organismus verteilen und an verschiedenen empfindlichen Stellen festsetzen – welche Folgen dies für die Gefäße hat, ist nicht geklärt.[5] Wegen der Bedenken der Verbraucher schreiben die Gesetze in Europa heute vor, dass Kosmetikartikel, Nahrungsmittel und Nahrungsergänzungsmittel, die Nanoprodukte enthalten und in der Europäischen Union verkauft werden, gekennzeichnet werden müssen. Ähnliche Vorschriften gibt es in den Vereinigten Staaten nicht. In Amerika unterliegen die meisten Materialien von Nanogröße den gleichen Vorschriften wie das makroskopische Material, aus dem sie gewonnen werden. Bei den US-Behörden ging man bisher davon aus, dass eine Atomstruktur immer eine Atomstruktur ist, ganz gleich, ob man ihr im Nanomaßstab oder in größerer Form begegnet. Diese Überlegung geht aber an der Tatsache vorbei, dass gerade die unterschiedlichen Eigenschaften, die ein Material im Nanomaßstab hat, das Interessante daran sind.

Neue Vorschriften, die im Januar 2017 von der US-Umweltbehörde EPA erlassen wurden, verpflichteten Hersteller und Verarbeitungsbetriebe von Nanomaterialien – allerdings nicht die Unternehmen, die das Produkt letztlich an die Verbraucher *verkaufen* – erstmals zur Preisgabe einiger grundlegender Informationen darüber, was sie herstellten und verarbeiten. Die Vorschrift soll es der EPA ausdrücklich erleichtern, zu beurteilen, ob weitere Vorschriften im Zusammenhang mit Nanomaterialien erforderlich sind; außerdem will man ein Verzeichnis der einzelnen Produkte erstellen. Als beruhigende Geste gegenüber den Geschäftsinteressen legt die endgültige Vorschrift Wert auf die Feststellung, sie gehe in nichts von der Annahme aus, dass die Klasse der „Materialien im Nanomaßstab oder besondere Anwendungsgebiete solcher Materialien zwangsläufig oder wahrscheinlich Gefahren für Menschen oder Umwelt mit sich bringen".[6] Im weiteren Verlauf bietet der Text weitere Beruhigung, als davon die Rede ist, welche anderen Bundesgesetze von Bedeutung sein könnten: Die Vorschrift besagt, die neue Forderung werde als nützliche Beobachtungsmaßnahme dienen, „betrifft aber kein Umwelt-, Gesundheits- oder Sicherheitsrisiko".

Aber da die Technologie so neu ist und schlüssige, langfristige Forschungsergebnisse bisher fehlen, sind die Auswirkungen von Nanomaterialien auf Gesundheit und Umwelt in vielen Fällen nicht sicher bekannt. Es ist ein kompliziertes Terrain, und in der Diskussion um die Frage, welchen Vorschriften man Nanomaterialien unterwerfen soll, steckt ein interessantes Dilemma, das viele neue Technologien des Plastozäns belastet. Es geht um die Frage, ob der Unterschied zwischen Natürlichem und Künstlichem mit dem Heraufdämmern des synthetischen Zeitalters noch ein verlässlicher Leitfaden ist. Traditionell bestand die Neigung, das Natürliche mit Eigenschaften wie *normal, ökologisch* und *ungefährlich* in Verbindung zu bringen. Dagegen wurde alles, was synthetisch oder künstlich war, mit *von Menschen* hergestellt, *unnatürlich* und (oftmals) *potenziell verdächtig* gleichgesetzt. Die Frage, ob synthetische Produkte ungefährlich sind, war immer zu Recht ein Gegenstand genauer Überprüfungen.

Diese umfassende Verallgemeinerung war aber nie zuverlässig. Viele natürlich vorkommende Substanzen (beispielsweise Arsenik oder Schlangengift) sind tödlich, und viele künstliche Produkte (zum Beispiel synthetisches Insulin oder Frühgeborenen-Intensivstationen) können ganz buchstäblich Leben retten. Aber als grobe Faustregel hat die Verallgemeinerung nicht an Beliebtheit verloren, denn sie stützt sich offensichtlich auf tief verwurzelte kulturelle Annahmen, wonach alles, was natürlich ist, etwas zutiefst Beruhigendes hat. Von dieser Tatsache legen die Etiketten der Produkte, die in den Regalen der Bioläden stehen, beredtes Zeugnis ab. Und im Zuge der modernen Umweltbewegung sind solche Annahmen noch stärker geworden.

Nanomaterialien können mit solchen konventionellen Regeln durchaus in Konflikt geraten. In vielen Fällen werden sie aus weit verbreiteten Substanzen gewonnen, von denen die meisten als völlig ungefährlich gelten. Wo das nicht der Fall ist, unterliegen sie in den Vereinigten Staaten bereits dem Toxic Substances Control Act von 1976. Nach Angaben der Nanotechnology Industries

Association werden derzeit 85 Gewichtsprozent aller Nanomaterialien aus Kohlenstoff oder Silizium hergestellt, und die Namen beider Elemente lassen nicht gerade die Alarmglocken wegen starker Giftigkeit schrillen. Aber das ist sicher keine Beruhigung. Würde die Nanowelt nicht verblüffende neue Eigenschaften hervorbringen, sie wäre für Wissenschaftler und Wirtschaft kaum von großem Interesse. Und wenn diese erstaunlichen Eigenschaften in der Menschheitsgeschichte äußerst selten waren, ist unser Organismus wahrscheinlich nicht an sie angepasst.

Mit kommerziellen Interessen kann man einfach nicht beides haben. Wenn eine bestimmte Form eines Materials besondere, dramatisch von der Norm abweichende Verhaltensweisen zeigt, sollte man sie wahrscheinlich einer besonders eingehenden Prüfung unterwerfen.

Die Geschichte ist voll von technologischen Versprechungen, von denen sich später herausstellte, dass sie einer interessierten Minderheit gute Dienste leisten, während das ahnungslose Publikum, für das man sie angeblich geschaffen hatte, ihnen kaum Aufmerksamkeit schenkte. In der derzeitigen frühen Phase der Nanotechnologie lohnt es sich, solche Fälle vorsichtshalber im Kopf zu behalten. Neue Formen der Materie, die auf unsere Haut aufgetragen werden, in unsere Lunge eindringen oder unseren Darm passieren, bringen Risiken mit sich. Es wäre töricht, diese Risiken nicht genau zu untersuchen, bevor wir derartige Materialien in so vielen Bereichen unseres Lebens freundlich aufnehmen.

Nanomaterialien sind nur eine Verkörperung eines immer wiederkehrenden Dilemmas in diesem neuen synthetischen Zeitalter. Natürlich kann eine Technologie, die zu einer so radikalen Umordnung der Welt um uns herum beiträgt, große nützliche Potenziale für Gesundheit und Umwelt in sich bergen. Aber ebenso liegt auf der Hand, dass eine derart starke Manipulation unserer Umgebung ein Anlass zu großer Vorsicht sein sollte.

Neben solchen praktischen Bedenken in Bezug auf Gesundheit und Ungefährlichkeit sollte auch der philosophische Aspekt unserer Aufmerksamkeit nicht entgehen. Mit der Entstehung der Nanotechnologie hat sich in unserer Beziehung zu der Welt um uns herum etwas verändert. Sie erlaubt es unserer Spezies, in das Wesen der Materie als solches auf eine Weise vorzudringen, wie Menschen es nie zuvor getan haben. Sie sorgt für eine beispiellose Neuordnung der Materialien, die uns die Natur bereitstellt. Nanotechnologie ist nicht nur *empirisch* neu in dem Sinn, dass Formen der Materie produziert wurden, die der Wissenschaft früher größtenteils unbekannt waren. Sie ist auch ein neues *Konzept,* denn sie bringt die Menschen in ihrem Bemühen, die Welt neu zu gestalten, weiter voran als unsere Spezies es je zuvor gewagt hat. Dabei stehen nicht nur Fragen nach Risiken und Nutzen im Vordergrund, sondern auch weit reichende Fragen nach Sinn und Wert. Wenn wir uns in eine nanotechnologischen Zukunft begeben wollen, müssen wir fragen, wie weit Menschen überhaupt in die Ordnung der Natur vordringen sollten.

Über eine solche Technologie müssen nicht nur Forscher und Risikoanalysten sorgfältig nachdenken, sondern auch Philosophen, Zukunftsforscher, weise ältere Menschen und Träger traditionellen Wissens aus der ganzen Welt. Es geht nicht nur um kommerzielle Entscheidungen, sondern auch um die Frage, wer wir eigentlich sein wollen. Aus diesem Grund verlangt es die Gerechtigkeit, dass sie so demokratisch wie möglich getroffen werden. Das scheint eine der wichtigsten, grundlegenden Voraussetzungen für das kommende synthetische Zeitalter zu sein.

2

Atome in neuen Positionen

Neues Materialverhalten, das im Nanomaßstab möglich wird, ist nur ein Teil des Nanotechnologietraumes. Feynman entwickelte 1959 in seinem Vortrag eine weitere Vision für die Nanotechnologie, die weit über die einfache Entdeckung nützlicher Materialeigenschaften hinausging. Er prophezeite den Menschen eine große Zukunft, in der man Atome und Moleküle mit speziell entwickelten Werkzeugen in eine sorgfältig vorherbestimmte Anordnung bringen kann. Der weitsichtige Physiker erkannte damit ein wichtiges Prinzip: Wenn man Atome neu anordnen kann, indem man nach ihnen greift und sie hin und her bewegt, sollte es möglich sein, Atom für Atom praktisch alles aufzubauen, was man haben möchte. Atome könnten als das grundlegendste Baumaterial dienen. Diese Vision von der Nanotechnologie bezeichnete er als *molekulare Produktion*.

1989, drei Jahrzehnte nach dem Vortrag am Cal Tech, wurde der erste Schritt von Feynmans Traum vollzogen.

© Springer-Verlag GmbH Deutschland, ein Teil von
Springer Nature 2019
C. J. Preston, *Sind wir noch zu retten?*,
https://doi.org/10.1007/978-3-662-58190-2_2

Wissenschaftler des Konzerns IBM zeigten, dass es möglich ist, einzelne Atome zu greifen und an einen neuen Ort zu bringen. Mit der Spitze eines Rastertunnelmikroskops ordneten sie 35 einzelne Xenonatome so an, dass sie den Namen ihres Arbeitgebers bildeten: I-B-M.[1] Damit hatten diese Wissenschaftler nachgewiesen, dass es mit den richtigen Werkzeugen möglich ist, Atome in neue, zuvor ausgewählte Anordnungen zu bringen.

Die Möglichkeit, einzelne Atome in eine gewünschte Konfiguration zu bringen, war einer der Gründe, warum Feynman ursprünglich vom Nanomaßstab so fasziniert war. Wenn man steuert, wohin jedes einzelne Atom sich bewegt, ergibt sich theoretisch das Potenzial, alles herzustellen, was man sich vorstellen kann. Außerdem würde dabei sehr wenig Abfall entstehen. Jede Ansammlung materieller Elemente kann so zusammengesetzt werden, dass daraus praktisch alles andere entsteht. Eine Ahnung davon, was für ein Potenzial dahintersteckt, erwächst aus der schieren Menge der verfügbaren Atome. Die Zahl der Wasserstoff- und Sauerstoffatome in einem einzigen Eimer Wasser ist größer als die Zahl der Eimer mit Wasser im Atlantischen Ozean. Ein Haufen Haushaltsabfälle enthält Billionen Atome eines breiten Spektrums verschiedener Elemente, und alle stehen für eine Neupositionierung zur Verfügung.

Die molekulare Produktion bietet deshalb ein unbegrenztes Potenzial neuer Anwendungsbereiche. Wenn man die atomaren Bestandteile in einem großen Stapel belegter Brote trennen könnte und wüsste, wie man sie neu anordnen muss, könnte daraus vielleicht eines Tages tatsächlich ein funktionierendes Flugzeug werden. Die Atome der einzelnen Elemente ähneln sich, ganz gleich, ob sie in den Kohlenstofffasern der Flugzeugtragflächen oder im verarbeiteten Fleisch der Sandwiches stecken. Eine solche Zweckentfremdung ist nicht nur ein

Grund, neu darüber nachzudenken, was man als Abfall bezeichnet, sondern sie gibt auch den Anlass zu einer ganz anderen Einschätzung materieller Grenzen.

Die Idee der molekularen Produktion lässt kreative Köpfe wieder einmal in einen Rausch verfallen. Statt sich auf Recycling und die Verwendung von Materialien zu neuen Zwecke zu konzentrieren, verfolgt die von Feynman propagierte molekulare Produktion das Ziel, Atome hin und her zu bewegen, um so Roboter im Nanomaßstab herzustellen, die nützliche Aufgaben ausführen können. Diese winzigen Maschinen, Nanobots, Nanoiden oder Naniten genannt, könnten mit Tätigkeiten beauftragt werden, die für Gerätschaften im makroskopischen Maßstab unvorstellbar wären.

In seinem Vortrag von 1959 berichtete Feynman, wie er und ein Kollege darüber nachgedacht hatten, dass es „in der Chirurgie interessant sein könnte, den Chirurgen zu schlucken". Eine ähnliche Vision wurde 1966 in den Kinos mit dem Film „Die phantastische Reise" zum Leben erweckt: Darin bewegen sich Mini-U-Boote im Nanomaßstab selbstständig durch die Blutgefäße, wobei sie vielleicht hier ein paar Ablagerungen beseitigen und dort eine Verfärbung betrachten, bis sie schließlich ins Herz gelangen. Dort angekommen, können sie unmittelbar die Herzkammern überprüfen, den echten Chirurgen, die von außen zusehen, Bericht erstatten, und entscheidende Eingriffe vornehmen. Flotten solcher U-Boote könnten eine lebensrettende Cholesterinsäuberung vornehmen. Man könnte Nanobots konstruieren, die mit der Lymphe transportierte Krebszellen finden und zerstören oder gefährliche Viren beseitigen. Nanogroße Roboterchirurgen der Zukunft wären vielleicht so klein, dass sie einzelne Neuronen operieren könnten und so verletzten Menschen die Möglichkeit eröffnen, wieder zu gehen oder sogar wieder zu denken.

Auch außerhalb der medizinischen Arena malen die Fürsprecher der Nanotechnologie sich für die winzigen, schwimmenden Arbeitspferde zahlreiche wertvolle Funktionen aus. Naniten könnten Rauch fressen oder Orte reinigen, an denen Chemikalien verschüttet wurden. Sie könnten Bakterien im Trinkwasser suchen und zerstören. Mit ihrer geringen Größe könnten Naniten sich auch an Orte wagen, an die Menschen sich nicht begeben können, ohne entdeckt zu werden. Im militärischen Bereich könnten sie Spionagemissionen in feindlicher Umgebung durchführen oder am Himmel Verteidigungsmaßnahmen gegen näher kommende chemische Gefahren ergreifen.

Auch wenn Feynman von solchen kleinen, frei beweglichen Robotern besonders begeistert war, bleibt die Idee von gezielt konstruierten Molekülmaschinen, die wertvolle Arbeit leisten, nicht auf sie beschränkt. YouTube ist voller Animationen mit hypothetischen Produktionsstätten voller rotierender Zahnräder, Achsen, Propeller und Kassetten, die ganz ähnlich aussehen wie Einrichtungsgegenstände einer beliebigen heutigen Fabrik, bis man feststellt, dass sie nicht Stücke aus Holz, Metall oder Kunststoff aufgreifen und ablegen, sondern Atome und Moleküle. Solche hervorragend funktionierenden Nanomaschinen würden den lieben langen Tag lang Atome und Moleküle in wünschenswerte Anordnungen bringen. Ganz ähnlich wie ein 3-D-Drucker, aber in viel kleinerem Maßstab, bauen die in solchen Animationen dargestellten Maschinen die Dinge Schicht für Schicht auf – ja buchstäblich Atom für Atom. Damit lassen sie an eine unendlich viel produktivere und weniger verschwenderische Zukunft denken, in der genau vorherbestimmte Formen der Arbeit nicht im makroskopischen Maßstab, sondern im Nanomaßstab stattfinden.

Dass die molekulare Produktion eine so reizvolle Vision ist, kann nicht verwundern. Der Nutzen der

Miniaturisierung ist uns schon heute vertraut. Dinge immer kleiner zu machen, hat im Bereich von Konsumgütern, so bei Elektronik und Informationsspeichern, zu guten Dividenden geführt. Der Gedanke, etwas mit „atomarer Genauigkeit" zu tun, ist praktisch zum Synonym für größtmögliche Effizienz geworden. Entsprechend scheinen Nanoroboter die Lösung für fast jedes Problem zu sein, das so aussieht, als könne man es durch ständig wiederholte, kleine, präzise koordinierte mechanische Tätigkeiten aus der Welt schaffen.

Aber die Begeisterung bedarf eines Dämpfers. Die Verwirklichung der Nanobots und der molekularen Produktion, die Feynman schon vor fast 60 Jahren vorschlug, liegt auch heute noch weit in der Zukunft. Bisher hat sich die Aktivität in der Nanotechnologie vorwiegend auf die Wissenschaft der Materialkunde beschränkt. Die National Nanotechnology Initiative, die 2000 unter dem Präsidenten Bill Clinton gegründet wurde, wendet relativ wenig Geld für die spekulativen Möglichkeiten der molekularen Produktion auf und steckt ihre Mittel stattdessen zum größten Teil in Bereiche, die ihr kommerzielles Potenzial bereits unter Beweis gestellt haben.

Mittlerweile hat die Forschung im Bereich zukünftiger Nanomaschinen aber eine überraschende Wendung genommen. Nach dem derzeitigen Stand sieht es so aus, als würde die molekulare Produktion weniger dem Bau von Robotern nach Prinzipien der mechanischen Ingenieurkunst dienen als vielmehr dem Aufbau biologischer Strukturen nach den Prinzipien der Biochemie. In der molekularen Produktion wurde den Wissenschaftlern schnell klar, welches die besten Beispiele für Maschinen im Nanomaßstab sind, die in der Größenordnung der Atome und Moleküle nützliche Funktionen ausführen: die biologischen „Maschinen", die man in den Zellen der Lebewesen findet. An der vordersten Front der heutigen

Erforschung molekularer Produktionsmethoden geht es darum, die molekularen Nanobots der Natur nachzuahmen und im Labor biologische Strukturen aufzubauen, die in einfacherer Form die gleichen Tätigkeiten ausführen wie ihre natürlichen Vorbilder in den Organismen.

Durch sorgfältige Nachahmung molekularbiologischer Vorgänge konnte man auf biologischer Basis molekulare „Motoren" konstruieren, die rotieren, wenn Licht in ihre Richtung fällt. Man hat Moleküle konstruiert, die auf einem vorgegebenen Weg „gehen", und molekulare „Haken" und „Sperrklinken" auf der Grundlage von Proteinstrukturen kann man ebenfalls rotieren lassen, wobei sie Gegenstände auf bestimmten Wegen transportieren. Wissenschaftler haben sogar eine Vorrichtung mit dem zweifelhaften Namen *nanocar* gebaut: Sie hat vier rotierende Fullerene, die auf „Achsen" befestigt sind, sieht entfernt wie ein Fahrzeug mit Rädern aus und kriecht langsam in eine Richtung, wenn sie von einem Energieschub angeregt wird. Alle derartigen Fortschritte hat man auf einem Gebiet erzielt, das umgangssprachlich als *nasse* oder *biomimetische* Nanotechnologie bezeichnet wird – den Namen hat man gewählt, weil man damit die auf Wasser basierenden Funktionsprinzipien der Strukturen nachahmt, die in lebenden Organismen vorkommen und von Molekularbiologen erforscht werden.

Allerdings hat sich trotz einiger interessanter Erfolge herausgestellt, dass die Natur, wenn es um nasse Nanotechnologie geht, beträchtlich bessere Fähigkeiten besitzt als der Mensch. Eine aktuelle Übersichtsuntersuchung zum Zustand der molekularen Produktion gelangt zu dem Schluss, molekulare Maschinen seien zwar die Grundlage aller wichtigen biologischen Prozesse, aber „keines der unzähligen fantastischen Mittel der heutigen Technologie nutzt kontrollierte Bewegungen auf molekularer Ebene überhaupt aus."[2] Alle Bemühungen, dies zu tun, hatten bisher nur begrenzten Erfolg. So war es beispielsweise schwierig, die autonome Bewegung einer von Menschen konstruierten molekularen Maschine in Gegenwart eines „Treibstoffs" nachzuvollziehen. Die bisher gebauten Maschinen haben nur einen einzigen funktionierenden Teil. Ebenso ist es den Wissenschaftlern bisher nicht gelungen, bei den von ihnen geschaffenen biologischen Maschinen eine langfristige Stabilität zu gewährleisten. Deshalb erhob sich eine ganze Reihe unbeantworteter Fragen, in denen es darum geht, was man mit der molekularen Produktion eigentlich erreichen will. Die Experten des Fachgebietes sind gespalten: Sollen sie die „Maschinen" kopieren, die man in den Organismen findet, oder soll man mit biologischen Komponenten die anorganischen Maschinen nachbauen, die Menschen im makroskopischen Maßstab bereits konstruiert haben?

Mit anderen Worten: Was die molekulare Produktion angeht, ist der Fortschritt derzeit zum Stillstand gekommen, und die Ergebnisse sind vielleicht ein wenig enttäuschend. Die 78-seitige Studie zum Fortschritt der molekularen Produktion stellt auch fest, dass diese in biologischen Systemen immer in wässeriger Lösung stattfindet, was eine zusätzliche Unannehmlichkeit darstellt, wenn man sie in Zukunft nicht mehr in einem biologischen Umfeld, sondern in einer trockenen Fabrik nachvollziehen will. Aber trotz aller recht entmutigenden Schlussfolgerungen, die sich in der gesamten Analyse finden, äußern die Autoren die Vermutung, dass die molekulare Produktion nach wie vor eine „glänzende" Zukunft hat. Optimismus angesichts schlechter Chancen ist eines der Dinge, durch die Wissenschaft in Bewegung bleibt.

Die Probleme der molekularen Produktion sind aber mit ihrem deprimierend langsamen Fortschritt noch nicht zu Ende. Das ganze Fachgebiet hat auch im Hinblick auf das öffentliche Image mit großen Problemen zu kämpfen.

Schon der Gedanke an molekulare Produktion wird durch einen lähmenden, selbst auferlegten Pessimismus der Öffentlichkeit behindert. Ironischerweise wurde dieser Pessimismus unabsichtlich von einem der größten Fürsprecher der Technologie verursacht.

***

Eric Drexler war seit jeher frühreif und ein Visionär. Mit 26 Jahren, 20 Jahre nach Feynmans berühmtem Vortrag, veröffentlichte er in den *Proceedings of the National Academy of Sciences* einen Artikel, in dem er detailliert die mechanischen Prinzipien hinter der gezielten Anordnung von Atomen und Molekülen beschrieb. Der Aufsatz mit der Überschrift „Molecular Engineering: An Approach to the Development of General Capabilities for Molecular Manipulation" („Molekulare Technik: ein Ansatz zur Entwicklung allgemeiner Methoden zur Manipulation von Molekülen") erschien zu Beginn der Reagan-Ära in einer Zeit des nationalen Optimismus, in der alles möglich schien, und fachte sofort das von Feynman entzündete Feuer wieder an. Fünf Jahre bevor Drexler seinen Doktortitel erhielt, ließ er auf seinen Aufsatz ein Buch mit dem Titel *Engines of Creation: The Coming Era of Nanotechnology* („Motoren der Schöpfung: das kommende Zeitalter der Nanotechnologie") folgen; darin erläuterte er, welches Potenzial in den Nanobots stecke, und es gelang ihm, praktisch über Nacht eine ganze Generation von Nanotechnologie-Träumern zu schaffen. Im gleichen Jahr gründete Drexler mit seiner früheren Ehefrau Christine Peterson das Foresight Institute, das sich für neueste Nanotechnologie zur Entwicklung „umwälzender zukünftiger Technologien" einsetzt und damit dem öffentlichen Interesse dienen will.

Als Drexler sich schließlich daran machte, seine Doktorarbeit zu schreiben, und 1991 am Massachusetts

Institute of Technology in molekularer Nanotechnologie promovierte, war es der erste Doktortitel dieser Art auf der ganzen Welt. Aber Drexler hatte nie gezögert, sich seinen eigenen Weg zu suchen. Geradlinig und vorbehaltlos hatte er Feynmans Vision von der molekularen Produktion weiterverfolgt und damit, angetrieben von einem unerschütterlichen Optimismus, Pionierarbeit geleistet.

Zweieinhalb Jahrzehnte später hatte sich daran kaum etwas geändert. In seinem 2013 erschienenen Buch *Radical Abundance: How a Revolution in Nanotechnology Will Change Civilization* zeichnet Drexler eine physische Welt, die von Menschen so drastisch umgestaltet werden kann, dass materielle Beschränkungen praktisch völlig verschwinden. Er vertritt weiterhin die Ansicht, es würden sich welterschütternde Möglichkeiten ergeben, wenn man den gesamten „Raum ganz unten" nutzt. Das Feynman Institute, das mittlerweile nicht mehr von Drexler geleitet wurde, war weiterhin von seiner Zentrale im kalifornischen Palo Alto aus tätig und vergab eine ganze Reihe von Feynman-Preisen an diejenigen, die am effizientesten die Vision der molekularen Produktion umsetzten. Aber auch wenn die Vision weiterlebte, fand der Optimismus, den Drexler zu Beginn seiner Laufbahn im Hinblick auf die molekulare Produktion geweckt hatte, sein Ende in einem großen Public-Relations-Desaster, dass er sich ganz und gar selbst zuzuschreiben hatte.

In *Engines of Creation* hatte Drexler auch ein Kapitel mit dem Titel „Engines of Destruction" („Motoren der Zerstörung") aufgenommen. In dem Aufsatz von 16 Seiten, der fast am Ende des Buches steht, verleiht er seiner Besorgnis Ausdruck: Nanobots und molekulare Baumeister, so Drexler, könnten sehr destruktiv werden, wenn sie konstruktionsbedingt in der Lage sind, sich selbst zu ernähren und fortzupflanzen – dann würden sie möglicherweise so viel Zerstörung anrichten, dass sie die ganze Erde vernichten könnten.

Selbstvermehrung und Selbsternährung sind höchst wünschenswert, wenn man Molekülmaschinen schaffen will, die in sinnvollem Umfang nützliche Funktionen erfüllen. Im Nanomaßstab sind alle Produkte definitionsgemäß sehr klein. In den meisten Fällen müsste man Nanobots in riesiger Zahl herstellen, damit sie im Größenmaßstab der Menschen überhaupt von praktischem Nutzen sind. Die Reinigung eines verseuchten Industriegeländes oder die Herstellung eines wertvollen Materials für die Infrastruktur einer Stadt würden buchstäblich Billionen von Naniten erfordern, damit sie in sinnvollem Maßstab zusammenwirken können. Am besten erzeugt man eine derart riesige Zahl, wenn die Nanobots in der Lage sind, weitere Exemplare ihrer selbst herzustellen und so „Arbeitskräfte" für die jeweilige Aufgabe in dem notwendigen Umfang zu schaffen. Und damit ihre Arbeitskraft erhalten bleibt, müssen sie von Sonnenlicht oder einer anderen Energiequelle aus der Umwelt angetrieben werden, wobei jeder von ihnen seine eigene Energie beschaffen oder in sich aufnehmen kann.

Sich selbst vermehrende und selbst ernährende Nanobots sind, was ihre Leistungsfähigkeit angeht, schön und gut, die Sache hat aber eindeutig auch eine Kehrseite. Jedes Mal, wenn diese wachsende Zahl mikroskopisch kleiner Arbeitskräfte frisst oder sich vermehrt, müssen sie Material, das ihnen als Energiequelle oder Rohmaterial dient, aus ihrer Umwelt aufnehmen. Drexler hatte das vollkommen verstanden. In einem nachlässigen Augenblick, in dem er vermutlich nichts anderes im Sinn hatte, als die wissenschaftlichen Tatsachen zu erklären, die er so faszinierend fand, machte der selbst ernannte Guru der molekularen Produktion deutlich, dass die

Selbstvermehrung und der ständige Energieverbrauch auch außer Kontrolle geraten können.

Ein Gespür dafür, wie schnell Selbstreplikatoren die Macht übernehmen könnten, hat jeder, der schon einmal zugehört hat, wie ein Statistiker oder Wirtschaftswissenschaftler über die Macht des Zinseszinses sprach, und dabei zu Tode gelangweilt war. Populationen von irgendetwas, die sich in wiederholten Zeiträumen jeweils verdoppeln, werden beängstigend schnell beängstigend. Drexler wies darauf hin, dass selbstreplizierende Nanobots, die sich mit nicht gerade ehrgeiziger Geschwindigkeit – nämlich einmal in 1000 Sekunden – verdoppeln, in nur 10 Stunden mehr als 68 Milliarden Kopien ihrer selbst herstellen würden.

Wenn solche Nanobots erbarmungslos immer zahlreicher werden, könnten sie wie die Piranhas in einem zweitklassigen Science-Fiction-Film in eine Fressorgie verfallen, in deren Verlauf sie am Ende in ihrer Umgebung alles verzehren. Das Rohmaterial, das sie zum Leben und zur Fortpflanzung brauchen, würde dazu führen, dass sie alles fressen, was ihnen in die Quere kommt. Eine exponentiell wachsende Population von Nanobots hätte katastrophale Auswirkungen. Die sich selbst ernährenden, beweglichen Maschinen, so warnte Drexler, würden „die Biosphäre innerhalb weniger Tage pulverisieren". „Replikatoren", so Drexler in seinem berühmten Kapitel, „sind als potenzielle Ursache der Vernichtung eine gute Gesellschaft für den Atomkrieg". Und was noch schlimmer ist: Im Gegensatz zum Atomkrieg sind Nanobots, die sich unkontrolliert vermehren, nicht schwer herzustellen. „Um die Erde mit Bomben zu zerstören, würde man eine Riesenmenge exotischer Hardware und seltener Isotope brauchen", erklärte Drexler, womit er sich selbst eine immer größere Fallgrube aushob. „Aber alles Leben mit Replikatoren auszulöschen, erfordert nur einen einzigen winzigen Klumpen aus ganz gewöhnlichen Elementen."[3]

Zukunftsforscher tauften das Phänomen der gefräßigen, die ganze Welt verzehrenden Nanobots auf den Namen „unkontrollierbare globale Ökophagie", ein Begriff, der nicht nur abstoßend klingt, sondern auch auf eine schiere Katastrophe für alle Beteiligten hindeutet. Diejenigen, die ohnehin bereits zu Skepsis gegenüber der ganzen Vorstellung von einer Nanotechnologie neigten, stellten zu ihrer Beunruhigung fest, dass einer der weltweit führenden, begeisterten Vertreter des Fachgebiets Bedenken aufgrund der Möglichkeit hatte, die ganze Welt zu einer undefinierbaren Masse von „grauem Schleim" zu machen. Ganz gleich, aus welchem Winkel des Plastozäns man es betrachtet: Eine schöne Aussicht war das nicht.

Es dauerte nicht lange, da merkte Drexler, welchen Sturm der Entrüstung er ausgelöst hatte. Sein Albtraum von unkontrollierbaren Nanobots, die Unheil anrichten, wurde sehr schnell zum Thema mehrerer Werke der Science-Fiction. Der 2002 erschienene Roman *Prey* (dt. *Beute*) von Michael Crichton erreichte Platz eins auf der Bestsellerliste der *New York Times* und wurde in Hollywood verfilmt. Drexlers Spekulationen wurden für die ganze Idee der molekularen Nanotechnologie und der Nanobots eine Public-Relations-Katastrophe. Sogar Prinz Charles machte sich Sorgen und forderte, die britische Royal Society solle untersuchen, welche Bedrohung die Nanotechnologie für die Krone darstellte.

Drexler erkannte, wie wenig hilfreich seine Warnung vor dem grauen Schleim für die Sache der Nanotechnologie geworden war, und versuchte nun, die Aufregung zu dämpfen. In einem ungewöhnlichen Schritt wurde er zum Co-Autor eines Fachartikels, in dem versucht wurde, seine eigenen Ideen abzutun. In dem Aufsatz „Safe Exponential Manufacturing" („Ungefährliche exponentielle Produktion") stellten Drexler und sein Co-Autor Chris Phoenix die Überlegung an, dass solche außer Kontrolle geratenen

Nanobots sehr schnell keine Energie mehr hätten oder zu
Kannibalen würden, bevor sie die Erde zerstören. Naniten müssten auch gar nicht von vornherein zur Selbst-
verdoppelung in der Lage sein. Außerdem, so stimmten
andere ein, müsse man sie ja nicht außer Kontrolle geraten
lassen. Man könne vielmehr ein paar sinnvolle Vorsichtsmaßnahmen ergreifen, die letztlich darauf hinausliefen,
die Nanofabrik und ihre Nanobots gewissermaßen am
Boden festzuschrauben, damit es nicht zu einem Amok-
lauf komme.

Nachdem man einige Jahre lang intensive Schadens-
begrenzung betrieben hatte, ließ die Panik, die von der
Furcht vor einer globalen Ökophagie ausgelöst worden
war, allmählich nach. Heute denken die meisten Fachleute
in der Gemeinde der Nanotechnologieforscher nicht einmal mehr an die Gefahren selbstreplizierender Nanobots.
Sie haben mit ihrer Zeit und ihren Forschungsgeldern
Besseres zu tun. Nur die besonders Vorsichtigen – oder
vielleicht Boshaften – unter ihnen räumen noch ein, dass
offensichtlich kein Aspekt einer möglichen außer Kontrolle geratenen globalen Ökophagie irgendwelchen physikalischen Gesetzen widerspricht.

Durch die Episode mit dem grauen Schleim war Drexlers
draufgängerisches Image schwer angeschlagen. Er musste
feststellen, dass er bei der Vergabe von Forschungsgeldern
und Beraterpositionen übergangen wurde. Seine Version
der Nanotechnologie verlor an Beliebtheit und wurde durch
die einfachere – aber auch weniger anregende – Vision verdrängt, im Nanomaßstab interessante Materialeigenschaften
zu entdecken.

Jetzt spürte Drexler zum ersten Mal in seiner Laufbahn,
dass er bei einer Revolution, die er anzuführen glaubte, in
Wirklichkeit außen vor war. Noch schlimmer wurde die
Sache, als sich der gefallene Held wenig später in einen
anderen, persönlich aber vielleicht noch schädlicheren

Streit stürzte. Es war kein Streit mit Hollywood oder mit dem öffentlichen Image der Technologie, sondern mit einem anderen Pionier der Nanowissenschaft – demselben, der zuvor erklärt hatte, die Nanotechnologie biete der Zivilisation einen „Weihnachtswunschzettel". Es ging darum, ob die molekulare Produktion aus theoretischer Sicht widerspruchsfrei war. Pech für Drexler: Bei seinem Gegner handelte es sich diesmal um einen Wissenschaftler, dem er viel Respekt und Bewunderung entgegenbrachte.

***

Richard Smalley war in Benehmen und Temperament das Gegenteil von Drexler. Er war in Akron in Ohio geboren und hatte eine zwar relativ traditionelle, aber höchst angesehene akademische Laufbahn hinter sich. Seinen Doktor in Chemie hatte er an der Princeton University gemacht, und dann hatte er an der Universität Chicago als Postdoc gearbeitet, bevor er eine Stelle an der Rice University annahm und dort während seiner gesamten weiteren Wissenschaftlerkarriere blieb. Smalley war kein weitblickender Visionär, der schon vor Abschluss seiner Dissertation Bücher veröffentlichte und Denkfabriken gründete, sondern machte sich jahrelang in aller Stille an mühsame Arbeit, wobei er sich in seinem Institut auf dem Gelände der Rice University in Houston mit Heerscharen loyaler Doktoranden und Postdocs umgab.

Dort leistete er Hervorragendes. Im Jahr 1996 erhielt Smalley als einer von drei Wissenschaftlern den Chemie-Nobelpreis für die Entdeckung des Buckminsterfullerens, einer ungewöhnlichen Form des Kohlenstoffs, deren Moleküle aussehen wie Fußbälle. Angeblich, so die Geschichte, entdeckte er es durch Zufall, als er die atmosphärischen Bedingungen rund um die Entstehung von Sternen simulieren wollte. Ausgehend von diesem Erfolg, führte seine Arbeit ihn immer tiefer in die seltsamen

Bereiche der Chemie, die mit der Bildung von Nanostrukturen einhergehen. Während des größten Teils seiner Laufbahn war Smalley fleißig, introvertiert und zurückhaltend. Erst als er bekannter wurde, wagte er sich zögernd an die Öffentlichkeit. In den letzten zehn Jahren seines Lebens nutzte er seinen Einfluss als Nobelpreisträger, um sich zu den in seinen Augen wichtigsten zukünftigen Herausforderungen der Welt zu äußern, so zur Produktion erneuerbarer Energien, der Bereitstellung sauberen Wassers und der weltweiten Gesundheitsversorgung. In dem Streit mit Drexler jedoch ging es um grundlegende Fragen der Wissenschaft.

Nach Smalleys Ansicht hatte Drexler mit seiner mechanistischen Vorstellung von molekularer Produktion und Nanobots nicht begriffen, wie Atome und Moleküle in Wirklichkeit funktionieren. Atome und Moleküle, so Smalley, seien keine Legosteine, die man physisch an bestimmte Stellen bringen und nach eigenen Entwürfen miteinander koppeln könne. Vielmehr unterliegen sie den Beschränkungen der chemischen Bindungen. Nanowissenschaft sei keine Mechanik, sondern Chemie. Drexler wisse nicht, wovon er eigentlich redete.

Mit ähnlichen Zweifeln hatte sich Drexler schon zu Beginn seiner Arbeiten am MIT auseinandersetzen müssen: Dort hatte ein Dozent geschimpft, seine Ideen zeugten von „völliger Verachtung der Chemie“. Drexler glaubte, dass dieser Kollege Unrecht hatte, und trieb seine Vision, Atome physisch zu manipulieren, weiter voran. Jetzt machte Smalley da weiter, wo Drexlers MIT-Professor aufgehört hatte, und stellte die Vorstellung von der molekularen Produktion aufgrund einiger Probleme infrage, die überhaupt nicht nach Nanotechnologie klangen. Er bezeichnete seine Einwände als „klebrige Finger“ und „fettige Finger“.

Mit „klebrigen Fingern" meinte er das Problem, dass Atome und Moleküle, die ein Nanotechniker hin und her bewegen will, an allen mechanischen Vorrichtungen hängen bleiben, mit denen man sie in ihre Positionen bringen will. Das liegt daran, dass Atome, die nicht an andere Atome gebunden sind, in diesem Maßstab durch sogenannte Van-der-Waals-Kräfte angezogen werden. Sie genau zu positionieren, wäre also schwierig, weil die Werkzeuge, die man dazu benutzt, sich kaum noch von ihnen lösen. Feynman hatte genau dieses Problem schon 1959 in seinem Vortrag vorhergesehen und gesagt: „Es wäre wie in diesen alten Filmen, in denen ein Mann die Hände voller Sirup hat."

Das Problem der „fettigen Finger" geht davon aus, dass sich etwas Interessantes herausstellt, wenn man sich wirklich daran macht, Atome mit mechanischen Vorrichtungen hin und her zu schieben: Im Gegensatz zu Feynmans Vorlesungsüberschrift ist demnach ganz unten in Wirklichkeit *nicht genügend* Platz, um die Zahl der Atome zu steuern, die in einer bestimmten chemischen Reaktion herumfliegen. An den Reaktionen sind nicht einzelne Atome beteiligt, sondern Atomgruppen, und um sie zu steuern, sind schon bei den einfachsten Manipulationen Dutzende „Finger" erforderlich. Smalley stellte Drexler – und unausgesprochen auch Feynmans Auffassung – mit seiner Behauptung infrage, im Nanomaßstab sei einfach nicht genügend Platz für so viele fettige Finger.

Aus Smalleys Sicht war die Vorstellung, Atome physisch zu lenken, schlicht und einfach falsch. In seiner Kritik an Drexler erklärte er, Chemie sei er etwas Ähnliches wie Liebe. Sie erfordere einen komplizierten „Tanz" mit Bewegungen in vielen Dimensionen und die richtige Mischung aus Anziehungskräften und chemischen Bindungen. So etwas könne man nicht nach Plänen, die von außen durch mechanische Vorrichtungen aufgezwungen werden, mit Gewalt bewerkstelligen. „Finger können keine Chemie betreiben", sagte Smalley.

Auf Smalleys Einwände erwiderte Drexler gereizt, klebrige Finger könnten zwar für Atome und für Wissenschaftler, die Donuts essen, zu Schwierigkeiten führen; sie seien aber kein Problem, wenn man Moleküle hin und her bewegt. Dies beweise uns die Biologie jeden Tag. Die Biologie sei sogar der Beweis für das ganze Konzept, das für Drexler ursprünglich zur Anregung geworden war, den Weg der molekularen Produktion weiterzuverfolgen.

Die Diskussion zwischen den beiden wurde in einer Reihe veröffentlichter Artikel und offener Briefe immer hitziger. Smalley warf Drexler unverblümt vor, er verstehe nichts von Chemie. Darauf erwiderte Drexler, Smalley habe offenbar keine Ahnung von Biologie. Smalley betonte, wenn die Biologie der Beweis sei, dass so etwas geschehen könne, sei Wasser ein notwendiges Medium für jede zukünftige Nanoproduktion. Mit anderen Worten: Molekulare Produktion könne nur „nass" ablaufen. Drexler sagte, Smalley habe „den Vorschlag nur unzureichend begriffen" und stifte „Verwirrung in der Öffentlichkeit". Smalley spürte, dass der Konflikt persönlich zu werden drohte, und erwiderte, Drexler jage „unseren Kindern Angst ein" – eine Anspielung auf Drexlers Patzer mit der globalen Ökophagie. Der zunehmend giftige Streit ließ den wissenschaftlichen Optimismus rund um die molekulare Nanotechnologie noch weiter versiegen.[4]

In den Jahren unmittelbar nach diesem öffentlichen Zank waren viele Beobachter in der Gemeinde der Nanotechnologieforscher frustriert über den Ton und die Selbstdarstellung, die sich hier abzeichneten. In ihren Augen lenkte die Debatte nur ab und hatte nicht viel mit der eigentlichen Nanotechnologieforschung zu tun. Bisher hatten viele Anwendungsbereiche der Nanotechnologie mit der innovativen Nutzung produzierter Nanomaterialien zu tun und nicht mit der Konstruktion futuristischer Nanobots. Die höchst spekulativen Visionen der molekularen Produktion schienen vielen Fachleuten nur ein nutzloser Nebenschauplatz zu sein. Die Idee, dass Maschinen von Molekülgröße präzise chirurgische Eingriffe vornehmen oder Produktionsaufträge ausführen, existierte nur in Drexlers Träumen. Sie war ungefähr ebenso töricht wie der Gedanke, Nanoautos würden herumfahren und sehr kleine Pizzen ausliefern. Warum sollten Wissenschaftler ihre wertvolle Zeit, Finanzmittel und Glaubwürdigkeit opfern, indem sie solche Fragen diskutierten?

Aus der Sicht ernsthafter Wissenschaftler, die mit ihrer Nanotechnologieforschung weiterkommen wollen, ist diese Frustration zwar verständlich, aber wenn man die Debatte zwischen Drexler und Smalley als witzlos abtut, übergeht man ein wichtiges Thema; es ist von großer Bedeutung, wenn man begreifen will, was für Eingriffe in die Natur sich mit der Nanotechnologie verbinden. Trotz ihrer Fehler wirft der Streit zwischen den beiden Wissenschaftlern ein Schlaglicht auf eine der wichtigsten Folgerungen, die sich aus der Nanotechnologie als Methode des synthetischen Zeitalters ergeben. Smalley glaubte, Drexler habe die Chemie nicht verstanden, und Drexler glaubte, Smalley habe die Biologie nicht verstanden. In der Natur leisten sowohl Biologie als auch Chemie im Nanomaßstab ihre grundlegenden Beiträge. Ganz gleich, wen man als Sieger oder Verlierer der Debatte einstuft, der Streit selbst liefert eine wichtige Erkenntnis über den eigentlichen Gehalt der Nanotechnologie. Wenn der *Homo Faber* Material und Gerätschaften auf atomarer und molekularer Ebene konstruiert, bemüht er sich, gezielt uralte Baupläne zu verändern, die durch Physik, Biologie und Chemie an uns weitergegeben wurden, und dabei hat er die Hoffnung, dass wir auf diese Weise unsere Umwelt effizienter nutzen können.

Vertreter der Nanotechnologie würden zwar nicht behaupten, sie könnten die Gesetze der Natur neu schreiben, aber sie lernen eindeutig immer besser, wie man an den Grenzen dieser Gesetze so arbeiten kann, dass sich erstaunliche neue Horizonte eröffnen. Glaubt man ihnen, lassen sich biochemische Prozesse nutzbar machen und in Richtungen lenken, in die sie noch nie zuvor in der Erdgeschichte gelenkt wurden. Damit eröffnet sich eine Fülle ganz neuer Möglichkeiten. Man könnte von Biologie 2.0 oder NextChemistry oder vielleicht auch synthetischer Physik sprechen. Jedenfalls erkunden die Wissenschaftler damit Teile des irdischen Terrains, zu denen unsere Spezies zuvor keinen Zugang hatte.

Wie man an Drexlers Parabel von dem grauen Schleim erkennt, gibt es durchaus Gründe, vorsichtig zu sein, wenn man sich auf dieses Terrain begibt und in die alten Gesetzmäßigkeiten eingreift, die man dort vorfindet. Bemühungen, die von uns geschaffene Welt vollständig unter Kontrolle zu bringen, neigen zu gewissen Unvollkommenheiten. Es geschehen Dinge, die wir nicht vorhergesehen haben. Im makroskopischen Maßstab ermüden Materialien, unvorhergesehene chemische Reaktionen laufen ab, und bizarre Ereignisketten verbinden sich. Außerdem kommen meist auch gesellschaftliche Unsicherheiten zum Tragen.

Der frühere US-Verteidigungsminister Donald Rumsfeld wurde damit berühmt, dass er vor den verborgenen Gefahren der „unbekannten Unbekannten" warnte. Nanotechnologie-Befürworter sollten sich daran erinnern, wie solche unbekannten Unbekannten bestehen bleiben können, ganz gleich, wie umfassend Wissenschaftler sich bemühen, sie auszumerzen. Das gilt wahrscheinlich ganz besonders in der unbekannten Nano-Domäne.

Steven Vogel, ein Technologiephilosoph aus dem „auf Rostgürtel" der Vereinigten Staaten, spielte auf diesen Aspekt der Welt mit dem Hinweis an, dass man immer einen gewissen Verlust an Vorhersagbarkeit hinnimmt, wenn man in der physikalischen Welt irgendetwas konstruiert. Sobald man eine Idee verwirklicht, indem man eine Gerätschaft oder Struktur aufbaut, hat man sofort einen winzigen Anteil der Kontrolle über das, was dieses Produkt bewirken wird, aufgegeben.

Das ist eine Grunderkenntnis über Artefakte. Die physische Welt ist voller Elemente der Unvorhersagbarkeit, die in die von uns aufgebauten Dinge einfließen. Selbst der am besten konstruierte Gegenstand enthält noch ein klein wenig Wildheit, die immer das Potenzial in sich birgt, zurückzukehren und uns heimzusuchen. Die Korrosion der Moniereisen in einer Brücke, der plötzliche Riss im Hydrauliksystem eines Flugzeuges, der unentdeckte Fehler im Computernetzwerk: Materie ist nie zu 100 % stabil. Das gilt sogar für relativ gut gezähmte Produkte. Wenn die Artefakte aber so konstruiert sind, dass sie sich frei bewegen und von selbst verdoppeln können, wird ihre innere Wildheit zum Gegenstand einer schnell eskalierenden Besorgnis. Der graue Schleim erinnert uns nachdrücklich an diese Wahrheit.

In Vogels Warnung klingen ähnliche Bedenken an wie in den Äußerungen anderer Autoren, die über die Auswirkungen bestimmter Technologien nachgedacht hatten. Die britische Professorin Keekok Lee schrieb beispielsweise ein Buch mit dem Titel *The Natural and the Artefactual.* Zur Zeit seines Erscheinens erregte das Werk außerhalb kleiner Philosophenkreise kaum Aufmerksamkeit, eine wichtige Aussage daraus ist es aber wert, dass wir sie im Kopf behalten, wenn wir zunehmend in ein synthetisches Zeitalter eintreten.

Lee brachte Vorbehalte gegenüber „tiefen Technologien" wie der Nanotechnologie zum Ausdruck, die tief in das eigentliche Wesen der Dinge eingreifen, um sie für die Zwecke der Menschen neu zu konfigurieren. Lee erkannte darin unter anderem das Problem, dass so etwas für Gesundheit und Wohlbefinden der Menschen gefährlich sein könnte. Unser Organismus ist an solches Material einfach nicht gewöhnt. Und die Umwelt auch nicht. Lee nahm Vogel vorweg und äußerte auch den Verdacht, dass es uns nicht gelingen wird, alles Verhalten der Produkte tiefer Technologien vollständig vorherzusagen. Nanotechnologie und Bereiche wie die Biotechnologie sind für Lee von ihrem Wesen her gefährlich, weil sie uns so tief in die Struktur der Welt hineinführen.

Eine weitere Sorge betrifft aber auch die Gefahr einer großen Verschiebung, die Lee bei Werten und Bedeutung entdeckt. In ihren Augen „ersetzt" die Nanotechnologie die Natur – das heißt, sie geht von dem Stoff aus, den die Natur bereitstellt, und tauscht ihn gegen etwas ein, von dem Menschen glauben, dass es ihren Anforderungen besser entspricht. Solche Handlungen, so Lee, haben eine moralische Dimension. Die Nanotechnologie setzt etwas völlig Künstliches an die Stelle von etwas, auf das wir uns bisher verlassen haben – und das wir vielleicht auch widerwillig respektieren. Sie manipuliert etwas so Grundlegendes, dass wir selbst und die Welt damit ärmer werden. Wir haben einen wichtigen Bereich des Seins von der Kategorie des Natürlichen in die Kategorie des Künstlichen übernommen.

Lees Bedenken, die Natur könne durch die Nanotechnologie „ersetzt" werden, entspringen vielleicht einer etwas übertriebenen Angst, wenn sie es wörtlich meint. Solange sich kein grauer Schleim ausbreitet, wird man immer in ausreichendem Umfang eine biologische Natur vorfinden. Die Welt wird ihre Ausstattung mit Farnen und

Wasserfällen behalten, mit Käfern und Spatzen, Berglöwen und Tintenfischen, und alle werden weiterhin dafür sorgen, dass unsere Umgebung interessant und belebt bleibt, ganz gleich, welche Vorrichtungen sich die Vertreter der Nanotechnologie erträumen.

Dennoch spricht Lee mit ihren Überlegungen über eine moralische Dimension der tiefen Technologie ein wichtiges philosophisches Thema an. Wenn der *Homo Faber* die Materie tatsächlich auf einer derart grundlegenden Ebene neu gestalten kann, sind wir auch in der Lage, eine Welt aufzubauen, die sich zunehmend von der Welt früherer Zeiten unterscheidet. Mit Methoden, die im Nanomaßstab entwickelt wurden, werden die Grenzen, die uns die *Natur* der Natur setzt, weniger einschränken. Die Materie wird zunehmend vom Atom an aufwärts umgestaltet werden, sodass die materielle Welt uns bessere Dienste leistet. Das heißt nicht einfach, dass die Welt zunehmend voller unzähliger verschiedener Hervorbringungen sein wird, die wir erzeugen, weil unsere Bedürfnisse sich erbarmungslos erweitern, obwohl auch das sicher geschehen wird. Es bedeutet, dass die Welt mit einer zunehmenden Zahl von *Arten* verschiedener Dinge und Typen der Materie angefüllt sein wird, die nicht mehr natürlichen, sondern ganz und gar menschlichen Ursprungs sind.

Für viele Ohren hört sich das nach dem Traum des *Homo Faber* an. Wenn Menschen sich nicht mehr darauf beschränken müssen, Dinge aus dem Material herzustellen, dass die Erde ihnen zur Verfügung stellt, können sie ihr eigenes Material konstruieren und so eine Welt schaffen, die ihren Ansprüchen noch mehr gerecht wird. Maschinen und materielle Strukturen, die früher als physikalisch unmöglich galten, könnten zu einem Teil des Alltagslebens werden. Die Menschen könnten lernen, radikal über den Tellerrand der Natur hinauszublicken.

Aber wenn wir das tun, verändert sich auch etwas Grundsätzliches in unserem Gespür für die Welt, die uns umgibt, und für die Grenzen, die sie uns auferlegt. Unter künstlich hergestellten Dingen verstand man bisher Gegenstände, die aus einem begrenzten Spektrum verschiedener, der Natur entnommener Materialien aufgebaut sind – Materialien wie Holz, Metallerz, flüssige Kohlenwasserstoffe, Edelmetalle und verschiedene altvertraute chemische Elemente. Diese Materialien brachten uns nur ein Stück weit voran und signalisierten dann: „Bis hierher und nicht weiter!".

Im Zeitalter der Nanotechnologie wandeln sich solche Grenzen. Produktion auf der Ebene der Atome und Moleküle bedeutet, dass wir die ganze Vorstellung von der Natur als grundlegendem, begrenzendem Nährboden, auf dem die Menschen ihre Konstruktionen hervorbringen, neu überdenken müssen. Jetzt werden künstlich hergestellte Dinge zu Gegenständen, die gezielt aus Materie aufgebaut werden, *die ebenfalls bereits gezielt aufgebaut wurde*. Künstlich hergestellte Dinge sind damit also doppelt künstlich, sowohl was das Endprodukt angeht als auch im Hinblick auf das Material, aus dem dieses Produkt aufgebaut wurde. Wir leben dann in einer Welt, die *zutiefst* neu gestaltet wurde, einer Welt, die zunehmend nicht mehr in der Lage ist, uns Grenzen aufzuerlegen. Eine solche explosionsartige Zunahme neuer Möglichkeiten ist ungeheuer spannend und zugleich auch ein wenig verwirrend.

Diese Grenzen immer weiter hinauszuschieben, ist sicher eine neue Erfahrung, die weiterzuverfolgen sich möglicherweise lohnt. Wie Drexler versprach, könnten wir vor einer Zukunft des „radikalen Überflusses" stehen. Eine solche Zukunft ist es wert, dass man sie vorsichtig erkundet. Gleichzeitig sollten wir uns aber auch genau bewusst sein, dass sie einen Schritt ins Unbekannte darstellt.

Nanotechnologie könnte den Punkt darstellen, an dem die beste Science-Fiction endlich Wirklichkeit wird. Sie könnte zu dem Signal werden, dass wir materielle Grenzen überschreiten, dass die kreativen Möglichkeiten sich erweitern und dass sich zahlreiche neue wirtschaftliche Möglichkeiten ergeben. Andererseits könnte die Entwicklung der Nanotechnologie aber auch den Zeitpunkt kennzeichnen, an dem die Menschheit ihre Umgebung vollkommen neu gestaltet, sodass die vertraute Welt, in der die Evolution unserer Spezies stattgefunden hat, uns vollkommen fremd wird. Die Nanotechnologie bietet Gründe zur Hoffnung wie auch zur Angst.

Aber die Träume, die erstmals vor fast 60 Jahren von Richard Feynman formuliert wurden, stellen nur einen von vielen Zugängen zu der neuen Welt dar, die wir erschaffen. Die Nanotechnologie ist der erste von mehreren Wegen, auf denen wir die Welt, die das synthetische Zeitalter kennzeichnet, neu konstruieren. Im Mittelpunkt der Nanotechnologie stehen die unbelebten Teile der Natur, andere Verfahren konzentrieren sich jedoch auf die biologischen Elemente unserer Welt. Wenn man in der Lage ist, im Nanomaßstab zu arbeiten, verfügt man automatisch auch über die Fähigkeit, im Maßstab der DNA tätig zu werden. Deshalb ist es nicht verwunderlich, dass eine andere Art von Zukunftsforschern interessante Wege finden will, um mit den genetischen Elementen herumzuspielen, die das Lebendige antreiben.

3

DNA auf Bestellung

Vor knapp zwei Jahrzehnten – das neue Jahrtausend war erst sechs Monate alt – feierte man auf der ganzen Welt die Nachricht, dass das menschliche Genom kartiert worden war. Auf einer gemeinsamen Pressekonferenz gaben der US-Präsident Bill Clinton und der britische Premierminister Tony Blair bekannt, ein staatlich-privates Gemeinschaftsunternehmen habe Erfolg gehabt: Man hatte den Entwurf einer Sequenz aller Sprossen der wunderschönen menschlichen DNA-Doppelhelixleiter erstellt.

Das Humangenomprojekt war früher und zu geringeren Kosten vollendet worden als geplant. Zum Teil lag das an den Beiträgen eines Privatunternehmens, das sich dem staatlich finanzierten Projekt in dessen späteren Jahren angeschlossen hatte. Die Anhänger der freien Märkte feierten die Tatsache, dass dieses Privatunternehmen, Celera Genomics genannt, ein effizienteres Verfahren zum Lesen der überragend wichtigen Sequenz auf den Tisch gelegt hatte. Präsident Clinton verglich die Landkarte des

© Springer-Verlag GmbH Deutschland, ein Teil von Springer Nature 2019
C. J. Preston, *Sind wir noch zu retten?*,
https://doi.org/10.1007/978-3-662-58190-2_3

Genoms mit anderen großen Landkarten aus vergangenen Zeiten und erklärte mit dem für ihn typischen Grinsen: „Dies ist ohne Zweifel die wichtigste und bewundernswerteste Karte, die jemals von der Menschheit erstellt wurde." Angesichts einer derart weitreichenden Entdeckung, so stellte der Präsident fest, „lernen wir die Sprache, in der Gott das Leben erschaffen hat."

Es war sicher eine verheißungsvolle Leistung, in der ungeheure Geduld und gewaltige technische Fähigkeiten zum Ausdruck kamen. Das Genom des Menschen enthält ungefähr 24.000 Gene. Diese bestehen aus etwas mehr als 3 Milliarden Paaren der Nukleinsäurebasen (Adenin, Cytosin, Guanin und Thymin), welche die Sprossen der berühmten DNA-Leiter bilden. Um das Genom zu kartieren, musste man jedes einzelne Basenpaar identifizieren und auf dem langen, spiralförmig gewundenen Genom an der richtigen Stelle einzeichnen.

Bevor man die Basenpaare auf diese Weise ablesen konnte, mussten kleine DNA-Fragmente in Bakterienzellen übertragen werden, die wie Kopiergeräte wirkten und von jedem dieser Fragmente zahlreiche Exemplare herstellte. Das Kopierverfahren stellte sicher, dass die Wissenschaftler im Hinblick auf die Buchstabenreihenfolge, die sie ablasen, sicher sein konnten. Selbst unter optimalen Bedingungen kann man Gensequenzen nur in kurzen Abschnitten interpretieren, das heißt, man musste zahlreiche überlappende Sequenzen kartieren und die verschiedenen Abschnitte miteinander vergleichen. Nachdem jedes einzelne Fragment sicher bekannt war, konnte man einen Katalog für das Gesamtgenom zusammenstellen. Und schließlich musste man die gesamte Sequenz von 3 Milliarden Basenpaaren viele Male überprüfen und bestätigen.

Nach fast einem Jahrzehnt intensiver Anstrengungen war die Arbeit mehrerer tausend Genomforscher aus mehr als 18 Ländern abgeschlossen, und man konnte den Erfolg feiern. Jetzt stand ein zuverlässiger Entwurf des Genoms zur Verfügung, sodass lächelnde Politiker herumstolzieren, allen Beteiligten auf den Rücken klopfen und sich im Abglanz ihres Ruhms sondern konnten.[1]

Es war in der Tat eine historische Leistung. Das wissen wir, weil nicht nur Politiker überschwängliche Kommentare abgaben. Auch Wissenschaftler schwärmten ganz im Gegensatz zu ihren sonstigen Gewohnheiten davon, dies sei weitaus mehr als nur eine Reihe neuer Fakten, die in einem Biologielehrbuch abgedruckt werden sollten. Francis Collins, der Leiter des Projekts, hielt die Entschlüsselung für eine unschätzbar wertvolle neue Brille zur Betrachtung der Welt. Im Rückblick erklärte er, das Genom erzähle „eine Geschichte über die Reise unserer Spezies durch die Zeit". Für die Zukunft verspreche das neue Wissen „ein umwälzendes Lehrbuch der Medizin mit Erkenntnissen, die in der Gesundheitsversorgung ungeheure neue Fähigkeiten zur Behandlung, Vorbeugung und Heilung von Krankheiten eröffnen". Der Premierminister Blair stimmte in die Begeisterung ein und erklärte, die Entdeckung kennzeichne nicht nur den Beginn einer neuen Generation der Medizin, sondern auch die Überquerung einer „Grenze" und eine „neue Ära" im Dasein der Menschen. Man hatte das menschliche Leben auf seine biochemische Essenz zurückgeführt. Die genetische Ausstattung unserer Spezies war zu einem lesbaren Text geworden, der Untersuchungen und Analysen auf einem ganz neuen Niveau zugänglich war.

Zwar besteht kein Zweifel daran, dass die Entschlüsselung des menschlichen Genoms die Voraussetzungen für Fortschritte bei allen möglichen medizinischen und diagnostischen Verfahren geschaffen hat, in den Jahren seit dem Abschluss des Projekts zeigten sich aber auch zahlreiche Schwierigkeiten, die den anfänglichen Enthusiasmus zum Teil gedämpft haben. Die Zuordnung einzelner

Gene zu bestimmten Krankheiten und Verhaltensweisen ist nicht so einfach wie die Zusammenführung von Paaren umgedrehter Spielkarten. Die Frage, wie Gene darüber bestimmen, was für Lebewesen wir werden, ist sehr komplex und von sehr vielen Zufällen abhängig.

Zum einen gibt es neben der DNA im Zellkern, die im Rahmen des Genomprojekts kartiert wurde, auch DNA außerhalb des Zellkerns im Cytoplasma, und auch sie hat beträchtlichen Einfluss auf die Entwicklung von Menschen. Diese zweite Form, Mitochondrien-DNA genannt, gehörte nie zum Arbeitsbereich des Humangenomprojekts.

Und es sind auch nicht nur die Gene. Wie man schon seit langem weiß, wird die Zukunft eines Menschen durch eine Kombination aus Genen und Umwelt beeinflusst. Gene allein können nur ein begrenztes Maß an Wirkungen entfalten. Die Umwelt, in der ein Mensch aufwächst und sich während seines Lebens aufhält, bestimmt in erheblichem Maße mit darüber, ob und wann diese Gene ein- und ausgeschaltet werden.

Wie sich kürzlich herausgestellt hat, ist die Umwelt auch nicht nur von Bedeutung für die Person, die derzeit in ihr lebt. Zwar bestimmen viele Faktoren mit darüber, wann einzelne Gene im Leben eines Menschen aktiv werden, offensichtlich können aber die Ereignisse von heute auch Gene späterer Generationen ein- und ausschalten. Wie sich in Studien an isolierten, aber gut dokumentierten Bevölkerungsgruppen in Schweden herausgestellt hat, kann Stress, den die Eltern erlebt haben – beispielsweise Mangelernährung durch immer wiederkehrende Missernten –, auch die Expression der DNA in zukünftigen Generationen verändern. Mit anderen Worten: Offensichtlich kann die DNA von ihrer Umwelt „traumatisiert" werden, wobei der Effekt sich erst nach einer oder zwei Generationen bemerkbar macht. Etwas Ähnliches haben

US-amerikanische Wissenschaftler auch an den Nachkommen von Holocaust-Überlebenden beobachtet. Durch ein solches „genetisch ererbtes Trauma" ist ein Enkel unter Umständen auch dann anfälliger für Störungen wie Diabetes oder Herzkrankheiten, wenn in der vorangegangenen Generation, die den Stress erlebt hat, nichts Ungewöhnliches zu erkennen war. Hier hallt entfernt die lamarckistische Denkweise wider: Offensichtlich können Individuen die Folgen von Erlebnissen, die sie während ihres eigenen Lebens durchgemacht haben, mit ihrem Genom an zukünftige Generationen weitergeben.

Ein weiterer Faktor sind die rund 100 Billionen einzelligen Mikroorganismen, die unseren Körper bewohnen und Einfluss auf Gesundheit und Krankheit haben. Vom Mund über das Innere unseres Enddarms bis hin zu den Fußnägeln besiedelt eine riesige Zahl einfacher Lebewesen während unseres ganzen Lebens unseren Körper; meist tragen sie zu unserer Gesundheit bei, hin und wieder werfen sie uns aber auch plötzlich aufs Krankenlager. Genetisch betrachtet, sind wir mehr Mikroben als Menschen. Die Gesamtmenge des genetischen Materials in den Mikroorganismen ist bis zu hundertmal größer als die in unseren eigenen Zellen. Mikroorganismen haben Auswirkungen auf unseren Geruchssinn, unsere Stimmungslage und unser Verhalten; sie haben Einfluss darauf, mit wem wir Umgang pflegen und mit wem wir wahrscheinlich eine sexuelle Beziehung eingehen werden. Es ist unmöglich, ein vollständiges menschliches Ich zu werden, ohne dass die richtige Mischung von Mikroben uns in allen Stadien unserer Reise begleitet. Vielleicht liegt es an dem ungeheuren Einfluss dieses *Mikrobioms,* dass der Gegenstand der natürlichen Selektion unserer Spezies nach heutiger Kenntnis weniger das menschliche Genom selbst ist als vielmehr das gesamte menschliche Ökosystem.

Möglicherweise ist Medizin nicht nur Genetik, sondern in gleichem Maße auch Ökologie.

Mittlerweile hat sich ein ganz neues Fachgebiet gebildet: Die Epigenetik beschäftigt sich mit der Frage, wie Zellen ihre Gene in Abhängigkeit von Faktoren, die außerhalb des Genoms liegen, unterschiedlich ablesen. Diane Ackerman formulierte es so: „Die Epigenetik ist die zweite Hose des genetischen Anzuges." Und es ist offensichtlich eine sehr große Hose. Zwar enthält das Genom des Menschen nur 24.000 Gene, im Epigenom gibt es aber Millionen von Faktoren, die sich auf die Entwicklung des Menschen auswirken. Mit anderen Worten: Das Genom selbst hält nur wenige Karten in der Hand. Seine Sequenzierung bot letztlich nicht die geringste Möglichkeit, die vollständige Geschichte zu erzählen. Als philosophische geneigte Beobachter verzweifelt erklärten, das Humangenomprojekt drohe das Rätselhafte und Poetische im Leben zu untergraben, weil die Menschen auf eine chemische Blaupause reduziert würden, unterschätzten sie bei weitem, auf welch komplexen Wegen wir zu dem werden, was wir sind.

Aber auch wenn durch das Humangenomprojekt nicht mit einem Schlag alle Geheimnisse des menschlichen Körpers gelüftet wurden, trug es ungeheuer viel zu einer zusätzlichen, umwälzenden Wissenschaftsrichtung bei. Solche Forschungsarbeiten werden das synthetische Zeitalter letztlich stärker prägen, als es jede Kartierung eines vorhandenen Genoms allein könnte. Die Verfahren zum Lesen von Genen, die im Rahmen des Humangenomprojekts rasant verbessert wurden, stoßen mittlerweile auch eine ganz andere, bedeutsame Tür auf, an die manche ehrgeizigen Geschäftsinteressen schon seit langem klopfen.

Bei dem Privatunternehmen Celera, das zusammen mit staatlichen Stellen aus Großbritannien und den Vereinigten Staaten an der Entschlüsselung des menschlichen

Genoms arbeitete, konzentrierte man sich nie sonderlich stark auf die Zusammenhänge zwischen der Genetik, dem Verhalten und der Gesundheit der Menschen. Solche Zusammenhänge interessierten das Unternehmen nicht. Was alle für das zentrale Motiv der Genomforschung hielten, war für diese Firma eine Art Nebenschauplatz. Der höchst ehrgeizige Gründer von Celera, der bei der Feier im Weißen Haus neben Präsident Clinton saß, hatte viel radikalere Ziele im Sinn.

***

J. Craig Venter wurde in Salt Lake City als Sohn eines trinkfesten, kettenrauchenden Mormonen geboren. Während der ersten Lebensjahre seines Sohnes musste Venter Senior eine Entwürdigung hinnehmen: Er wurde aus der Mormonenkirche exkommuniziert. Um der öffentlichen Schande zu entgehen, zog die Familie von Utah in ein Arbeiterviertel außerhalb von San Francisco, und dort, so berichtete Venter der Jüngere, fühlte er sich durch die umfassenderen Möglichkeiten, die sich an der Westküste boten, befreit. Er war froh, die trockenen Niederungen in den Gebirgen des Westens verlassen zu können und entdeckte in Kalifornien schnell seine lebenslange Liebe zum Meer.

Die Schule dagegen gehörte nicht zu seinen Leidenschaften. Der Werkunterricht faszinierte ihn zwar, aber Venter war nie ein besonders guter Schüler und hangelte sich mit einer Reihe mittelmäßiger Noten durch die Highschool. Viel lieber verbrachte er seine Zeit am Meer, wo er auf seinem Surfbrett lag oder stundenlang am Strand entlangschwamm. An seiner Highschool glaubte niemand, dass er es weit bringen würde.

Als junger Erwachsener wurde Venter zum Vietnamkrieg eingezogen und diente im Sanitätskorps der Marine. Er arbeitete in Südostasien in einem Feldlazarett und half mit, schwer verwundete Soldaten zu behandeln. Während dieser Tätigkeit bekam er die entsetzlichen Folgen der Tet-Offensive zu spüren. Seine düsteren Erlebnisse in Vietnam erwiesen sich für seine Zukunft als entscheidend. Während eines Tiefpunkts seiner militärischen Tätigkeit hätte Venter um ein Haar Selbstmord begangen – er schwamm so weit auf das Meer hinaus, wie er konnte, und hatte nicht die Absicht, zurückzukehren. Als er eine Meile von der Küste entfernt war und ein Hai ihm umkreiste, überlegte er es sich anders und schwamm langsam zurück. Jetzt war er entschlossen, den Krieg zu überleben und wieder nach Hause zu kommen. Er engagierte sich für den Gedanken, die Ungleichheit bei der Lazarettbehandlung verwundeter Soldaten, deren Zeuge er in Vietnam geworden war, zu beseitigen, und studierte Medizin.

Aber als Venter in die Vereinigten Staaten zurückgekehrt war und mit dem Studium begonnen hatte, stellte er schnell fest, dass er sich für Biochemie und Physiologie mehr interessierte als für Medizin. Mit seinem Kindheitsinteresse am Werkunterricht war Venter im Herzen ein Mechaniker und Bastler. Gleichzeitig entwickelte er aber auch eine Vorliebe für das Unternehmertum.

In der Genomforschung fand Venter das ideale Betätigungsfeld für seine Leidenschaften. Nachdem er promoviert hatte, nahm er eine Stelle an der Universität in Buffalo an, dann ging er an die National Institutes of Health; dort blieb er acht Jahre und entwickelte in dieser Zeit eine neue Methode zur Identifizierung einzelner Gene und ihrer Funktionen. Im Jahr 1992 verließ er die NIH und gründete das Institute for Genomic Research (TIGR), eine gemeinnützige private Forschungsinstitutionen, in der er weiter am Ablesen und der Interpretation von Genomen arbeitete – mittlerweile war ihm klar, dass er das gut konnte. Am TIGR trug Venter zur Verfeinerung der sogenannten *Shotgun Sequencing* Methode zur

DNA-Sequenzierung bei. Er zerstückelte die Genome immer wieder in zahlreiche kürzere Abschnitte, die er dann identifizierte; anschließend, so stellte er fest, konnte man mit dem Computer die vielen tausend abgelesenen Sequenzen zur Übereinstimmung bringen und so längere Genomabschnitte kartieren. Mit dem Einsatz einer riesigen Computerleistung wurde das TIGR, was das Ablesen von Genomen anging, schon bald zur leistungsfähigsten Institution der Welt.

Über den langsamen Fortgang der staatlichen Projekte zur Sequenzierung des menschlichen Genoms war Venter ein wenig verblüfft, und so wurde er 1998 zum Präsidenten und wissenschaftlichen Leiter von Celera Genomics, eines neuen Unternehmens zur Kartierung von Genen, das unter anderem dazu beitragen wollte, die Shotgun Sequencing Methode auf das menschliche Genom anzuwenden. Nach seinen Berechnungen sollte es möglich sein, mit der von ihm entwickelten Methode innerhalb von drei Jahren eine Karte des menschlichen Genoms zu erstellen, während man bei dem staatlichen Projekt mit zehn Jahren gerechnet hatte. Irgendwann wollte Celera mit solchen Arbeiten auch Gewinne machen, aber wie man auch dort erkannte, wuchs bei Wissenschaftlern und Öffentlichkeit das Gefühl, dass die Sequenz des menschlichen Genoms Allgemeingut sein sollte, das nicht von einem Unternehmen zum Geldverdienen vereinnahmt wird.

Was die Sequenzierung anging, erreichte Celera sein Ziel, und um das staatliche Projekt nicht in den Schatten zu stellen, stand Venter gemeinsam mit dessen Leiter Francis Collins im Jahr 2000 bei der Feier im Weißen Haus auf dem Podium. Nachdem Venter wusste, dass die Arbeit am menschlichen Genom abgeschlossen war, vollzog er eine Kehrtwende. Er verließ Celera ganz abrupt und kehrte zu seinen langjährigen wissenschaftlichen Mitarbeitern am TIGR zurück. Dort richtete der beste Sequenzanalytiker der Welt seine Aufmerksamkeit auf ein anderes Ziel, das er immer für sehr viel bedeutsamer gehalten hatte.

Ende der 1990er-Jahre, als die Sequenzierung von Genomen in Fahrt kam, hatte man am TIGR erstmals das gesamte Genom eines vollständig frei lebenden Organismus sequenziert, nämlich des Bakteriums *Haemophilus influenzae*. Kurz nachdem man dessen gesamte Genomsequenz kannte, entschlüsselte die Arbeitsgruppe eines der kleinsten Genome, die man kannte; es gehörte *Mycoplasma genitalium*, einem Bakterium, das in den Harnwegen des Menschen lebt und an der Verbreitung sexuell übertragbarer Krankheiten beteiligt ist. Nachdem die Wissenschaftler am TIGR *M. genitalium* sequenziert hatten, wuschen sie sich sorgfältig die Hände und nahmen sich andere kleine Genome vor, von denen sie in den folgenden Jahren mehr als 50 sequenzierten.

Diese Sequenzierung kleiner Genome bezeichnete Venter als sein „Minimal-Genomprojekt"; dass er sich auf so winzige Organismen konzentrierte, erschien anfangs rätselhaft. Warum sollte ein Privatunternehmen gutes Geld und Zeit für die Erforschung derart einfacher Organismen aufwenden, wo doch viel komplexere und potenziell lohnendere Lebewesen warteten? Als die Methoden sich verbesserten, gingen die meisten Forschungsteams von Bakterien zur Sequenzierung immer höher entwickelter Organismen über, darunter Frösche, Mäuse und Schimpansen. Die Kartierung von Genomen, die denen des Menschen ähnelten, war angesichts der medizinischen Möglichkeiten das Gebiet, auf dem nach der Erwartung aller das große Geld zu verdienen war. Aber Venters Arbeitsgruppe am TIGR interessierte sich nicht dafür.

Die Erklärung stammt unmittelbar aus einem Drehbuch des Plastozän. Venter wollte Genome nicht nur lesen, sondern auch aufbauen.

***

Als das Humangenomprojekt begann, war das Fachgebiet der synthetischen Biologie noch im Entstehen begriffen. Hinter der synthetischen Biologie steht der Gedanke, die Biologie könne irgendwann stärker der Ingenieurtechnik ähneln. Man könne lernen, wie man biologische Vorrichtungen präzise und sicher entwerfen, bauen, handhaben und verdoppeln kann. Ein Genom ist letztlich nichts anderes als eine besonders interessante chemische Struktur mit einer ganz bestimmten Anordnung von Phosphor-, Kohlenstoff-, Sauerstoff-, Wasserstoff- und Stickstoffatomen. Wenn man verstehen kann, wie ein Genom chemisch aufgebaut ist und welche Aufgaben seine einzelnen Teile erfüllen, sollte man auch in der Lage sein, es auseinanderzunehmen, wieder zusammenzusetzen und mit einigen besonders interessanten Abschnitten zu jonglieren. Mit genügend Geduld und Ehrgeiz sollte es auch möglich sein, neue genetische Kombinationen aufzubauen. In der synthetischen Biologie geht es darum, Verfahren so zu erweitern und zu vertiefen, dass man Genome auf Bestellung konstruieren kann. Sie verspricht eine Do-it-yourself-Version der Biologie, in der nicht die Evolution, sondern Menschen die besten Treffer landen.

Wie nützlich es ist, wenn man einzelne Gene von einem Organismus in den anderen transportieren und so wünschenswerte Merkmale schaffen kann, hatte sich in der landwirtschaftlichen Biotechnologie gezeigt. Wie wäre es, wenn man nicht nur ein oder zwei ausgewählte Gene in andere Arten einschleusen könnte, sondern stattdessen längere Gensequenzen austauschen oder neu konstruieren würde? Vielleicht könnte man damit ja nicht nur neue Merkmale erzeugen, sondern auch ganze biologische Systeme, die nützliche Leistungen erbringen könnten.

Angenommen, man würde beispielsweise alle Gene identifizieren, die in einem Organismus für die Produktion einer bestimmten chemischen Verbindung verantwortlich sind, und sie in einen nutzerfreundlichen zweiten Organismus einbringen, um auf diese Weise eine Art biologische Fabrik aufzubauen? Müsste man eine solche Substanz in eine andere umwandeln, könnte man vielleicht geeignete Gene aus einem dritten Organismus hinzufügen und so eine ganz neuartige biologische Produktionseinheit schaffen. Synthetische Biologen könnten dann komplizierte, aber nützliche Gensequenzen aufbauen, ohne dass man in der Natur zuvor jemals etwas Ähnliches gesehen hätte.

Venters Gedanken schweiften jetzt noch ehrgeiziger weiter: zur Herstellung ganzer Lebewesen. Da Gene aus relativ einfachen chemischen Verbindungen bestehen, so sein Gedanke, gibt es eigentlich keinen Grund, warum nur die Natur in der Lage sein sollte, lebensfähige DNA-Ketten aufzubauen. Menschen sollten das ebenfalls können. Statt mit der synthetischen Biologie nützliche Genomabschnitte zu konstruieren, könnte es auch möglich werden, das ganze Lebewesen aufzubauen. Statt darauf zu warten, dass die Natur die Organismen hervorbringt, könnte man sie auch im Labor mit den Verfahren der synthetischen Biologie entwerfen und produzieren.

Dieses tollkühne Vorhaben wurde sehr schnell zu Venters vorrangigem Ziel. Im Jahr 2006 gründete er als Dachorganisation das J. Craig Venter Institute (JCVI), das die wachsende Zahl seiner wissenschaftlichen und kommerziellen Interessen unter einem Dach bündelte. Zu den ursprünglichen Wissenschaftlern des TIGR stießen am JCVI weitere führende Genomforscher hinzu, die sich von einem der mittlerweile weltweit führenden wissenschaftlichen Labors angezogen fühlten, und machten sich daran, von den chemischen Bausteinen auszugehen und mit ihnen ein lebensfähiges Genom von Grund auf neu aufzubauen.

Venter wusste, dass es eine spektakuläre Leistung wäre, wenn Menschen das vollständige Genom eines Lebewesens aus seinen chemischen Bausteinen zusammensetzen konnten. Aus philosophischer Sicht betraten die Menschen damit einen ganz neuen Tätigkeitsbereich. Nie zuvor hatte der *Homo Faber* das Genom eines lebenden Organismus zusammengesetzt. Das zu bewerkstelligen, würde letztlich heißen, dass man Bill Clintons Aussage, Wissenschaftler würden die Sprache Gottes erlernen, noch einen Schritt weiter trieb. Der *Homo sapiens* würde zeigen, dass er nicht nur in der Lage war, Gottes Sprache zu lesen. Er würde unter Beweis stellen, dass er auch einen Stift in die Hand nehmen und sie schreiben konnte.

Aber Kopien zu schreiben, war nicht das Einzige, was Venter im Sinn hatte. Wenn es Menschen wirklich gelänge, Genome zu konstruieren, müssten sie sich nicht mehr damit zufrieden geben, das Genom irgendwelcher Organismen nachzubauen, die ihnen die Natur zufällig zur Verfügung stellt. Sie könnten auch ganz neue Genome entwerfen, die interessanter, nützlicher und vielleicht – hier feierte Venters Unternehmergeist fröhliche Urständ – profitabler waren. Statt unbelebte Maschinen zu bauen, die nützliche Funktionen ausführten, könnten Menschen dann auch *Lebewesen* zu ähnlichen Zwecken konstruieren. Man könnte Organismen, die es nie zuvor gegeben hat, ausschließlich zu dem Zweck bauen, dass sie uns dienen. Es wäre eine bemerkenswerte Leistung, die allerdings ein wenig an Frankenstein erinnert.

In Venters Träumen kann man durchaus eine gewisse Überschneidung mit dem Traum der molekularen Produktion in der Nanotechnologie entdecken. Die Überschneidung ist echt: Die Sprossen der DNA-Leiter sind ungefähr zwei Nanometer lang, das heißt, die DNA-Synthese findet definitionsgemäß im Nanomaßstab statt. Wie wir zuvor bereits erfahren haben, hatte die molekulare Produktion bereits eine biologische Wendung genommen. DNA-Basen würde man zwar nicht mithilfe von Stäben und Zahnrädern zusammenfügen, wie es die molekulare Produktion der Nanotechnologie versprochen hatte, Techniker müssten aber mit dem gleichen Maß an Sorgfalt dafür sorgen, dass die Nanometer-großen Basen in der richtigen Reihenfolge zusammengesetzt werden. Und wie Richard Smalley es für die Nanotechnologie vorhergesagt hatte, müsste all das in wässriger Lösung stattfinden. Mit anderen Worten: Das ganze Unternehmen wäre eine Form der *nassen Nanotechnologie.*

Philosophisch unterscheidet sich die synthetische Biologie in einem wichtigen Punkt von der vorgeschlagenen molekularen Produktion in der Nanotechnologie: Bei den Produkten, die in der synthetischen Biologie entworfen werden, handelt es sich nicht einfach um Maschinen, sondern um echte Lebewesen. Erfolgreiche biologische Organismen sind bemerkenswerte Gebilde. Sie gewinnen ihre eigene Energie, reparieren ihre Verletzungen und bringen ohne Unterstützung immer wieder eine neue Generation hervor. Der Evolutionsdruck hat die Lebewesen so gestaltet, dass sie ganz bestimmte Funktionen effizient und zuverlässig ausführen können. Könnten die Menschen ebenfalls Lebewesen konstruieren, deren Tätigkeit unserem Interesse dient, stünden uns höchstwahrscheinlich die leistungsfähigsten und wartungsärmsten Maschinen zur Verfügung, die man sich vorstellen kann. Das Ganze verspricht, ein industrielles Paradies zu werden.

Nachdem Venter die Reaktion der Öffentlichkeit auf genetisch abgewandelte Lebewesen beobachtet hatte, wusste er, dass auch die synthetische Biologie in Teilen der Bevölkerung Bedenken wecken würde. Immerhin ging es um den Versuch, Leben im Labor zu erschaffen. Bevor

man einen synthetischen Mikroorganismus zu irgendeinem nützlichen Zweck einsetzen konnte, musste man
eine Reihe von Vorsichtsmaßnahmen ergreifen. Venter
lernte aus Drexlers Fehlern: Ihm war klar, dass man sorgfältig darauf achten musste, keine Angst vor synthetischen
Mikroorganismen zu wecken, die einen bakteriellen Zer-
störungsfeldzug anrichten konnten. Genau wie in der
Nanotechnologie erschien es plausibel, dass solche absichtlich konstruierten „Biobots" sich unkontrolliert vermehren könnten, auch wenn der dann entstehende Schleim in
diesem Fall nicht grau, sondern grün wäre. Venter musste
Sicherheitsvorkehrungen treffen, damit seine Organismen
nicht in die Umwelt entkamen. Außerdem musste er mit
Studien nachweisen, dass von den synthetischen Genomen
nur minimale Gefahren für die Gesundheit der Menschen
ausgingen. Und er musste die Fragen der biologischen
Sicherheit berücksichtigen, die sich aus der Möglichkeit
ergaben, dass synthetische Lebensformen in die falschen
Hände gerieten.

Venter wollte von Anfang an klarmachen, dass er alle
derartigen ethischen Fragen ernst nahm. Er rief am JCVI
eine strategische Arbeitsgruppe ins Leben, die sich in
Zusammenarbeit mit dem Center for Strategic and International Studies und dem Massachusetts Institute of Technology mit den ethischen Bedenken beschäftigen sollte,
die durch die Angst vor außer Kontrolle geratenen synthetischen Organismen ausgelöst wurden. Die Teams betrach-
teten verschiedene gefährliche Szenarien und entwickelten
Richtlinien, mit denen man die Gefahren minimieren
wollte. Die ethische Seite, so erklärte Venter zuversichtlich, sei unter Kontrolle.

***

Venter war immer darauf aus gewesen, neue Wege einzu-
schlagen, aber die begrifflichen Schwellen, die er dieses

Mal mit seiner Arbeit überwinden musste, konnte man nur als erstaunlich bezeichnen. Seine Arbeiten waren in der Biologie angesiedelt, allerdings an einer Stelle, an der die Grenze zwischen Biologie und Philosophie verschwimmt. Ganz ähnlich wie in der Nanotechnologie, mit der man in die Tiefen von Physik und Chemie vordringt, so machen sich Menschen auch in der synthetischen Biologie einige grundlegende biologische Mechanismen für ihre eigenen Zwecke zu Nutze. Die Welt des Lebendigen war jetzt nicht mehr das Ergebnis von dreieinhalb Milliarden Jahren einer biologischen Vergangenheit, die sich vor dem Auftauchen der Menschen abgespielt hatte. Sie würde zu einer Welt werden, die wir entsprechend unseren eigenen Bedürfnissen geformt und gestaltet haben.

Hier taten sich große Fragen nach Sinn und Wert auf. Mit dem Aufkommen der synthetischen Biologie verschwimmt die Grenze zwischen Lebendigem und Künstlichem. Zwei Kategorien, die bisher getrennt waren – Leben und Maschine – verschmelzen so, wie sie noch nie zuvor verschmolzen sind. Alle Maschinen, die Menschen bisher konstruiert hatten, waren unbelebt. Sie konnten sich weder selbst verdoppeln noch sich selbst versorgen, sondern brauchten in der Regel eine äußere Energiequelle; außerdem bestanden sie in der Regel nicht aus organischen Molekülen, und meist waren sie darauf angewiesen, dass eine Bedienungskraft auf den Startknopf drückte und so ihre Tätigkeit in Gang setzte. Sieht man einmal von Drexlers Albtraum mit dem grauen Schleim ab, hatte nie die Gefahr bestanden, dass solche Maschinen ein Eigenleben führten.

Das alles würde sich ändern. Wenn Venter Erfolg hatte, würden manche von menschlichen Technikern entworfene Maschinen jetzt *lebende* Maschinen sein, die in der Lage sind, zu überleben und sich selbst zu schützen. Für die Erde und ihre Systeme wäre dies völliges Neuland.

Zwischen den Menschen und der Welt des Lebendigen würde sich eine neue Beziehung entwickeln. Unsere Spezies würde zum Schöpfer von Lebensformen werden und letztlich eine ganze Reihe *biotischer Artefakte* herstellen.

Das alles hört sich dramatisch an. Es sieht nach einem weitreichenden Bruch mit der gesamten bisherigen Menschheitsgeschichte und dem Beginn einer beispiellosen synthetischen Zukunft aus. Aber ist die Vorstellung von biotischen Artefakten wirklich neu? Nach Ansicht mancher Beobachter der biologischen Wissenschaften handelt es sich um nur allzu vertrautes Terrain. Hausrinder und Hausschafe, so sagen sie, sind eigentlich auch nichts anderes als „lebende Maschinen", die so konstruiert wurden, dass sie zu den Bedürfnissen der Menschen passen. Diese Lebewesen wurden durch sorgfältige Züchtung so gestaltet, dass Menschen ihre Funktionen nützlich finden, beispielsweise weil sie Milch produzieren, Wolle erzeugen oder Steaks liefern. Das Gleiche gilt für Hochleistungsweizen und Maispflanzen. Viele dieser manipulierten Lebewesen vermehren sich selbst und können sich mehr oder weniger gut selbst versorgen. Mit den domestizierte Pflanzen und Tieren haben Menschen ganz offensichtlich schon jetzt die Welt des Lebendigen so geformt, dass sie ihren Bedürfnissen entspricht und ihnen Geld bringt. Es bedarf nur eines Ausflugs auf einen Bauernhof, dann begegnet uns bereits ein breites Spektrum biologischer Maschinen.

In solchen Behauptungen steckt sicher eine gewisse Wahrheit. Hausrinder sind zweifellos Lebewesen, die absichtlich durch Menschen gestaltet wurden. Dennoch bleibt ein bedeutender begrifflicher Unterschied zwischen einem synthetischen Bakterium und einem sorgfältig gezüchteten Nutztier. Eine Kuh oder ein Schaf ist nicht in dem gleichen Sinn eine Maschine wie ein Designer-Mikroorganismus. Ein Haustier ist aus vollkommen natürlichem Ausgangsmaterial entstanden – nämlich aus seinen Eltern. Schafe sind mit ihren wilden Vorfahren bis heute eng verwandt und haben eine lange biologische Vergangenheit, die einem von Grund auf neu konstruierten Mikroorganismus vollkommen fehlen würde. Eine Kuh wurde sorgfältig so gezüchtet, dass ein ohnehin bereits nützliches Lebewesen zusätzlichen Wert erlangte. Durch die Domestizierung von Tieren bauen Menschen gewissenhaft auf einigen Entdeckungen der Natur auf und fügen hier eine geringfügige Anpassung und dort einen kleinen neuen Aspekt der Form hinzu, damit die vorhandene Spezies unseren Bedürfnissen besser entgegenkommt.

Ein synthetischer Mikroorganismus dagegen wird von Grund auf ausschließlich im Interesse der Menschen geschaffen – man kreuzt beispielsweise nicht ein dicht behaartes mit einem sehr muskulösen Exemplar, sondern man baut genau das Genom, das den Zwecken der Menschen am besten dient. Eine solche Manipulation wäre nicht nur ein *Formen,* sondern ein *Erschaffen.* Dass synthetische Lebewesen wäre durch und durch ein Artefakt, das aufgrund einer bestimmten Planung gebaut wurde. Außerdem würde die Schöpfung nicht auf einem feuchten Feld voller blökender Nutztiere und inmitten des Geruchs von Mist stattfinden, sondern in einem sterilen Labor von den Händen von Wissenschaftlern in weißen Kitteln, die technisch hoch entwickelte Hilfsmittel verwenden.

Die synthetische Biologie und der Gedanke, Genome von Grund auf neu aufzubauen, scheint ein eindeutiges Beispiel für die „tiefe Technologie" zu sein, wie Keekok Lee sie nennt. Sie reicht weit in die Wirkungsweise der Natur hinein und verspricht derart radikale Veränderungen, dass der Begriff des „Lebendigen" sich jetzt beträchtlich von allem unterscheidet, was wir früher kannten. Wie die Nanotechnologie, so ist auch die synthetische Biologie ein technisches Hilfsmittel, das sich für ein synthetisches

Zeitalter eignet. Aber statt nur verschiedene Aspekte im physikalischen und chemischen Aufbau der Natur zu verändern, verändert die synthetische Biologie das Leben selbst. Noch stärker als die Nanotechnologie überschreitet sie damit eine wichtige Grenze. Sie macht die Menschen zu einer neuen, mächtigeren Form von Schöpfern. Wir würden die Welt des Lebendigen um uns herum planen und aufbauen und uns so mit selbst gemachten Monstern umgeben.

Und im Gegensatz zur molekularen Produktion in der Nanotechnologie hat die synthetische Biologie, wie wir noch genauer erfahren werden, bereits deutliche Fortschritte in Richtung ihrer Ziele gemacht.

4

Künstliche Lebewesen

Die jüngsten Fortschritte der synthetischen Biologie wurden in Form einer Reihe kleiner Schritte erzielt. Bevor man den Versuch unternahm, einen vollständigen Organismus von Grund auf neu zu erschaffen, wurden Ketten nützlicher Gensequenzen entwickelt. Eine wichtige Zwischenstation auf dem Weg zu einem ausschließlich synthetischen Mikroorganismus ist ein Organismus mit längeren DNA-Abschnitten, die im Labor genau nach Plan aufgebaut wurden. Wenn man das richtig macht, kann man solche Abschnitte in einen Wirtsorganismus einschleusen, wo sie dann eine nützliche Funktion erfüllen. Das bisher bemerkenswerteste Beispiel war die Konstruktion eines biologischen Systems, das einen lebenswichtigen Vorläufer des Malariamedikaments Artemisinin produziert.

Anfang der 2000er-Jahre nahm eine Arbeitsgruppe in Kalifornien unter der Leitung des Biologen Jay Keasling gezielte Veränderungen an der DNA einer Hefezelle vor, indem sie einen längeren Abschnitt aus dem genetischen

© Springer-Verlag GmbH Deutschland, ein Teil von
Springer Nature 2019
C. J. Preston, *Sind wir noch zu retten?*,
https://doi.org/10.1007/978-3-662-58190-2_4

Material der Beifußpflanze einschleuste. Der Beifuß, der in der traditionellen Kräutermedizin schon seit Langem verwendet wird, wurde Anfang der 1970er-Jahren von chinesischen Wissenschaftlern auf seine malariahemmenden Eigenschaften hin untersucht. Dass man leistungsfähige klinische Methoden zur Gewinnung von Artemisinin aus Beifußpflanzen entdeckte, war die unmittelbare Folge einer Anordnung von Mao Zedong, der einen Weg finden wollte, um die verheerenden Auswirkungen der Malaria auf vietnamesische Soldaten während des Krieges mit den Vereinigten Staaten entgegenzuwirken. Das aus den Beifußpflanzen gewonnene Medikament wirkte zwar, seine Produktion ging aber nur langsam voran und war teuer. Jahrelang suchte man nach Wegen, um den Wirkstoff im Labor synthetisch herzustellen.

Keasling und seine Kollegen schleusten die Gengruppe, die beim Beifuß für die chemischen Vorgänge zur Produktion des Anti-Malaria-Wirkstoffs verantwortlich sind, in Hefezellen ein, die daraufhin das Artemisinin viel effizienter herstellen konnten als die Beifußpflanzen selbst. Es war ein aufsehenerregender genetischer Kunstgriff. Nachdem die Gene importiert waren, verhielt sich zumindest ein Teil der Hefezellen nicht mehr so, wie Hefezellen es in der Regel tun. Stattdessen übernahm dieser Teil die Tätigkeit von Beifußzellen.

Die Manipulation, die in Keaslings Labor gelang, ging weit über alles hinaus, was man bis dahin mit der herkömmlichen genetischen Abwandlung erreicht hatte, beispielsweise indem man Baumwollpflanzen mit Genen von *Bacillus thuringensis* oder pestizidresistente Sojapflanzen erzeugt hatte. Um das nützliche Malariamedikament herzustellen, musste man mehrere Gene in den Hefezellen ein- und ausschalten, damit die neue Funktion in ihrem Inneren stattfinden konnte. Außerdem mussten die eingeschleusten Beifußgene so verändert werden, dass sie in einem anderen Wirtsorganismus effizient tätig wurden. Als Keaslings Team die gentechnische Veränderung abgeschlossen hatte, war die Hefezelle eine lebende Fabrik für den malariahemmenden Wirkstoff – eine Funktion, die sich die Hefezellen nie hätten träumen lassen, als ihnen ein Leben mit dem Vergären von Bier und dem Auftreiben von Brot bevorstand. Mit einer solchen Stoffwechseltechnik siedelt man letztlich eine biologische Fabrik in einem anderen Organismus an. Damit rücken auch andere nützliche Medikamente (beispielsweise synthetische Antibiotika oder Impfstoffe) in den Bereich des Möglichen.

Weiter vorangebracht wurden die Ziele von Projekten, mit denen man wie Keasling den Stoffwechsel verändern will, durch die Schaffung eines offiziellen Katalogs nützlicher genetischer Teile. Diese Komponenten wurden unter dem Namen *Biobricks* („Bio-Backsteine") bekannt. Jedes derartige biologische Bauteil erfüllt bekanntermaßen eine ganz bestimmte nützliche Funktion. Wissenschaftler auf der ganzen Welt haben Zugriff auf das internationale Biobrick-Register, das vom Massachusetts Institute of Technology verwaltet wird. Es enthält mehr als 3000 nützliche Gensequenzen in standardisierten Formaten, und jedes davon kann man ähnlich wie bei Amazon online bestellen. Das Biobrick-Register ist eigentlich das digitale Warenlager der synthetischen Biologie: Hersteller können es in Anspruch nehmen, wenn sie für die biologische Maschine, die sie gerade bauen, etwas benötigen. Aber im Gegensatz zu den meisten industriellen Warenlagern ist das Biobrick-Register nicht gewinnorientiert. Außerdem arbeitet es vollständig nach dem Open-Source-Prinzip. Es wurde gezielt zu dem Zweck geschaffen, eine entstehende Branche zu fördern.

Aber so eindrucksvoll die Stoffwechseltechnik auch ist, sie ist immer noch nur die halbe Miete. Für Venter und andere blieb ein ganz und gar synthetisches Genom das eigentliche Ziel. Während Keasling die Methodik zur Herstellung seines Malariamedikaments vervollkommnete, kamen die Wissenschaftler in Venters Team ihrem Ziel, ein rein künstliches Genom aufzubauen, immer näher.

Nach dem Abschluss des Human-Genomprojekts waren erst drei Jahre vergangen, da unternahm eine bei Venter tätige Wissenschaftlergruppe – Clyde Hutchinson, Cynthia Pfannkoch und Hamilton Smith – den wichtigen ersten Schritt vom einfachen Ablesen der Genome zu ihrem Aufbau. Zu diesem Zweck synthetisierten sie das Genom eines Virus namens PhiX174 aus Laborchemikalien. Das war zwar ein bemerkenswerter Meilenstein, aber Viren gelten nicht als selbstständige Lebewesen, denn sie brauchen einen Wirtsorganismus, um zu überleben. Immer noch blieb viel zu tun.

Im Jahr 2007, vier Jahre nach dem Erfolg mit dem Virus, hatte Venters Team herausgefunden, wie man das Genom eines Bakteriums durch das Genom eines anderen ersetzen kann, das dann den Betrieb der Zelle übernimmt. Diese Übertragung eines Bakteriengenoms war ein weiterer wichtiger Schritt vorwärts. Von Monat zu Monat erwarb das Team neue Erkenntnisse über die Synthese und Übertragung von Genomen, und 2008 hatte man das gesamte Genom der Bakterienart *Mycoplasma genitalium* aus den Harnwegen synthetisiert, das man bereits in den 1990er-Jahren erfolgreich entschlüsselt hatte.

Mycoplasma genitalium hat zwar für ein echtes Lebewesen ein erstaunlich kurzes Genom, aber selbst dieses enthält noch eine Fülle chemischer Strukturen. Um so einen langen DNA-Strang erzeugen zu können, musste man zahlreiche technische Hindernisse überwinden. Die immer längeren DNA-Fragmente waren nicht nur sehr zerbrechlich, sondern das Problem lag auch in der schieren Zahl der Nucleotide – insgesamt 582.970 Paare, die man in der richtigen Reihenfolge anordnen musste. Zum Zusammenfügen bediente man sich der freundlichen, hilfsbereiten Hefezellen, die Keaslings Team bereits für das Malariamedikament verwendet hatte. Wie sich herausstellte, ist Hefe für Bakterien-DNA ein bemerkenswert guter Gastgeber.

Als bekannt gegeben wurde, dass das Genom von *Mycoplasma genitalium* künstlich hergestellt worden war, hatte die synthetische Biologie wiederum eine Schwelle überschritten. Zum ersten Mal hatte man das gesamte Genom eines selbstständigen Lebewesens im Labor aus seinen chemischen Grundbausteinen zusammengesetzt. Im Gegensatz zu Viren können Bakterien ihre eigene Energie gewinnen und speichern. Außerdem können sie sich unabhängig von einem Wirt vermehren. Wissenschaftler konnten nun also das Genom einer frei lebenden Lebensform im Labor und vollkommen unabhängig von allen natürlichen Prozessen nachbauen. Langsam sah es so aus, als würde sich das Risiko, dass Venter eingegangen war, indem er sich nach Abschluss des Human-Genomprojekts an einfache Organismen gehalten hatte, auszahlen.

Aber so bemerkenswert die Leistung auch war, eine DNA-Kette ist noch kein Lebewesen. Um einen synthetischen Organismus zu erzeugen, musste Venters Arbeitsgruppe das Genom, das sie zuvor synthetisiert hatte, in einen geeigneten Wirt bringen, damit die darin enthaltenen Anweisungen zur Erhaltung eines Lebewesens umgesetzt worden. Die erfolgreiche Übertragung eines Bakteriengenoms im Jahr 2007 hatte gezeigt, dass man ein nichtsynthetisches Genom in eine andersartige Bakterienzelle einbringen kann und dass es dort die Herrschaft übernimmt. Um die erste wirklich synthetische Zelle herzustellen, mussten die Wissenschaftler den gleichen Kunstgriff auch mit einem vollständig synthetischen Genom vollbringen.

Jetzt stellte die Arbeitsgruppe fest, dass sie von *Mycoplasma genitalium* zu dem größeren Bakterium *Mycoplasma mycoides* wechseln musste, weil dieses mit seiner schnelleren Verdoppelung wichtige Vorteile bot. Nachdem auch die Synthese seines längeren Genoms gelungen war, blieb nur noch die Aufgabe, das synthetisierte Material in die bakterielle Wirtszelle zu übertragen und diese dann „hochzufahren", sodass die eingeschleuste DNA in ihr tätig wurde. Als Wirt wählte man wiederum eine andere Bakterienart, nämlich *Mycoplasma capricolum*.

Wegen der technischen Schwierigkeiten ging es nur recht langsam voran. Die Außenhülle von Bakterienzellen ist in der Regel nicht verstärkt, und wenn man die richtigen Vorkehrungen trifft, tauschen Bakterien ihre DNA untereinander aus wie die Karten bei einem Pokerspiel. Aber um sich angesichts dieser genetischen Promiskuität vor der Aufnahme unerwünschter Gene zu schützen, besitzen Bakterien zahlreiche sogenannte Restriktionssysteme, die fremde DNA bekämpfen. Bevor die Wissenschaftler bei Venter das synthetische Genom von *M. mycoides* in *M. capricolum* einschleusen konnten, mussten sie Wege finden, um diese Abwehrmechanismen zu umgehen. Außerdem bedurfte es großer Mühen, damit das lange, zerbrechliche Genom bei der Übertragung unversehrt blieb.

Nach zehnjähriger Arbeit und einem Kostenaufwand von rund 40 Millionen Dollar gab Venters Arbeitsgruppe im Mai 2010 in der Fachzeitschrift *Science* bekannt, dass sie erstmals ein synthetisches Genom erfolgreich übertragen hatte. Sie hatte eine vollständig synthetische DNA, die nach dem Vorbild von *Mycoplasma mycoides* zusammengesetzt war, in *Mycoplasma capricolum* eingeschleust, wo sie die Herrschaft über die Zelle übernommen hatte. Der neue Organismus wurde von der Arbeitsgruppe auf den Namen *Mycoplasma mycoides JCVI-syn1.0* getauft, und Venter bezeichnete ihn stolz als „die erste synthetische

Zelle der Welt". Sie begann fast sofort mit der Vermehrung.

Damit man die Nachkommen des synthetischen Bakteriums leicht von natürlich vorkommenden Bakterien der Spezies *M. mycoides* unterscheiden konnte, codierten die Wissenschaftler in einem inaktiven Teil des Genoms mehrere genetische Markierungen. In einem Anflug von Fachidiotentum bauten sie in die neuen Organismen eine Internetadresse und ein Zitat von James Joyce ein: „To live, to err, to fall, to triumph, to recreate life out of life." („Lieben, irren, fallen, triumphieren, Leben aus Leben neu erschaffen!", Übers. K. Reichert). Enthalten war auch ein Zitat des Nanotechnologiepioniers Richard Feynman: „What I cannot create, I cannot understand" („Was ich nicht erschaffen kann, kann ich nicht verstehen"). Sofort tauften die Medien das neue Lebewesen auf den Namen *Synthia*.

Die oberflächliche Reaktion der Presse und großer Teile der Wissenschaftlergemeinde machte deutlich, was für eine große Sache es war. Venter selbst behauptete, das Hochfahren des synthetischen Genoms von *M. mycoides JCVI-syn1.0* sei nicht nur ein technischer, sondern auch ein begrifflicher Durchbruch; er bezeichnete ihn als „riesigen philosophischen Sprung in unserer Betrachtungsweise für das Leben". Dreist erklärte er, die zukünftigen Möglichkeiten seien eine „neue Phase der Evolution", in der eine Spezies sich vor einen Computer setzen und eine andere entwerfen könne. Andere enthusiastische Anhänger bezeichneten das Potenzial der synthetischen Biologie als „Leben, Version 2.0" und als „besseres Design als das der Evolution". In den Augen vieler erwuchs damit für die Menschheit eine gewaltige neue Verantwortung. Ein Vertreter scheute nicht davor zurück, darin eine göttliche Funktion zu sehen, und sprach von der „Regenesis".

So optimistisch waren allerdings nicht alle. Manche Fachleute wiesen mürrisch darauf hin, die Zelle des JCVI sei eigentlich nur halbsynthetisch, denn man habe ja die konstruierte DNA in eine nichtsynthetische bakterielle Wirtszelle eingeschleust. Andere waren der Ansicht, Venter sei in der ganzen Sache zu großspurig aufgetreten. Vieles erinnerte an die gereizte Diskussion zwischen Drexler und Smalley in der Nanotechnologie: Venters Bemerkungen veranlassten Jay Keasling (in seiner Antwort auf eine Frage nach Vorschriften für die synthetische Biologie) zu der Äußerung, das Einzige, wofür in dem neuen Fachgebiet wirklich Vorschriften erforderlich seien, sei „der Mund meines Kollegen".[1]

Obwohl Venter also, was die Schaffung eines synthetischen Lebewesens anging, gewaltige Fortschritte erzielt hatte, war sein Minimal-Genomprojekt noch nicht abgeschlossen. Er wollte die Methoden, mit denen man *M. mycoides JCVI-syn1.0* aufgebaut hatte, so weit verfeinern, dass man damit das kleinstmögliche Genom erzeugen konnte, das eine Bakterienzelle mit seinen Funktionen noch am Leben erhält. Da die Evolution häufig erst auf einem langen, gewundenen Weg zu einem bestimmten Organismus gelangt, gibt es in jedem Genom eine Reihe von Genen, die heute überflüssig und für das Leben entbehrlich sind. Venter hatte die Vermutung, dass seine Arbeitsgruppe etwas noch Kleineres als *M. mycoides JCVI-syn1.0* erzeugen konnte. Sein Institut beantragte Patente für dieses zukünftige synthetische Minimalbakterium, eine Lebensform, die man vorsorglich als *Mycoplasma laboratorium* bezeichnete. Die Wissenschaftler machten sich daran, dessen Genom zu entwerfen, indem sie aus *Synthia* systematisch Gene entfernten, die nach ihren Befunden nicht unbedingt notwendig waren.

Die Triebkraft für das Projekt, dieses kleinstmögliche Mikroorganismengenom zu konstruieren, war sein ungeheures kommerzielles Potenzial. Ein lebensfähiges Minimalgenom zu besitzen, passte gut zu den grundsätzlichen Zielen des Biobrick-Registers. Ein solcher Minimalorganismus könnte als lebendes Gerüst dienen, in das man funktionsfähige Biobricks einbauen kann. Damit würde der einfachste aller Organismen als eine Art biologische Fabrikhalle dienen, in der man den gewünschten bioindustriellen Maschinenpark aufbauen könnte. Und genau an dieser Stelle, so Venters Erwartung, könnte man das große Geld verdienen.

Im März 2016 berichteten Venters Wissenschaftler in einem Fachartikel, sie hätten alle 473 Gene für das nach ihren Feststellungen einfachste Lebewesen identifiziert und synthetisiert. Nachdem es ihnen gelungen war, dieses Minimalgenom in eine bakterielle Wirtszelle einzuschleusen und hochzufahren, behauptete Venter, er habe „das erste Designerlebewesen der Geschichte" geschaffen. Anders als bei *M. mycoides JCVI-syn1.0* handelte es sich hier nicht nur um eine Kopie eines bereits vorhandenen Genoms, sondern um eine winzige, vollkommen neue Lebensform. Schon im Jahr 2000 hatte Bill Joy, der Gründer von Sun Microsystems, prophezeit: „Die Fortpflanzungs- und Evolutionsprozesse, die bisher auf die natürliche Welt beschränkt waren, werden in den Tätigkeitsbereich der Menschen einfließen."[2] Nachdem Venters Arbeitsgruppe ein Minimalgenom entworfen und konstruiert hatte, war Joys Prophezeiung in Erfüllung gegangen. Die neu geschaffene, künstliche Lebensform war nicht der Evolution entsprungen, sondern der Tätigkeit der Synapsen im menschlichen Gehirn. Mit „intelligentem Design" meint man in der Regel, dass Christen, die der Evolution misstrauisch gegenüberstehen, Lebewesen einen göttlichen Ursprung zuschreiben. In diesem Fall waren Menschen erstmals selbst zu intelligenten Designern des Lebens geworden.

Fast 20 Jahre nachdem Venter mit *Mycoplasma genitalium* das vermutlich kleinste natürlich vorkommende Genom der Welt entschlüsselt hatte und fast ein halbes Jahrhundert nach seiner Rückkehr aus Vietnam war es ihm gelungen, nach seinem eigenen Entwurf eine der vermutlich kleinsten Lebensformen aufzubauen, die unser Planet seit vielen Millionen Jahren gesehen hatte.

***

Venter äußert in seinen öffentlichen Vorträgen gern die Vermutung, der weltweit erste Billionär werde die Person sein, die als Erste ein wirtschaftlich wünschenswertes synthetisches Lebewesen entwirft und in großem Maßstab produziert. Tatsächlich könnte man solche Organismen zu wichtigen Zwecken verwenden. Die multinationalen Konzerne stehen Schlange, um Partnerschaften mit Synthetic Genomics einzugehen, der kommerziellen Ausgründung des JCVI. Unter diesen Konzernen sind British Petroleum, die Agrarkonzerne Monsanto und Archer Daniels Midland, das Pharmaunternehmen Novartis und die Defense Advanced Research Projects Agency (DARPA), der wissenschaftliche Zweig des US-Verteidigungsministeriums. Auch der Mineralölgigant Exxon Mobil sagte bis zu 300 Millionen Dollar für eine Partnerschaft mit Synthetic Genomics zu, um synthetische Algen zu entwickeln, die biologische Treibstoffe erzeugen können.[3]

Bei der Erwähnung derartiger Bündnisse werden Umweltschützer in der Regel nervös. Aber wie bei der Nanotechnologie, so müssen ökologisch eingestellte Beobachter auch hier zugeben, dass die biologischen Minimaschinen eine Reihe äußerst wünschenswerter Aufgaben ausführen könnten. Venter würzt seine Vorträge über den Billionär häufig mit Hinweisen auf die ökologischen Vorteile synthetische Organismen. Mikroorganismen könnten nicht nur biologische Treibstoffe erzeugen, sondern man könnte sie auch so gestalten, dass sie der Atmosphäre Kohlendioxid entziehen und so zur Verringerung der globalen Erwärmung beitragen. Man könnte sie so konstruieren, dass sie Cellulose effizienter abbauen und schnell die Produktion biologischer Treibstoffe in Gang bringen. Eine andere synthetische Mikrobenart könnte so konstruiert werden, dass sie Umweltgifte an kontaminierten Stellen beseitigt.

Synthetische Lebewesen hätten gegenüber nichtbiologischen Maschinen, die für die gleiche Aufgabe gebaut werden, automatisch eine Reihe von Vorteilen. Mikroorganismen bestehen aus einigen der am häufigsten vorkommenden Elemente und erfordern keine kostspielige Beschaffung von Einzelteilen. Sie werden durch Substanzen aus der Umwelt angetrieben, halten sich selbst instand, reparieren sich selbst, besitzen das Potenzial für endlose Selbstvermehrung und verursachen keine Umweltverschmutzung im traditionellen Sinn des Wortes. Sie sind vollständig organisch, und wenn ihre nützliche Lebensdauer abgelaufen ist, muss man sie nicht entsorgen – sie werden ganz von selbst zu ihren Bestandteilen abgebaut. Deshalb ist er leicht zu erkennen, warum ein ökologisch eingestellter Unternehmer auf den Gedanken kommen kann, damit Geld zu verdienen. Wenn man mit synthetischen Mikroorganismen die globale Erwärmung zurückschrauben und obendrein noch kohlenstoffneutrale Treibstoffe in großer Menge liefern könnte – welche Bedenken können Umweltschützer dann noch haben?

Eine altbekannte Form von Einwänden dreht sich um die Risiken. Unter Sicherheitsgesichtspunkten kann man sich fragen, ob es überhaupt klug ist, die Rolle eines Schöpfers von Lebewesen anzunehmen. Unter allen Möglichkeiten, in die Natur einzugreifen, erscheint der Versuch, in wenigen Jahrzehnten mit der Genomforschung das Gleiche zu erreichen, wozu die Natur dreieinhalb

Milliarden Jahre des biologischen Herumprobierens brauchte, besonders wenig angeraten. Es könnte sich herausstellen, dass synthetische Mikroorganismen beträchtliche ökologische Gefahren mit sich bringen. Wenn man sie einmal in der Umwelt freigesetzt hat, ist nicht klar, ob man sie jemals wieder zurückholen kann. Die Besorgnisse rund um außer Kontrolle geratene Nanobots, die von Michael Crichton so anschaulich geschildert wurden, könnten in Form einer weltweiten Epidemie synthetischer Bakterien wieder lebendig werden. Man sollte sich daran erinnern, dass eine grundlegende Eigenschaft der DNA darin besteht, zufällige Mutationen durchzumachen.

Aber auch ein ganz anderer Einwand sorgt dafür, dass sich bei Menschen wie Keekok Lee die Nackenhaare sträuben. Eine Ahnung davon erhält man, wenn Anhänger der synthetischen Biologie davon reden, man könne „besser entwerfen als die Evolution" und „die Natur neu erfinden". Präsident Clinton sprach den Gedanken unwissentlich aus, als er seine Rede zur Feier des abgeschlossenen Human-Genomprojekts hielt und dabei davon sprach, wir würden die Sprache des Lebendigen erlernen. Es ist die biologische Version dessen, was Drexler in der Chemie von seinem Professor erfuhr: Erschreckend ist vor allem die völlige Verachtung für Darwin.

***

Die Missachtung der Menschen gegenüber den Kräften der natürlichen Evolution begann schon vor mehr als 11.000 Jahren im Fruchtbaren Halbmond, wo man die ersten Nutzpflanzen domestizierte. Als Gregor Mendel in den 1850er-Jahren die Experimente mit seinen Erbsenpflanzen abschloss, hatten solche Manipulationen in den Prinzipien der Vererbung eine handfeste wissenschaftliche Grundlage. In viktorianischen Zeit manipulierten Züchter sowohl Hunde als auch Tauben, um ganz unterschiedlichen ästhetischen idealen zu entsprechen; damit zeigten sie, dass die Menschen nicht zögern würden, die Form von Tieren so zu verändern, wie es ihrem Geschmack entsprach. Darwin selbst kannte solche Praktiken und lernte daraus. Und seit den 1970er-Jahren, als die Biologen Stanley Cohen und Herbert Boyer erstmals die DNA des Bakteriums *Escherichia coli* gezielt manipulierten, haben Menschen in Genome nicht nur eingegriffen, um die Fortpflanzung zu steuern, sondern sie nutzten auch „Gengewehre" und andere technische Mittel, um ganz bestimmte Gene hinzuzufügen oder zu entfernen. Schon seit sehr langer Zeit greifen Menschen also parallel zu allen Eingriffen, die von der Natur selbst ausgehen, in Genome so ein, wie es ihren Zwecken dient.

Aber in dieser langen Geschichte der Genommanipulation kommt nichts dem radikalen Bruch mit der biologischen Vergangenheit, der durch die synthetische Biologie möglich wird, auch nur nahe. Mit dem Aufkommen dieser Technologie wird alles zerstört, was noch ein im weitesten Sinne darwinistisches Monopol auf Erklärungen für die Entstehung des Lebendigen war.

Bevor es die synthetischen Organismen gab, konnte man stets über jedes Lebewesen auf der Erde eine beruhigende darwinistische Aussage machen. Jedes Lebewesen – von einer erst jüngst entdeckten Antilope in den Wäldern Vietnams bis zur Baumwollpflanze, in die ein Gen des Bakteriums *Bacillus thuringensis* eingeschleust wurde – hat einen überwältigenden Anteil seiner DNA von früheren Lebewesen geerbt. Mit Ausnahme mancher Formen von Bakterien- und Mitochondrien-DNA, die sich innerhalb einer Generation horizontal zwischen den Organismen bewegen kann, wurden Genome immer vertikal durch Fortpflanzung von den Vorfahren weitergegeben. Diese Vorfahren hatten ihrerseits Vorfahren, die wiederum in physischer Verbindung zu noch älteren Vorfahren standen – die Kette erstreckt sich zurück bis in die Anfänge der Evolution. Bevor es synthetische Genome gab, bestand zwischen Eltern und Nachkommen stets eine konkrete genetische Verbindung. Das ist der Grund, warum man immer behaupten konnte, dass alles Leben von einem gemeinsamen Vorfahren abstammt. Dreieinhalb Milliarden Jahre lang hatten die darwinistischen Prinzipien der Selektion jedes Lebewesen in der fernen Vergangenheit verankert.

Selbst die gentechnisch veränderten Organismen, so umstritten sie in Teilen der Öffentlichkeit auch sind, treten nicht auf die gleiche Weise an die Stelle der darwinistischen Selektion wie die synthetische Biologie. Gentechnisch veränderte Nutzpflanzen werden heute weltweit auf mehr als 175 Millionen Hektar angebaut und stellten für die Landwirtschaft eine Revolution dar. Auch wenn die berühmte indische Gentechnikgegnerin Vandana Shiva meinte, GMO stehe nicht für „gentechnisch modifizierte Organismen", sondern für „God move over" („Gott, mach Platz"), basiert die Gentechnik in Wirklichkeit viel stärker auf der darwinistischen Vergangenheit, als sie einräumt. Alle Organismen, die seit den bahnbrechenden Arbeiten von Cohen und Boyer verändert wurden, haben ihren Kausalzusammenhang mit der evolutionären Vergangenheit behalten. Wie der Name schon sagt, enthalten GMOs nur Abwandlungen oder *Modifikationen* vorhandener Genome, Veränderungen, die in der Regel weniger als ein Zehntel Prozent der Gesamtzahl aller Gene in dem Organismus betreffen. Der allergrößte Teil ihres genetischen Materials entstammt ausschließlich der langen Erdgeschichte. Das gilt sowohl für die 99,9 % des Genoms, die nicht verändert wurden, als auch für den Anteil von knapp 0,1 %, der eine Abwandlung trägt – denn auch dieses fremde Gen ist seinerseits das Produkt einer Evolutionsgeschichte (die allerdings in einem anderen Organismus abgelaufen ist).

Durch Pflanzenzüchtung und landwirtschaftliche Biotechnologie konnte man zwar die Wünsche der Menschen in der DNA eines Lebewesens verwirklichen, was zu nützlichen Veränderungen im Verhalten dieses Lebewesens geführt hat; die grundlegende darwinistische Tatsache, dass sämtliche DNA eines GMO ihren Ursprung in einer Evolutionsvergangenheit hat, geriet dadurch aber nicht in Gefahr. Auch sorgfältig gezüchtete hypoallergene Schoßhunde haben Vorfahren, die von *Canis lupus* und seinen Urahnen abstammen. Auch die schlimmsten sogenannten Frankenstein-Lebensmittel, um die sich Kampagnen der Gentechnikgegner drehen, stehen stets in einem Kausalzusammenhang mit der Geschichte des Lebendigen auf der Erde. Und die Identität redigierter Genome wurzelt physisch in uralten Vorfahren.

Durch die synthetische Biologie wird diese Kausalkette zum ersten Mal unterbrochen. Die Synthese eines vollständigen Genoms aus seinen chemischen Bausteinen, wie sie bei *Synthia* und *Mycoplasma laboratorium* stattgefunden hat, überschreitet eine begriffliche Grenze. Ein synthetischer Organismus hat ganz buchstäblich keine Vorfahren. Das Genom, das in die bakterielle Wirtszelle eingeschleust wurde, hat keine Abstammung durch Abwandlung durchgemacht. Nichts wurde weitergegeben. Nichts ist ererbt.

Clyde Hutchinson, einer der Wissenschaftler in Venters Institut, erläutert den Unterschied in seinen Überlegungen zu der Errungenschaft so: „Das Bemerkenswerteste an unserer synthetischen Zelle ist für mich, dass ihr Genom am Computer entworfen und durch chemische Synthese zum Leben erweckt wurde, ohne dass wir irgendwelche natürlichen DNA-Abschnitte verwendet hätten".[4] Das Genom hat seinen Ursprung nicht in der Natur, sondern im Reagenzglas. Man könnte sagen: Das synthetische Genom ist vollständig postnatürlich. Um deutlich zu machen, um was für eine Veränderung es sich dabei handelt, sagt Diane Ackerman: „Bei den neuartigen synthetischen Organismen ist die digitale Natur an die Stelle der biologischen Natur getreten."

Die synthetische Biologie setzt da an, wo die Instinkte der Nanotechnologie bei der Produktion ausgesetzt haben, und treibt die Entwicklung weiter. Wenn synthetische Organismen erst einmal die Erde bevölkern, bleibt die Evolution des Lebendigen, wie wir sie seit Darwin verstehen, allmählich zurück. Wie Venter betont, können Menschen zum ersten Mal die Welt des Lebendigen betrachten und darin einen Organismus finden, dessen DNA nicht durch darwinistische Evolution geformt wurde, sondern durch menschliche Intelligenz. Damit hat die Abstammung durch Abwandlung zumindest Konkurrenz bekommen. Zum ersten Mal werden die Menschen zu Schöpfern nichtmenschlichen Lebens werden. Statt Lebensformen zu zerstören, werden sie zur Ausstattung der Erde mit Lebewesen beitragen, indem sie völlig neue Organismen gestalten. Manch einer sieht darin einen Triumph. Andere erkennen nur eine ungeheure Arroganz.

***

In einem 2003 erschienenen Buch über die rasanten Fortschritte bei der Manipulation von Genomen versuchte der Umweltschützer und Autor Bill McKibben, seinen Lesern deutlich zu machen, welch hoher Einsatz auf dem Spiel stand. Nie zuvor hatten Menschen versucht, die biologische Welt auf einer so grundsätzlichen Ebene umzugestalten. Es war für unsere Spezies völliges Neuland und versprach eine unsichere, beunruhigende Zukunft. Das gilt nach McKibbens Ansicht insbesondere dann, wenn wir die neuen Verfahren an uns selbst anwenden. Er beharrte darauf, es sei unbedingt notwendig, vor den aggressivsten genetischen Methoden eine Grenze zu ziehen, wenn wir Menschen bleiben wollten. Der Titel des

Buches über die Zukunft der Genommanipulation lautete: „Genug!".

Moralisches Kernstück von McKibbens Plädoyer war eine Forderung nach Selbstbeschränkung. Menschen sind mit ihrer Nutzung der Technologie weit gekommen, aber sie müssen in der Lage sein zu erkennen, dass man manche Gebiete besser in Ruhe lässt. In seinen Augen drohten beträchtliche Gefahren, wenn wir uns in ein synthetisches Zeitalter begeben, das sich die natürliche Evolution untertan macht. Seine Worte wurzelten in der Hoffnung, dies könne die Epoche werden, in der die Menschen sich endlich entscheiden, auf dem bisher verfolgten Weg nicht weiterzugehen. Der Entschluss, den Fortschritt aufzuhalten, ist nach McKibbens Ansicht eine grundsätzliche Entscheidung darüber, wer wir sein wollen. Es ist in seinen Augen die Entscheidung zugunsten der Demut und gegen die Arroganz. Die Entscheidung, Gottes Geschöpfe zu bleiben, statt uns selbst zu Göttern zu machen.[5]

Einen anderen Gedankengang entwickelte Paul Crutzen, der niederländische Atmosphärenforscher, nach dessen Ansicht wir entscheiden, was Natur ist und was sie sein wird: Danach versteht McKibben nicht, welche Rolle jetzt von uns verlangt wird. Genetische Manipulation in der Form, die zu synthetischen Organismen führt, ist danach genau die richtige Technologie für ein synthetisches Zeitalter. Beim heutigen Stand, angesichts der unwiderruflichen Auswirkungen unserer Spezies auf den Planeten, haben wir kaum eine andere Wahl, als sowohl die physikalische als auch die biologische Welt bewusst technisch zu gestalten. Nach Crutzens Ansicht müssen Wissenschaftler und Ingenieure eine besondere Rolle spielen, um der Gesellschaft in der Epoche des Plastozäns „durch ökologisch nachhaltiges Management einen Leitfaden zu geben". Die synthetische Biologie ist danach nur eine von einer ganzen Reihe verschiedener technischer

Verfahren, die wir Menschen brauchen werden, um einen Planeten zu schaffen, der uns angemessen versorgen kann. Dramatische Eingriffe in natürliche Prozesse sind nach Crutzens Ansicht eine „beängstigende" und gleichzeitig aber auch „aufregende" Aufgabe.[6]

In der Diskussion zwischen Menschen wie Crutzen und McKibben spiegelt sich ein allgemeiner Unterschied wider: Die einen halten das Plastozän für eine Gelegenheit, um Vollgas zu geben und aggressiv die Kontrolle über unsere Umgebung zu übernehmen, die anderen sehen darin die Aufforderung, langsamer vorzugehen und neu darüber nachzudenken, in welchem Umfang wir in die Natur eingreifen wollen. Crutzens Begeisterung zum Trotz hat der Aufbau von Genomen nichts Unausweichliches. Mit unserer Entscheidung, in welche Richtung das Plastozän sich bewegen soll, haben wir tatsächlich eine beträchtliche Wahlfreiheit. Wir können innehalten und uns fragen, was wir eigentlich tun, während wir die Risiken und Gefahren des Weges, den wir eingeschlagen haben, abwägen. Wir können begeistert über den Gedanken sein, mit Stoffwechseltechnik im Laborumfeld neue, wertvolle Arzneimittel herzustellen. Vielleicht zögern wir aber auch, synthetische Lebewesen in die Umwelt freizusetzen, weil wir uns Sorgen machen, sie könnten mutieren und dann ein Verhalten an den Tag legen, mit dem niemand gerechnet hatte. Das winzige Stückchen Wildheit, das nach Ansicht des Philosophen Steve Vogel in allem lauert, was wir bauen, sollte in unseren Gedanken höchste Priorität genießen, wenn wir mit dem Gedanken spielen, synthetische Organismen in die Umgebung zu entlassen, damit sie für uns diese oder jene Aufgabe erfüllen.

Wie in der Praxis des Klonens von Menschen, so könnten wir auch hier ganz bestimmte rote Linien ziehen. Wir könnten uns auf Grenzen einigen, die nicht überschritten werden sollten, entweder weil sie mit zu hohen

Risiken verbunden sind oder weil wir damit die Welt um uns herum und damit auch vieles an uns selbst übermäßig stark verändern würden. Andererseits könnten wir aber auch die Entwicklung synthetischer Lebewesen an allen Fronten mit Hochdruck vorantreiben und darauf hoffen, dass der Nutzen, den sie uns bringen, gegenüber den von ihnen geschaffenen Risiken überwiegt.

Was uns im Zusammenhang mit dem synthetischen Zeitalter am meisten Angst machen sollte, ist die Aussicht, dass solche weitreichenden Entscheidungen – Entscheidungen, die buchstäblich die Welt verändern – nicht demokratisch getroffen werden. Dazu kommt es nicht zuletzt dann, wenn die Öffentlichkeit von Geschäftsinteressen und Unternehmern auf einen bestimmten Weg gelockt wird, ohne wirklich zu wissen, was auf dem Spiel steht. Oder, wie der Jurist Jed Purdy es in einem Artikel im *Boston Review* formulierte: Wir müssen entscheiden, ob die Welt, in der wir leben werden, „aus Tendenzen und Unabsichtlichkeiten erwächst oder aber aus bewussten, bindenden Entscheidungen". Um solche Entscheidungen bewusst treffen zu können, müssen die Menschen viel mehr darüber wissen, welche Technologie die Zukunft für uns bereithält.

Zunächst einmal sollte in den Blickpunkt geraten, dass das synthetische Zeitalter alle möglichen neuen Gelegenheiten schafft, die Systeme der Erde zu managen. Nachdem wir mit der Nanotechnologie die Manipulation der Materie und mit der synthetischen Biologie die Manipulation der Genome beherrschen, werden wir uns wahrscheinlich umsehen und entdecken, welche anderen Teile der Welt wir geerbt haben und so umgestalten können, dass sie unseren Bedürfnissen dienen. Wenn uns die Vorstellung von einer synthetischen Welt allmählich vertraut wird, werden wir wahrscheinlich mit unseren Bemühungen, die Erde neu zu gestalten, kühler werden. Aller

Wahrscheinlichkeit nach werden wir anderen Wegen, unsere Umgebung neu aufzubauen, aufgeschlossener gegenüberstehen. Das werden wir nicht nur Atom für Atom, Molekül für Molekül und Genom für Genom tun, sondern, wie wir als Nächstes erfahren werden, auch Ökosystem für Ökosystem.

5

Ökosysteme nach Maß

Vor noch nicht allzu langer Zeit hatte Umweltschutz ein ganz einfaches Ziel. Es ging darum, die Natur zu schützen. Das Wort *Natur* stand für alles, was nicht menschlich war – für den üppig grünen Bereich, der unabhängig vom Einfluss der Zivilisation überdauert hatte. Die Natur arbeitete definitionsgemäß von selbst und selbstständig. Ihre Fähigkeit, sich selbst zu organisieren und Varianten hervorzubringen, verlieh ihr in den Augen vieler Menschen eine Bedeutung, die nahezu an eine Art Heiligkeit grenzte. Je weniger die Natur von der Tätigkeit der Menschen abhängig war, desto *natürlicher* und wertvoller schien sie zu sein.

Als die Menschen dieses umgebende Gerüst mit ihrer Industrie zunehmend beeinträchtigten, wurde Natur nach und nach zu etwas anderem. Es war tatsächlich einfach eine Frage der Definition. Bill McKibben brachte die typische Haltung des Umweltschutzes zum Ausdruck, als er erklärte, die Natur ihrer Selbstständigkeit zu berauben, sei „tödlich für ihren Sinn". Die Unabhängigkeit der Natur

© Springer-Verlag GmbH Deutschland, ein Teil von
Springer Nature 2019
C. J. Preston, *Sind wir noch zu retten?*,
https://doi.org/10.1007/978-3-662-58190-2_5

ist ihr Sinn. Mit Quecksilber verseuchte Heilbutte, vom Klima beeinflusste Schneefelder und Kondore oder Grizzlybären mit Funkhalsbändern zeigen deutlich, wie weit der Einfluss des Menschen reicht. Ohne eine unabhängige Natur, so McKibben, gibt es nur noch uns.

Das „Aussterben" der Vorstellung von einer unabhängigen, wertvollen Natur, wie McKibben es nennt, ist eine der bemerkenswertesten Veränderungen unserer Zeit. Für die Vorstellung von einer ganz neuen, von Menschen gelenkten Epoche nimmt sie eine zentrale Stellung ein. Da sie eine Kategorie von Dingen auslöscht, die früher für das Verhalten der Menschen eine Begrenzung darstellten, eröffnet diese Wandlung eine ganze Reihe neuer Möglichkeiten, mit unserer Umwelt in Wechselbeziehung zu treten. Wenn wir die Bedeutung der Veränderung verstehen wollen, sollten wir uns zunächst einmal klarmachen, wie tief die Bejahung einer unberührten Natur im ökologischen Denken verwurzelt war.

***

Wie die meisten angesehenen Kenner der Umweltschutzgeschichte berichten, verspürte der Ökologe Aldo Leopold schon zu Beginn des 20. Jahrhunderts ein ungutes Bauchgefühl wegen der Kraniche. Das lag nicht nur daran, dass es sich bei den Vögeln um eine spektakuläre Spezies handelt, die bis zu 1,20 Meter groß werden und mit ihrer Flügelspannweite einer kleinen Rinderherde Schatten spenden können. Mit ihrem grazilen Hals, dem dunklen Schimmer ihres spitzen Schnabels und den nach hinten abknickenden Gelenken ihrer zerbrechlichen Beine sorgen sie dafür, dass wir innehalten und darüber staunen, welche ästhetischen Genüsse die Natur hervorbringen kann. Für Leopold jedoch lag die Bedeutung der Kraniche, die in der Nähe seines Hauses durch die Landschaft von Wisconsin wanderten, keineswegs in ihrer ästhetischen Schönheit.

Und eigentlich ging es auch überhaupt nicht um die Kraniche.

Leopold fühlte sich nicht nur von den Kranichen selbst angezogen, sondern für ihn war auch die ganze komplizierte Landschaft, in der die Vögel vorkamen, ein Gegenstand des Staunens. Langsam, aber unaufhaltsam wirkende Kräfte hatten dem Kranich seine Gestalt und seine bemerkenswerte Eleganz verliehen. Die gleichen historischen Kräfte hatten auch die Marschen und ihre Lebensgemeinschaft zu einem Ort gemacht, der sich als Heimat für die Kraniche, ihre Nahrung und ihre natürlichen Feinde eignete.

Elemente der unberührten Natur wie die Kraniche waren buchstäblich die Verkörperung der langen Erdgeschichte. Leopold beschrieb den Ruf des Kranichs als „Trompete im Orchester der Evolution". Gleichzeitig erklärte er, die Marsch als solche trage „ein paläontologische Adelsprädikat", dass sie sich durch die „Parade der Erdzeitalter" verdient habe. Eine Marsch ohne Kraniche, so Leopold, sei eigentlich keine Marsch mehr. Solche verarmten Landschaften seien melancholisch und erniedrigt, „hilflos treibend in der Geschichte".[1]

Leopold war ein ungewöhnlicher Naturbeobachter. Allen Berichten zufolge achtete er genau auf die subtilen Vorgänge in den Landschaften, die ihn umgaben. Er schrieb seitenweise detaillierte Texte über die Fährte eines Stinktiers, die sich durch den Schnee wand, und über den tänzerischen Flug einer Waldschnepfe in der Abenddämmerung. Aber auch wenn Leopold ungewöhnlich gewissenhaft beobachtete, war die Empfindung, die ihn beim Nachdenken über die Kraniche in der Marsch befiel, keineswegs ungewöhnlich. Man kann sogar mit Fug und Recht behaupten: Diese Empfindung bildet seit eineinhalb Jahrhunderten die Grundlage des ökologischen Denkens.

Leopold gehört zu den herausragenden Vertretern des Gedankens, eine unberührte Natur sei die wünschenswerteste Form der Natur. Die in ihr enthaltenen Ökosysteme haben sich in den langen Zeiträumen der Erdgeschichte und Evolution zu der Gestalt und Ordnung entwickelt, die sie uns heute zeigen. Die unberührte Natur ist genau so, wie Natur sein *sollte*. Die Jahrmillionen der biologischen Vergangenheit haben ihr eine moralische oder vielleicht sogar religiöse Bedeutung verliehen.

Leopold war nicht der Erste, der solche Ideen vertrat. Auch Alexander von Humboldt, George Perkins Marsh, Henry David Thoreau, Mary Treat, John Muir und zahlreiche weitere Geistesgrößen tendierten zu den gleichen Ansichten. Vielleicht als Erster erkannte Humboldt in der Natur ein kostbares „lebendes Ganzes", das „durch tausend Fäden" verflochten sei. Marsh brachte seine Bewunderung darüber zum Ausdruck, wie die Natur ihr Territorium so gestaltet, dass sie eine „nahezu unveränderliche Dauerhaftigkeit von Form, Umriss und Proportionen erlangt".

Der US-Präsident Theodore Roosevelt fing die Empfindung in seinem geradlinigen Stil ein, als er den Grand Canyon 1908 zum nationalen Denkmal erklärte. „Lasst ihn, wie er ist", verlangte Roosevelt. „Ihr könnt ihn nicht verbessern. Die Erdzeitalter haben daran gearbeitet, und der Mensch kann ihn nur verunstalten." Für alle diese Denker war die Unabhängigkeit der Natur von den Menschen, die über die langen Zeiträume der Evolution bestanden hatte, ein wesentlicher Faktor für ihren Wert. Wenn wir in solche natürlichen Anordnungen und die darin enthaltenen Lebewesen eingreifen, haben wir sie bereits geschädigt.

In seinem *Sand County Almanac* bezeichnet Leopold die langfristige Perspektive, die von Menschen wie Roosevelt in Worte gefasst wurde, als „Denken wie ein Berg".

Das Land ist das Produkt tief verwurzelter historischer Prozesse, die bereits begonnen haben, lange bevor Menschen auf der Bildfläche erschienen. Ein derart hohes Alter fordert unsere Demut. Später verfasste Leopold in einem Text, der für amerikanische Umweltschützer fast etwas Heiliges hat, eine der berühmtesten Zeilen über den Naturschutz: „Etwas ist richtig, wenn es dazu dient, die Unversehrtheit, Stabilität und Schönheit der Lebensgemeinschaft zu erhalten. Es ist falsch, wenn es etwas anderes bewirkt."[2]

Da Leopold der unberührten Natur einen so hohen moralischen Wert zuschrieb, hielt er auch wilde Landschaften für besonders wichtig. Im Jahr 1924, als er für die US-Forstverwaltung arbeitete, veranlasste Leopold die Bundesregierung, ein über 200.000 Hektar großes Gebiet in New Mexico als Wildnis zu schützen – es war das erste Mal, dass eine Landfläche in den Vereinigten Staaten unter einen solchen Schutz gestellt wurde. Seit jener Zeit sind zur Gila Wilderness rund 50 Millionen Hektar weitere Landflächen hinzugekommen, die nach dem U. S. Wilderness Act von 1964 geschützt sind. Diese Gebiete locken jedes Jahr viele Millionen Amerikaner in die Natur, wo sie Picknick machen, wandern, campen oder jagen. In den Köpfen vieler Amerikaner sind Wildlandschaften unentbehrliche Orte der Zuflucht vor der Zivilisation, und damit sind sie das beste Zeichen dafür, wie bedeutsam die Welt außerhalb des Bereiches der Menschen ist. Der Gedanke der Wildnis, der durch Leopold mit Leben erfüllt wurde, ist manchen Autoren zufolge das größte Geschenk Amerikas für die übrige Welt.

Vielleicht ist es eine boshafte Ironie, dass Zehntausende von Bäumen zur Herstellung des Papiers gefällt wurden, auf dem Philosophen und Umweltschutzautoren sich darum bemüht haben, Bedeutung und Einfluss von Leopolds Gedanken über die unberührte Natur und die

Wildnis zu analysieren. Leopolds Philosophie hatte zwar durchaus ihre Kritiker, sie erlebte aber zumindest in Nordamerika und vermutlich auch anderswo bei dem größten Teil der modernen Umweltschutzbewegung einen großen Aufschwung. In den letzten beiden Jahrzehnten jedoch ist zunehmend klar geworden, dass die romantische Vision der Wildnis, für die Leopold und andere sich einsetzten, einige schwerwiegende Schwächen hat. Mittlerweile äußert ein wachsender Chor abweichender Stimmen die Ansicht, die Umweltschutzbewegung müsse Gedanken wie den von der Natürlichkeit und die Verehrung wilder Landschaften hinter sich lassen, um eine neue Vision für die Ziele des Umweltschutzes zu entwickeln. In der Bedeutung harmlos klingender Wörter wie *unberührt, wild* und *rein* stecken tief greifende philosophische Probleme. Manchmal wird sogar behauptet, schon der Gedanke an eine Natur seit mit weitreichenden moralischen Fragen verbunden.

Mittlerweile setzt sich zunehmend die Erkenntnis durch, dass Worte ungeheuer aufgeladen sein können und dann ein verzerrtes, unzutreffendes Bild der Realität vermitteln. Philosophen sprechen von der *sozialen Konstruktion der Wirklichkeit.* Was auch das wahre Wesen unserer Umwelt sein mag, es ist unvermeidlich, dass Menschen die Welt durch ganz bestimmte kulturelle Brillen sehen. Diese Brillen verleihen dem, was man sieht, immer eine bestimmte Färbung. Deshalb entsprechen die Wörter, deren sich ein Mensch bedient, nie eins zu eins der Realität wie das Bild in einem vollkommenen Spiegel. Es ist vielmehr eine beträchtlich stärker verschwommene Beziehung. Häufig sagt ein Begriff oder ein Konzept über die Gesellschaft, die sich seiner bedient, mehr aus als über die Welt, die man eigentlich beschreiben will. Man denke nur daran, welch unterschiedliche Nuancen ein Wort wie *Freiheit* für einen Amerikaner, einen Franzosen oder jemanden aus China hat.

Wenn wichtige Begriffe und Ideen kulturell aufgeladen sein können, sollten wir die Frage stellen, ob eine Formulierung wie *unberührte Natur* die Welt zutreffend wiedergibt oder ob es sich um eine verzerrte Projektion handelt, die aus einer bestimmten Geisteshaltung erwächst und die ganz bestimmte Bedürfnisse befriedigen soll. Vielleicht ist der ganze Gedanke an eine unberührte oder jungfräuliche Natur, der für Leopold so wichtig war, nur eine Neuschöpfung – eine konstruierte Idee, welche die Fantasien des einen Menschen erfüllt, für einen anderen aber vollkommen sinnlos ist.

Gegen Leopold wurde zunehmend das Argument angeführt, nur ein wohlhabender weißer Mann, der vor einer immer stärker industrialisierten Landschaft flieht und unrealistische Vorstellungen von den Vorzügen des Lebens in früheren Zeiten hat, könne in die Falle tappen, Teile der Natur für unberührt und wild zu halten. Dabei hilft es, wenn dieser Mann zu einer Kultur von Einwanderern gehört und in ein Land gekommen ist, das in seinem Kulturkreis bequemerweise als *Neue Welt* bezeichnet wird.

Leopold war übrigens nicht nur ein relativ wohlhabender weißer Mann, sondern er verfasste seine Schriften auch im Vorfeld einer Periode, die als „Große Beschleunigung" bezeichnet wird. Diese Phase des beispiellosen Wirtschaftswachstums kurz nach dem Zweiten Weltkrieg ließ in Amerika die Angst wachsen, man könne die Landschaften verlieren, auf denen die Eltern und Großeltern von Leopold und seiner Generation sich angesiedelt hatten.

Leopolds Bedenken wegen der zunehmenden Umweltzerstörung waren sicher legitim, aber seine Vorstellung von einer unberührten, wilden Natur, der er seine Sorgen aufgepfropft hatte, ließ offenbar die Gegenwart der Ureinwohner, die hier schon Jahrtausende vor den ersten europäischen Einwanderern sesshaft gewesen waren, vollkommen außer acht. Man hat überzeugende Argumente dafür angeführt, dass Leopold und seine Nachfolger einfach nicht erkannt hätten, auf welche Weise die amerikanischen Ureinwohner die Landschaft ohnehin bereits durch Bewirtschaftung der Wildbestände, erste Siedlungen, Feuer und Landwirtschaft verändert hatten. All das hatte lange vor der Kolonisation der Neuen Welt durch Weiße begonnen. Die europäischen Einwanderer, die an die belebteren Landschaften ihres Heimatkontinents gewöhnt waren, übersahen schlicht und einfach die Gegenwart der Einheimischen und siedelten sich mit der Vorstellung von einer „wilden, unberührten" Natur an, die nun das moralische Kernstück des Umweltschutzes bildete. Die Völker der Ureinwohner dagegen haben nach den Feststellungen vieler linguistisch orientierter Anthropologen für das Wort *Wildnis* kaum eine Verwendung. Der Begriff wurde offensichtlich nur von denen konstruiert und verwendet, von denen sie kolonisiert wurden.

Die Frage, ob der Gedanke der Wildnis gesellschaftlich konstruiert wurde, ist sicher sowohl von philosophischem als auch von anthropologischem Interesse. In den Augen mancher Menschen verbindet sie eine gewisse Spielart des ökologischen Denkens mit der dunklen Geschichte des Kolonialismus und des kulturellen Völkermordes. Aber ob in der Vorstellung von einer unberührten, jungfräulichen Natur nun kulturelle Vorurteile stecken oder nicht: Nach Ansicht vieler Beobachter ist die wilde Natur – selbst wenn sie irgendwann einmal existiert haben sollte – heute nicht mehr ohne weiteres zu finden. Wie die Vertreter der neuen Epoche häufig feststellen, haben die Menschen riesige Erdberge bewegt, die Wälder auf ganzen Kontinenten gerodet, Dämme durch unzählige Flüsse gebaut und in vielen Landschaften riesige Städte errichtet. Sie haben Tausende von Nutz- und Zierpflanzenarten in die verschiedensten

Umgebungen importiert und in anderen Umgebungen die – menschlichen und nichtmenschlichen – Einheimischen ausgelöscht. Nach Schätzungen wurden von den fast 130 Millionen Quadratkilometern eisfreier Landfläche auf der Erde etwa 100 Millionen auf die verschiedenste Weise für Menschen nutzbar gemacht.

Selbst an den wenigen Orten, an denen Menschen sich noch nicht niedergelassen haben, sind chemische Verunreinigungen in jeden Tropfen des Meerwassers und in jeden Mikrometer von Gestein und Boden vorgedrungen. Von den Buchten Alaskas bis zu den Böden der mongolischen Steppe, die Überreste unserer chemischen Tätigkeiten sind überall. Und wegen der Treibhausgase, die über alledem einen riesigen Luftmantel bilden, müssen sämtliche Systeme der Natur bei mindestens einem Grad Celsius oberhalb der Temperatur tätig werden, die herrschen würde, wenn die Menschen nicht auf der Bildfläche erschienen wären.

Wenn das stimmt, spielt es vielleicht keine Rolle, ob die Vorstellung von einer unberührten Wildnis ein gesellschaftliches Konstrukt ist. Die Form des ökologischen Denkens, die von Aldo Leopold vertreten wurde, ist heute einfach überholt. Seine Gedanken über die Erhaltung wilder Landschaften sind passé. Heute ist eine ganze Reihe von Fachleuten der Ansicht, dass wir eine ganz neue Umweltschutzbewegung brauchen – und wie auf Stichwort entsteht sie auch bereits.

***

Zu einer der führenden Stimmen des Kreuzzuges, der das ökologische Denken in eine ganz neue Richtung lenken will, gehört die junge Wissenschaftsautorin Emma Marris. Seit mehr als zehn Jahren propagiert sie ihre neue Vision mit Aufsätzen in Magazinen und Fachzeitschriften wie *Discover, Onion* und *Nature.* Sie ist im Nordwesten der Vereinigten Staaten an der Pazifikküste aufgewachsen und macht sich zusammen mit ihrem Mann, einem Philosophen, viele Gedanken über die Welt, in der ihre beiden kleinen Kinder einmal leben werden. In ihren Berichten über ökologische Themen interessiert sich Marris für das große Bild häufig ebenso wie für die wissenschaftlichen Einzelheiten. Mit ihrem 2011 erschienenen Buch *Rambunctious Garden: Saving Nature in a Post-Wild World* setzte sie sich an die Spitze einer der seit Jahrzehnten hitzigsten Debatten im Naturschutz. Der leopoldianische Ansatz alter Schule, so behauptet sie, ist nicht nur schlecht durchdacht, sondern er erweist sich auch als gefährliches Hindernis für eine gute ökologische Denkweise.

Im privaten Umgang ist Marris freundlich und verbindlich; um zum Wandel der Umweltschutzbewegung beizutragen, vertritt sie ihre Ansichten lebhaft und leidenschaftlich. Regelmäßig setzt sie sich mit Umweltschutzvordenkern der alten Schule auseinander, so mit dem Pulitzer-Preisträger E. O. Wilson, einem weltweit angesehenen Experten für biologische Vielfalt, der 50 Jahre älter ist als sie. In einer Diskussion mit Marris geriet Wilson, der ihre neue Form von Umweltschutz missbilligt, einmal so in Rage, dass er sie anschnauzte: „Wo wollen Sie die weiße Fahne aufstellen, die Sie bei sich haben?" Marris widersprach dem Gedanken, es seien noch Überreste unberührter Natur aus vorkolonialer Zeit übrig, die man schützen könne, und antwortete Wilson mit einer Zeile, die schon ihr Freund Joseph Mascaro verwendet hatte: „Ich bin hier für die Natur, nicht für 1491."[3]

Nach Ansicht von Marris leben wir nicht nur in einer Post-Wildniswelt, sondern auch in einer Welt, die zunehmend das Produkt unzähliger Entscheidungen von Menschen ist. Das romantische leopoldianische Ideal, die „paläontologischen Adelsprädikate" der Natur zu schützen, ist demnach genau das: romantisch und auf eine unnütze Weise anachronistisch. Marris behauptet, selbst eine Region wie der Yellowstone-Nationalpark sei durch eine aufmerksame Parkverwaltung so strengen Vorschriften unterworfen, dass „ein brachliegendes Grundstück in Detroit in mancher Hinsicht wilder ist als Yellowstone".[4] Den wenigen noch verbliebenen Rudeln der Berggorillas in Ruanda folgen heute ständig bewaffnete Wächter, die potenzielle Wilderer abschrecken sollen. Die Natur einfach sich selbst zu überlassen, um ihre Wildnis zu bewahren, ist heute keine Option mehr. Leopolds alte Form des Naturschutzes läuft nur auf eine Energie vergeudende und letztlich nutzlose Bestrebung hinaus. In einer Zeit, in der Menschen bekanntermaßen Veränderungen im globalen Maßstab verursachen, ist seine hochtrabende Empfehlung, Menschen sollten sich darum bemühen, „einfache Bürger und Mitglieder der Lebensgemeinschaft zu sein", fehlerhaft. Keine Spezies, die den gesamten Planeten verändert hat, kann ein „einfacher Bürger" von irgendetwas sein.

Die Folgerung, dass die Schlacht bereits verloren ist, wirkt auf Menschen wie Wilson abstoßend. Aber wirklich würgen müssen Wilsons Gefolgsleute, wenn Vertreter einer neuen Form des Umweltschutzes wie Marris den nächsten Schritt vollziehen. Ihr Vorschlag: Wenn die Natur ohnehin nicht mehr vorhanden ist, muss es im Umweltschutz weniger um *Erhaltung* als vielmehr um *Gestaltung* gehen. Regierungen sollten Natur nicht mehr abgrenzen und vor allen weiteren Eingriffen der Menschen schützen. Dafür ist es zu spät. Menschen sollten sie vielmehr vorsorglich wie einen Garten pflegen, und zwar sowohl in unserem eigenen Interesse als auch für die anderen Arten, die unsere postnatürliche Erde mit uns teilen. Umweltschützer sollten sich nicht aus der Welt der Natur zurückziehen und versuchen, einige wenige verbliebene Überreste der ursprünglichen Wildheit zu schützen. Sie sollten vielmehr durch aktive Veränderungen das schaffen, was am meisten gebraucht wird, sei es mehr Nahrung, bessere Ökosystem-Dienstleistungen oder haben eine Reihe von Freiräumen, die zu Zwecken der Erholung und Entspannung weiter entwickelt werden. Das würde bedeuten, dass man Ökosysteme in vielen Fällen gezielt neu zusammenstellt, sodass sie uns bessere Dienste leisten. „Wir managen ohnehin bereits die ganze Erde", behauptet Marris, „ob wir es zugeben oder nicht. Um sie bewusst und effizient zu managen, müssen wir zur Kenntnis nehmen, dass wir eine solche Rolle spielen, und sie uns zu eigen machen."[5]

Diejenigen, die in der Diskussion auf Leopolds oder Wilsons Seite stehen, stöhnen zwar manchmal vor Unglauben angesichts solcher Vorschläge, aber Marris' Parteigänger bleiben optimistisch. Dass die Beziehung der Menschen zu ihrer Umwelt für das neue Zeitalter auf eine neue Grundlage gestellt werden muss, ist für sie kein Anlass zu Traurigkeit. Ganz im Gegenteil. Nach ihrer Ansicht sollte man darin eine Quelle neuer, unbegrenzter Möglichkeiten sehen. Nach Marris' Überzeugung sollten wir uns über den Gedanken freuen, dass wir die Bedürfnisse der Menschen erfüllen können und gleichzeitig eine Natur schaffen, die neue Gelegenheiten hat, zu gedeihen.

Die neue, sonnige Einstellung gegenüber einer selbstbewusst verwalteten Umwelt ist eines der definierenden Merkmale einer *ökomodernen* Denkweise, die an die Stelle von Leopolds Einstellungen tritt. Der Schritt, etwas anderes als den traditionellen Wert der Natürlichkeit in den Mittelpunkt des Umweltschutzes zu stellen, muss vollzogen werden, meint auch Gaia Vince, Autorin des Buches *Am achten Tag: eine Reise in das Zeitalter des Menschen*. Sie bedauert es nicht. „Nostalgie", sagt sie, „ist eine sinnlose Empfindung." Die von uns geschaffenen, postnatürlichen Umgebungen werden nicht urtümlich oder unberührt sein, aber sie haben möglicherweise in vielerlei Hinsicht ähnliche Eigenschaften wie jene, die wir früher in der sogenannten „natürlichen Welt" hoch geschätzt wurden – nur wird es sich dieses Mal um die Natur in der Version 2.0 handeln.

Sein Spiegelbild findet der Optimismus, den Marris und Vince ausstrahlen, auch in dem Geographen Erle Ellis von der University of Maryland: Nach seiner Auffassung muss Umweltpolitik heute „die Angst vor der Überschreitung natürlicher Grenzen und nostalgische Hoffnungen, man könne in irgendeine ländliche oder urtümliche Zeit zurückkehren, hinter sich lassen". Ähnlich wie Paul Crutzen sieht auch Ellis keine andere Möglichkeit, als die Realität anzuerkennen: Wir sind heute „die Ingenieure und Manager eines Planeten, der durch das künstliche Öko-system, das wir für unseren Lebensunterhalt brauchen, verwandelt wurde." Er setzt sich begeistert dafür ein, dass wir diese Herausforderung annehmen und in unse-rer Zeit „den Beginn einer neuen geologischen Epoche sehen, die voller von Menschen gelenkter Gelegenheiten steckt."[6] Viele, die hinter der Vorstellung von einer sol-chen neuen Epoche stehen, weisen eilig darauf hin, dass es kein Zurück mehr gibt. Wir müssen vorwärts blicken, die Zukunft aufgreifen und sie so gestalten, wie wir es uns am meisten wünschen. Eine solche Denkweise bietet nach Ansicht von Marris und ihren Verbündeten ein wenig von der so dringend benötigten „Hoffnung im Zeitalter des Menschen".

***

Für die Umweltschutzbewegung sind das verwegene, radikale Gedanken. Es ist eine ganz neue Art, über die Umwelt auf einem postwilden Planeten nachzudenken – einem Planeten, auf dem die Natur am Ende ist, ihre Erhaltung abgelehnt wird und die Gespenster von Tho-reau, Muir und Leopold begeistert abgetötet werden. Ganz offensichtlich ist etwas Großes im Gang. Wenn das alles stimmt, muss man das alte Credo der Umweltschützer, die Natur brauche Schutz vor den Verwüstungen durch die Menschen, als nicht mehr zutreffend zurückweisen. Die Menschen sollten sich in ihrer neuen Rolle als radikale Veränderer dieser *postnatürlichen* Welt einrichten.

An dieser Stelle lohnt es sich, einen Augenblick innezuhalten. Zwar kann man Leopolds ursprünglichen ökologischen Gedanken über den Wert einer wilden, unberührten Natur den Vorwurf machen, dass sie durch seine kulturellen Scheuklappen verzerrt war, man kann aber auch darauf hinweisen, dass die Eile, mit der die alte Ordnung des Umweltschutzes über den Haufen geworfen werden soll, einige ganz ähnliche Tendenzen aufweist. Europäer sind im Allgemeinen viel stärker als Nordamerikaner an den Gedanken gewöhnt, dass die Umwelt verwaltet wird. Mit einigen bemerkenswerten Ausnahmen – Teile der Alpen, bestimmte Regionen der iberischen Halbinsel und Abschnitte Skandinaviens – leben Hunderte von Millionen Europäern in Landschaften, in denen die Umwandlung der unberührten Natur in eine Kulturlandschaft schon seit viel längerer Zeit als in der sogenannten Neuen Welt unübersehbar ist. Für Europäer ist der Gedanke, dass die gesamte Natur bereits die Auswirkungen der Menschen zu spüren bekommen hat, bei weitem keine so große Offenbarung wie für Marris, Ellis und einige andere, die sich für den neuen „Gärtneransatz" im Umweltschutz einsetzen.

Aber obwohl sie anerkennen, welchen Umfang der Einfluss der Menschen hat, fühlen sich viele Europäer nach wie vor der Bedeutung der Natur verpflichtet – sogar zutiefst moralisch verpflichtet. Ebenso herrscht ein unerschütterlicher Glaube an die moralische Bedeutung von Raubtierarten, die immer noch in aller Stille ihr Leben in den verbliebenen Spielräumen zwischen den dichten

Gruppen der menschlichen Bevölkerung führen. Dies hat zur einem wiedererwachten Interesse an charismatischen, sagenumwobenen Tieren wie Wölfen, Bären und Schakalen geführt, deren Zahl in manchen Teilen Europas wieder dramatisch anwächst. Nach wie vor bemüht man sich energisch darum, diese hochgeschätzten Bestandteile der Landschaft zu retten und zu schützen.

Sogar die Idee der *Renaturierung* bestimmter Landschaften gewinnt an Beliebtheit, nachdem demographische Verschiebungen in ganz Europa dazu führen, dass Bevölkerungsgruppen manche Regionen, in denen sie zuvor Landwirtschaft betrieben haben, verlassen. Selbst in einem so stark industrialisierten Land wie Großbritannien finden Vorschläge, die Populationen von Wildtieren wie Luch und Wolf wieder herzustellen, eine beträchtliche Zahl neuer Anhänger. Biber, Wildschweine und Seeadler sind bereits wieder da. Auf der anderen Seite des Ärmelkanals, in Deutschland, hat man es sich zum nationalen Ziel gesetzt, dass „sich die Natur bis zum Jahre 2020 auf mindestens zwei Prozent der Landesfläche Deutschlands wieder nach ihren eigenen Gesetzmäßigkeiten entwickeln kann".[7] Der Wolfsbestand ist in Deutschland während der letzten 20 Jahre von Null auf mehr als 250 Tiere gewachsen. In Belgien und den Niederlanden, zwei Nachbarländern Deutschlands, setzt man sich mit der Frage auseinander, wie man mit großen Raubtieren zusammenleben kann, nachdem der Wolf auf ihren landwirtschaftlich stark genutzten Flächen wieder aufgetaucht ist. Trotz der hohen Bevölkerungsdichte nehmen die Ideen von „Natur" und sogar „Wildnis" auf dem europäischen Radar nach wie vor eine prominente Stellung ein.

Der Gedanke mancher Nordamerikaner, die Welt trete gerade in ein neues Zeitalter ein, in dem die grundlegende gedankliche Orientierung im Umweltschutz sich zunehmend in Richtung des Managements verschieben sollte, würde vielen dieser Europäer recht seltsam erscheinen. Ebenso bizarr würde die Idee wirken, das Denken der Umweltschützer müsse in Richtung einer postnatürlichen oder postwilden Welt gehen. Europäer erkennen in der Regel an, dass ihre Landschaften nicht unberührt sind, aber sie sind nach wie vor überzeugt, dass die Natur einen wichtigen Daseinsbereich jenseits der kulturellen Sphäre darstellt. Ebenso sind sie bereit, beträchtliche Geldbeträge und viel Zeit aufzuwenden, um die verschiedenen Nischen einer verbliebenen relativen Wildnis zu verbessern.

Wenn solche Trends in Europa einen Anhaltspunkt bieten, ist Leopolds Idee von der moralischen und kulturellen Bedeutung der Wildnis vielleicht doch nicht tot. In vielen Umfeldern misst man dem Gedanken von einer Natur, die ohne menschliche Einflüsse funktioniert, nach wie vor einen hohen Wert bei. Möglicherweise ist die wilde Natur immer noch so zäh, dass sie sich den tastenden Fingern des Plastozäns widersetzen kann.

***

Angesichts solcher ein wenig widersprüchlicher Ansichten über das Verschwinden der Natur sollte es uns nicht wundern, wenn wir jemanden aus einem Land der Alten Welt finden, der mit seiner Vision von der Wildnis einen Ausgleich zwischen den unterschiedlichen Schlussfolgerungen von Leopold und Marris herstellen will. Der britische Journalist Fred Pearce weist dem Umweltschutz eine Richtung, in der anerkannt wird, dass die Menschen überall auf der Welt große Auswirkungen hatten, während andererseits noch Raum für das Bild einer lebhaften, überraschenden, wilden Natur bleibt. Unter Verwendung von Beispielen für stark beeinträchtigte Ökosysteme aus der ganzen Welt schlägt Pearce vor, umfassend neu darüber nachzudenken, was Umweltschützer eigentlich im Einzelnen schützen sollten. Damit entfernt er sich einen entscheidenden Schritt vom Erbe Leopolds, weist aber gleichzeitig auch Marris' Vorstellung zurück, heute sei alles postwild. Stattdessen setzt Pearce sich für die „neue Wildnis" ein, wie er sie nennt.

Als Europäer hat Pearce die Lektion über den Einfluss der Menschen verinnerlicht und lehnt die Idee, nur unberührte Ökosysteme, in denen ausschließlich einheimische Arten vorkommen, seien für den Umweltschutz wichtig, rundheraus ab. Menschen schleppen schon seit Jahrtausenden neue Arten ein und gestalten die Landschaften. Aber obwohl sie ihre Umgebung grundlegend verändert haben, spricht nach Pearces Überzeugung nicht das Geringste dagegen, dass die Natur ein unabhängiger, belebter Bereich bleibt.

Um diese moderne Vorstellung von Wildnis am Leben zu erhalten, fordert Pearce ein neues Nachdenken über die weitverbreitete Abneigung traditioneller Umweltschützer gegenüber nicht einheimischen, invasiven Arten. Schlichte Erklärungen, einheimische Arten seien gut und andere schlecht, helfen nicht weiter. Außerdem haben solche Behauptungen, so Pearce, in der Ökologie keine solide Grundlage. Ökosysteme sind immer eine chaotische Mischung aus ursprünglichen und neu hinzugekommenen Arten, wobei manche Neuankömmlinge wichtige ökologische Rollen übernehmen können, nachdem andere von der Bildfläche verschwunden sind und solche Funktionen verfügbar gemacht haben. In Hawaii beispielsweise sorgen Vogelarten, die ursprünglich nicht von den Inseln stammen, zum größten Teil dafür, dass die Samen einheimischer Bäume verteilt werden. Invasive Zerreichen haben nach Großbritannien eine Wespe mitgebracht, deren schmackhafte Larven sich als lebensnotwendige Nahrung für die gefährdeten Blaumeisen erwiesen haben. In Indonesien leben drei Viertel der noch verbliebenen Orang-Utans nicht in urtümlichen Wäldern, sondern in Baumplantagen. Dieser ständige Wechsel der ökologischen Funktionen beim Hinzukommen neuer Arten ist nach Pearces Worten nicht nur ein Phänomen des Menschenzeitalters. So hat die Natur immer funktioniert. Mit schwimmenden Baumstämmen und Luftströmungen, im Verdauungstrakt von Vögeln und im Pelz langbeiniger Hundeverwandter sind opportunistische Arten ständig unterwegs auf der Suche nach besseren Lebensbedingungen.

Pearce behauptet, es gebe düstere Parallelen zwischen dem Vorurteil gegen nicht einheimische Arten und den Vorurteilen, die in vielen Ländern gegenüber Einwanderern herrschen. Nach seiner Ansicht sind die eugenischen Ideen der Nazis mit dem ökologischen Hass gegenüber nicht einheimischen Arten aufgrund einer ähnlich fehlerhaften Lesart für Darwin verknüpft. Trotz des verbreiteten Glaubens an das Gegenteil überlebt nicht unbedingt der Stärkste, sondern der größte Opportunist. Um deutlich zu machen, welche wichtigen ökologischen Dienstleistungen viele nicht einheimische Arten beisteuern, zeigt Pearce, wie Eingriffe des Menschen in Ökosysteme sich manchmal als gut erweisen können. Er untersuchte sorgfältig den Aufstieg und Fall bestimmter eingewanderte Arten, die innerhalb weniger Jahre vom „Fluch" zu „ökologischen Nützlingen" wurden, und begründet damit seine Aussage, man habe nichteinheimische Arten häufig fälschlich zum Sündenbock gemacht. Immer wieder wurden sie zu Bösewichtern erklärt, weil man ihnen Probleme in die Schuhe schieben wollte, die vorwiegend von Übeltaten der Menschen wie Umweltverschmutzung und Lebensraumzerstörung verursacht wurden.

Ein klassisches Beispiel für eine solche Suche nach Sündenböcken ereignete sich Anfang der 1990er-Jahre im Mittelmeer: Die Alge *Caulerpa taxifolia,* die zur Verschönerung von Heimaquarien aus dem Indischen Ozean importiert worden war, entkam und breitete sich entlang der französischen und italienischen Riviera schnell aus. Eine Zeit lang sah es so aus, als würden die Algen die einheimischen Seegräser ersticken und wichtige Laichgründe für eine Fülle von Meerestieren schädigen. Panik brach aus, und die Algen wurden als Feind der Öffentlichkeit gebrandmarkt. Freiwillige mit Schnorcheln bemühten sich darum, sie mit bloßen Händen auszureißen, aber damit hatte man kaum Erfolg.

Heute, 30 Jahre später, sind die Algen zum größten Teil verschwunden. Sobald man die Schadstoffe beseitigt hatte, die mit den Abwässern aus Strandhotels ins Mittelmeer gelangt waren, traten auch die Algen den Rückzug an, und die Gesundheit des Ökosystems im Meer verbesserte sich rapide. Mit anderen Worten: Das eigentliche Problem war nicht die neu hinzugekommene Spezies gewesen, sondern es waren die Menschen. Die Seegräser waren schon vor dem ersten Auftauchen der Algen durch die Wasserverschmutzung abgestorben. Noch schwerer war für die Algenhasser zu akzeptieren, dass *Caulerpa* nachweislich einen wichtigen vorübergehenden Lebensraum für manche einheimischen Arten bot, weil sie Felsen, die durch die städtischen Abwässer verödet waren, neu besiedelte. Die eingedrungenen Algen wirkten auf biologische Weise der Verschmutzung entgegen und boten einen Lebensraum, in dem einheimische Muscheln sich vermehren konnten. Wie Pearce betont, sind invasive Arten nicht immer die große Katastrophe, für die man sie hält, sondern häufig bringen sie auch unerkannten Nutzen.

Eine ähnliche Geschichte über Vorurteile erzählt Pearce auch im Zusammenhang mit einer berüchtigten Spezies in der Region der großen nordamerikanischen Seen. Als die Zebramuscheln sich im Eriesee vermehrten, nachdem sie in den 1980er-Jahren durch ein Frachtschiff aus dem Kaspischen Meer eingeschleppt worden waren, erklärte man den unerwünschten Eindringlingen den Krieg. Besonders abgelehnt wurden die gestreiften Invasoren während der Reagan-Ära, weil sie aus der Sowjetunion stammten. Düstere Warnungen prophezeiten den Zusammenbruch des gesamten Ökosystems in dem See.

Aber wie Pearce weiter berichtet, erwiesen sich die Zebramuscheln als „die besten Türsteher, die der Eriesee jemals hatte". Sie siedelten sich in einem stark verschmutzten Ökosystem an, in dem sonst kaum eine Spezies leben konnte. Dort filterten sie eine Riesenmenge von Schadstoffen aus dem Wasser und bildeten eine zuverlässige Nahrungsquelle für den bedrohten See-Stör, den Schwarzbarsch und Tausende von wandernden Enten, die zuvor das trübe Wasser des Sees gemieden hatten. Ja, die Muscheln verstopften auch Rohrleitungen und verursachten wirtschaftliche Kosten für die Gemeinden, die sich mit ihnen auseinandersetzen mussten. Außerdem traten sie in Konkurrenz zu den einheimischen Krabben und Muscheln. Aber der wirtschaftliche und ökologische Nutzen, den sie mit sich brachten, war bedeutend und wurde zu wenig gewürdigt. Pearce macht darauf aufmerksam, dass es aus irgendeinem seltsamen Grund immer einfacher zu sein schien, den eingewanderten Arten die Schuld zu geben, statt ehrlich nach eigenem Versagen zu suchen.

Um die unklare Denkweise noch weiter zu verdeutlichen, weist Pearce darauf hin, dass neu hinzukommende exotische Arten sich manchmal nicht nur als ökologisch wertvoll erweisen. Hin und wieder werden sie auch als heroische, willkommene Bewohner idealisiert. Zwölf US-Bundesstaaten von Nebraska bis nach New Jersey haben die europäische Honigbiene, die in Nordamerika ursprünglich nicht heimisch war, zum offiziellen Staatsinsekt ernannt.

Diese gutmütigen Eindringlinge werden unter anderem deshalb so hoch geschätzt, weil sie heute bei den

Nutzpflanzen der Vereinigten Staaten für rund 80 % der Bestäubungsleistung sorgen. Neben den wild lebenden Bienen werden mehrere zehn Millionen europäische Honigbienen in Tausenden von Völkern mit Lastwagen quer durchs Land gefahren. Von Kalifornien bis nach Neuengland bestäuben sie im Rahmen einer zeitlich sorgfältig geplanten Fahrzeugwanderung wichtige landwirtschaftliche Nutzpflanzen, wenn diese blühen. Solche wirtschaftlich wichtigen Pflanzen sind unter anderem Äpfel, Brombeeren, Blaubeeren, Melonen, Kirschen, Klee, Cranberrys, Gurken, Auberginen, Wein, Limabohnen, Okra, Pfirsiche, Birnen, Paprika, Kakifrüchte, Pflaumen, Kürbisse, Himbeeren, Sojabohnen, Erdbeeren und Wassermelonen. Letztlich sind die hilfreichen Ausländer also mit ihrer kostenlosen Arbeitskraft eine Stütze für große Teile der US-Landwirtschaft. Der Mandelanbau beispielsweise ist vollkommen von den nicht einheimischen Honigbienen abhängig. Allein in Kalifornien schafft diese Branche 104.000 Arbeitsplätze und trägt zur Wirtschaft des Bundesstaates einen Wert von mehr als 11 Milliarden Dollar bei.

Aber wie Pearce erklärt, hat das Argument zugunsten nicht einheimischer Arten auch jenseits solcher unbezweifelbarer ökologischer und wirtschaftlicher Nutzeffekte eine pragmatische Seite, die sich aus den Eigenschaften heutiger Landschaften ergibt. Schon wegen der schieren Anzahl der eingeschleppten Arten, die heute in nahezu allen Landschaften leben, kann es kein Zurück mehr geben. 35 % der Arten im Bereich der Bucht von San Francisco und ein Viertel aller Bewohner der Everglades in Florida waren ursprünglich nicht dort zu Hause. In Australien leben heute mehr Kamele als in Saudi-Arabien. Auf Inseln wie Hawaii machen Arten, die ursprünglich nicht dort heimisch waren, mehr als die Hälfte der Tier- und Pflanzenwelt aus. Jede einzelne von ihnen zu entfernen, wäre unmöglich, und ob das, was dann zurückbleibt, noch auf wünschenswerte Weise funktionieren würde, ist alles andere als klar.

Noch auffälliger ist die Gegenwart ursprünglich fremder Arten in der Landwirtschaft. Weltweit machen nicht einheimische Arten fast 70 % aller Nahrungspflanzen aus, aber in den Vereinigten Staaten beträgt ihr Anteil 90 % und in Inselstaaten wie Australien und Neuseeland nahezu 100 %. Domestizierte Tierarten (Schafe, Rinder, Schweine), die oftmals ebenfalls eingeführt wurden, nehmen eine beherrschende Stellung ein. Die Biomasse auf den Landflächen der Erde besteht heute zu vollen 95 % aus dem Gesamtgewicht der Menschen und der domestizierte Nutztiere. Diese ungeheuren Berge von nicht einheimischem Fleisch, die sowohl die Bauernhöfe als auch die Betriebe der Massentierhaltung auf der ganzen Welt bevölkern, lassen nur den Schluss zu, dass eingeschleppte Arten bleiben werden. Und der ständige, weltweite Austausch von Arten wird auch wahrscheinlich nicht in absehbarer Zeit enden. Zu jedem Zeitpunkt wandern zwischen 7000 und 10.000 Arten mit dem Ballastwasser von Frachtschiffen an neue Orte. In der Biologie ist davon die Rede, wie der internationale Transport von Pflanzen und Tieren eigentlich Pangäa neu erschaffen hat, den Superkontinent, der vor rund 200 Millionen Jahren existierte und für den Ozeane als Schranken der Wanderung nicht von Bedeutung waren. Wenn wir heute über die Invasion nicht einheimischer Arten sprechen, ist es zu spät, um das Scheunentor zu schließen. Die nicht einheimischen Pferde sind bereits angepflockt.

Die Menschen haben auf die Natur also einen echten, dramatischen Einfluss, aber wie Marris und andere, die für eine von Menschen gemachte Ökologie plädieren, so erklärt auch Pearce ausdrücklich, dies sei kein Grund zum Bedauern. Eingewanderte Arten haben immer die Natur vorangetrieben. Pearce dokumentiert, wie selbst aufgegebene Industriebrachen zu neuen Brennpunkten der biologischen Vielfalt werden können. Begeistert spricht er von den Schlackehalden der Kohlekraftwerke, die zu „leuchtenden Oasen der Biodiversität" geworden sind, und von einem Haufen aus Aschepulver an einer aufgegebenen Stelle im Mündungsgebiet der Themse, der heute eine „Schatzkiste" für Orchideen und wirbellose Tiere sei. Für Pearce sind eingeschleppte und eingewanderte Arten der Schlüssel zu einer anhaltend großen biologischen Vielfalt und zur reibungslosen Funktion von Ökosystemen.

Die neue Wildnis, für die Pearce sich einsetzt, hat mit der Erhaltung historischer Überreste der Natur in einem möglichst urtümlichen Zustand nur sehr wenig zu tun. Ihm geht es darum, den ökologischen Wandel zuzulassen und manchmal zu erleichtern. Am Ende des Holozäns sind zahlreiche Ökosysteme auf der ganzen Welt bereits unwiderruflich *neuartig*. Mit diesem neuen ökologischen Schlagwort bezeichnet man jedes Ökosystem, das bereits zutiefst von Menschen beeinflusst wurde, eine zuvor nie dagewesene Artenkombination enthält und sich wahrscheinlich aus diesem neuen Zustand nicht mehr herausholen lässt.

Neu für den Umweltschutz ist der Gedanke, dass dieser menschliche Einfluss nicht unbedingt ausgemerzt werden muss. Gesunde ökologische Prozesse, so behauptet Pearce, werden durch den Opportunismus angetrieben, der neuartige Ökosysteme entstehen lässt. Und dieser Opportunismus spielt sich auf der Grundlage der von Menschen verursachten Störungen ab. Hinter vorgehaltener Hand vertritt Pearce sogar die ketzerische Ansicht, diese positive Sichtweise für die neue Wildnis könne sich auch auf unsere Gedanken über den Klimawandel übertragen. Mit steigenden Temperaturen könnte die Evolutionstätigkeit explosionsartig zunehmen. Biologische Arten wandern, vermischen sich und entwickeln neuartige

Überlebensstrategien. Für Pearce sind solche Innovationen nichts, worüber man klagen müsste, sondern sie machen deutlich, wie die Natur in Bestform tätig wird: Neuartige Ökosysteme sind das willkommene Kernstück der neuen Wildnis.

Pearces Überlegungen zu einer neuen Wildnis sind vor allem deshalb von Bedeutung, weil sie viel darüber aussagen, wie Menschen mit der Natur in Wechselbeziehung treten sollten. Sie stellen die traditionellen Denkweisen des Umweltschutzes mehr oder weniger auf den Kopf. Wenn wir das Ziel, Ökosysteme in einer Art historisch bevorzugtem Zustand zu erhalten, aufgeben und die Realität des ständigen Wandels anerkennen, eröffnet sich eine ganze Reihe neuer Möglichkeiten für das Management von Landschaften. Im Rahmen einiger derartiger Möglichkeiten fließen Pearces Vision von einer neuen Wildnis und Marris' Vorstellungen von der Postwildnis an manchen Stellen zusammen.

Wenn eingewanderte Arten in einem Ökosystem kein Grund zur Klage sind, ist auch der gezielte Austausch von Bestandteilen in einem Ökosystem vielleicht nicht so inakzeptabel, wie Umweltschützer traditionell gedacht hatten. Um manche Arten zu schützen, die wir wirklich schätzen, sollten wir keine Zäune bauen, keine anderen Arten fernhalten und nicht versuchen, einen festen Zustand aus der Vergangenheit zu erhalten. Vielmehr sollten wir vorsorglich in die natürliche Ordnung eingreifen und Arten umsiedeln oder austauschen, um so Ökosysteme gezielt und auf intelligente Weise neu zusammenzustellen. Wir sollten nicht davor zurückscheuen, zu fällen und zu pflanzen, zu importieren und zu kreuzen, einzuführen und das Land um uns herum neu zu gestalten.

Mit anderen Worten: Möglicherweise braucht die Natur paradoxerweise beträchtliche Eingriffe des Menschen, um in der neuen Epoche als *Natur* zu überleben. In Mar-

ris' Begriffen müssen wir in unserer Umwelt wohlüberlegt
„gärtnern". Und das heißt nicht nur, die kultivierten Flächen in der Nähe unserer Ansiedlungen zu versorgen, auf
denen wir unsere Lebensmittel produzieren und unsere
Tiere halten. Wir müssen alles wie einen Garten behandeln.
Vielleicht ist die gesamte Natur heute unser Bauernhof.

***

Eine grundlegender Glaubenssatz vieler Religionen und
auch der Weltanschauungen vieler indigener Völker
besagt, dass wir in einen Kosmos hineingeboren werden,
der von einer höheren Macht erschaffen wurde. Solche
Schöpfungsmythen haben den Zweck, die Erklärung für
unseren Ursprung in Richtung einer großen, spirituell
bedeutsamen Macht zu verschieben. Wegen solcher Erklärungen fühlten die Menschen sich in vielen Traditionen
berufen, ihre Umwelt aufgrund ihres heiligen Ursprungs
respektvoll zu behandeln. Der Respekt kann sich zwar
auf unterschiedliche Weise ausdrücken, aus dem heiligen
Ursprung unserer Umgebung erwachsen aber Beschränkungen dafür, wie Menschen sich ihr gegenüber verhalten
sollen.

Aber auch Menschen, die sich auf keinerlei überna-
türliche Erklärung für die Ursprünge der Erde berufen, staunen häufig darüber, dass die physikalischen und
chemischen Kräfte, die für die Entstehung der Welt verantwortlich waren, der Entstehung der Menschen um
Jahrmilliarden vorausgingen. Der Paläontologe und Evo-
lutionsbiologe Stephen Jay Gould beschrieb diese unvorstellbar lange Phase vor dem Auftauchen des *Homo sapiens*
mit seiner gewohnten Souveränität so: „Wenn man sich
die Erdgeschichte als das alte englische ‚Yard' vorstellt, das
heißt, als die Entfernung zwischen der Nase des Königs
und der Spitze seiner ausgestreckten Hand, dann würde
eine Nagelfeile am Mittelfinger des Königs mit einem

einzigen Strich die ganze Menschheitsgeschichte zu Staub zerfallen lassen."[8] Der ausgestreckte Arm des Königs stellt einen Zeitraum dar, in dem etwas wirklich Bemerkenswertes stattfand, und das vollständig unabhängig von Eingriffen der Menschen. Das ist das paläontologische Adelsprädikat, das Leopold meinte, als er so vorteilhaft vom Kranich sprach. In den Augen vieler Umweltschutzvertreter verdient die Tatsache, dass die Natur über einen derart langen Zeitraum hinweg funktioniert hat, unseren Respekt.

Der neuartige Ansatz zur Bewirtschaftung von Ökosystemen, den Marris und andere junge Naturschützer heute vertreten, stellt deshalb für das Denken im Umweltschutz eine radikale Kehrtwende dar. Ein früherer Gouverneur von Alaska, der nicht gerade für seine ökologische Sensibilität bekannt war, wurde allgemein lächerlich gemacht, als er seine Pläne zum Abschießen von Wölfen mit den Worten rechtfertigte: „Wissen Sie, man kann die Natur nicht einfach ins Kraut schießen lassen." Die Ideen, die von manchen heutigen Naturschützern vorgeschlagen werden, bieten eine aktualisierte, besser begründete Version dieser Aussage des Gouverneurs. In ihren Augen muss man die Natur nicht sich selbst überlassen, sondern man muss sie formen. Genau wie bei synthetischer Biologie und DNA, so braucht die Natur auch hier nicht in ihrer historischen Form erhalten zu bleiben, sondern man sollte sie in einer besseren Richtung neu konstruieren. Das synthetische Zeitalter bietet den Menschen die Gelegenheit, die biologische und ökologische Welt, die sie geerbt haben, dramatisch zu verbessern.

In dieser neuen Epoche wird das Wort „Naturschutz" irgendwann eine vollkommen andere Bedeutung haben. Die neue Denkweise lenkt den Naturschutz in Richtungen, die Aldo Leopold bis in sein Wildnis-schützendes Innerstes erschüttern würden.

6

Wiederansiedelung und Wiederbelebung von Arten

Wenn man die alte Vorstellung von der Harmonie einer unberührten Natur aufgibt, ist der Weg für eine Form des Umweltschutzes frei, die erheblich stärker auf Eingriffe setzt. Schon bisher haben die Menschen an einer planlosen Gestaltung der Natur mitgewirkt. An die gleiche Aufgabe könnten sie ohne Weiteres auch umsichtiger und gezielter herangehen. Nach Ansicht von Paul Crutzen müssen die Menschen entscheiden, was Natur ist und sein sollte. Manche Ökologen sind nur allzu gern bereit, diese Gelegenheit beim Schopf zu packen.

Nachdem die Auswirkungen des von Menschen gemachten Klimawandels nur allzu deutlich geworden sind, wird auch klar, dass viele biologische Arten schlicht und einfach verkochen werden, wenn sie in ihren angestammten geographischen Verbreitungsgebieten bleiben. In Großbritannien beispielsweise verschieben sich die Linien der gleichen jährlichen Durchschnittstemperaturen mit nahezu fünf Kilometern pro Jahr nach Norden.

© Springer-Verlag GmbH Deutschland, ein Teil von
Springer Nature 2019
C. J. Preston, *Sind wir noch zu retten?*,
https://doi.org/10.1007/978-3-662-58190-2_6

Manche Lebewesen, die unter dem Klimawandel leiden, können relativ einfach „ihre Sachen packen" und in Regionen mit geeigneterem Klima umziehen. Wenn man Flügel oder muskelbepackte Beine besitzt und sich relativ flexibel ernähren kann – denken wir nur an eine Elster oder einen Fuchs –, verlegt man das Verbreitungsgebiet unter Umständen einfach und ohne große Schwierigkeiten jedes Jahr ein paar Kilometer weiter nach Norden. Wenn Lebewesen dagegen Wurzeln haben oder in einer abgelegenen Gebirgsregion zu Hause sind, können sie nichts Übereiltes tun, und eine Wanderung mit der erforderlichen Geschwindigkeit kommt nicht infrage. Die meisten Bäume können sich beispielsweise durch die Verbreitung ihrer Samen nicht mehr als einige hundert Meter im Jahr nach Norden ausbreiten. Noch schlechter haben es die Regenwürmer. Diese Humus-Liebhaber können angeblich ihr Verbreitungsgebiet unter manchen Umständen um kaum mehr als eineinhalb Kilometer pro Jahrhundert verschieben. Solche Arten werden schlicht und einfach nicht in der Lage sein, dem Klimawandel davonzulaufen.

Durch die neue Form des Umweltschutzes kühner geworden, äußern Biologen zunehmend die Ansicht, man solle solchen ums Überleben kämpfenden Arten eine helfende Hand reichen. Wenn die Verbreitungsgebiete der Arten ohnehin bereits durch Eingriffe des Menschen signifikant verändert wurden, wie Fred Pearce es dokumentiert hat, und wenn es moralisch und ökologisch vertretbar ist, wäre es vielleicht keine große Anstrengung, gefährdete Arten vorsorglich in Regionen umzusiedeln, in denen sie bessere Überlebensaussichten haben. Eine solche unterstützte Migration – die von manchen ihrer Vertreter angesichts der politisch aufgeladenen Bedeutungen des Wortes *Migrant* lieber als *gemanagte Umsiedlung* bezeichnet wird – ist eine neue Methode zum Umgang mit dem Klimawandel, die viele traditionelle Umweltschützer in tiefe Verwirrung gestürzt hat.[1]

***

Der Biologe Chris Thomas von der Universität York strahlt eine Energie aus, mit der er bemerkenswert einigen der von ihm untersuchten Insekten ähnelt. Der schlanke Mann mit der Metallbrille und dem kurz geschorenen Kopf strahlt, wenn er auf Schmetterlinge zu sprechen kommt. Wie viele erfolgreiche Wissenschaftler, so geht auch er in seiner Leidenschaft für sein Forschungsgebiet völlig auf. Kürzlich wurde er zum Mitglied der britischen Royal Society gewählt. Seine Forschungsinteressen kreisen um die ökologischen und evolutionären Reaktionen auf den Klimawandel, darunter die Zerstückelung von Lebensräumen und die Invasion neuer Arten. Seine Sorge gilt insbesondere der Frage, wie sich das immer wärmere Klima auf Vögel, Pflanzen und Insekten auswirkt, und er bemüht sich um eine Klärung der Frage, welche Naturschutzstrategien zu ihrer Rettung notwendig sind.

Aber wer mit Thomas an einem Sommernachmittag eine ungezwungene Unterhaltung führen will, sollte aufpassen. Mitten im Gespräch verfolgt er unter Umständen mit den Blicken einen vorüberfliegenden Schmetterling, wobei sein Kopf sanft auf und ab geht, während er den Weg des Insekts am Himmel im Blick behält. Wenig später merkt man, dass er nicht mehr zuhört – dann blickt man sich vielleicht ebenfalls um und versucht das Insekt ausfindig zu machen, das seine Aufmerksamkeit gefesselt hat. Sobald man ihm nur die geringste Gelegenheit gibt, ist Thomas plötzlich weg: Er läuft quer über das Feld, wobei er sich mit seinen langen Armen und Beinen bewegt wie eine Heuschrecke, die ihre Beute verfolgt. Wenig später bückt er sich, nimmt die Brille ab und mustert aus wenigen Zentimetern Entfernung das Tier, dem seine Aufmerksamkeit gilt.

Vor einigen Jahren nahm Thomas zusammen mit seinem Kollegenpaar Jane Hill und Steven Wills eines der ersten Experimente zur gemanagten Umsiedlung in Angriff.[2] Sie machten sich Sorgen darum, was der Klimawandel für die Zukunftsaussichten zweier lokaler Schmetterlingsarten – des Schachbretts und des Braunkolbigen Braun-Dickkopffalters – bedeuten könnte, und deshalb entschlossen sie sich, etwas Besonderes auszuprobieren. Sie luden ein paar Schachteln mit jeweils rund 500 Exemplaren der beiden Spezies in den Kofferraum eines Autos und machten sich auf der Autobahn auf den Weg in Richtung Norden.

Schmetterlinge, so könnte man meinen, sollten in der Lage sein, selbst ihren Schwierigkeiten davonzufliegen, wenn ihr angestammtes Verbreitungsgebiet sich immer stärker erwärmt. Aber das ist nicht immer möglich. Manchmal machen Hindernisse wie große städtische Gebiete oder ein dazwischenliegender Lebensraum mit dem falschen Nahrungsangebot eine solche selbstständige Umsiedlung unmöglich. Manche Schmetterlingsarten sind außerdem bodenständig und wandern nicht gern. Eine Kombination solcher Faktoren ließ es besonders unwahrscheinlich erscheinen, dass gerade diese beiden Lepidoptera-Arten der zunehmenden Wärme aus eigener Kraft entkommen würden.

Nach einer kurzen Fahrt über die Autobahn A-1 in den Nordwesten Englands wurden die Schmetterlinge in zwei Steinbrüchen, die nach den Feststellungen von Hill, Willis und Thomas einen geeigneten Lebensraum boten, freigelassen. Da es sich bei den Steinbrüchen um aufgegebenes Industriegelände handelte, brauchte man keine Sorge zu haben, dass die zugewanderten Arten irgendeine unberührte natürliche Ordnung durcheinanderbringen würden. Als Berater zogen die Wissenschaftler lokale Naturschutzexperten hinzu, und Schmetterlinge beiderlei Geschlechts wurden wenige Stunden, nachdem man sie in ihrem weiter südlich gelegenen Lebensraum mit Netzen gefangen hatte, in jedem Steinbruch an der gleichen Stelle freigelassen. Anschließend überließ man sie sich selbst und ihrem Schmetterlingsleben.

Gewissenhafte Untersuchungen haben in den zehn Jahren seit der Umsiedlung gezeigt, dass die beiden Spezies in ihrer weiter nördlich gelegenen Heimat nicht nur überlebt haben, sondern die Bestände sind sogar gewachsen und haben sich so verbreitet, wie man es von einer gesunden Schmetterlingspopulation erwartet. Die gemanagte Umsiedlung hatte also funktioniert, und zwar gut. Es war eine billige, offensichtlich ungefährliche und wirksame Maßnahme.

Aus Thomas' Sicht zeigte dieser kleine Versuch, dass die gemanagte Umsiedlung ein vielversprechendes Hilfsmittel des Naturschutzes sein kann, wenn man die Auswirkungen des Klimawandels auf langsam wandernde Arten abmildern will. Wenn es mit Schmetterlingen klappt, so Thomas' Überlegung, könnte es auch mit anderen Arten klappen. Damit wächst die Hoffnung, dass man Arten, die durch den Klimawandel bedroht sind, die benötigte Unterstützung zum Überleben gewähren kann; Thomas würde argumentieren, dies sei ein Beispiel für klimagerechten Naturschutz.

Leider ist die Geschwindigkeit, mit der sich die Arten an der neuen Stelle verbreiten, nach den Feststellungen der Wissenschaftler zwar recht typisch für die Verbreitungsgeschwindigkeit anderer Schmetterlingsarten, aber sie liegt erheblich niedriger als die Geschwindigkeit, mit der sich die Linien gleicher Temperatur in Großbritannien nach Norden bewegen. Einerseits hat eine derart langsame Verbreitung zur Folge, dass die Schmetterlinge sich nicht wie eine Seuche ausbreiten und in ihrer neuen Heimat nicht zu einer Landplage werden. Andererseits lässt sie aber auch vermuten, dass man Schmetterlinge und ähnliche Arten in den nächsten Jahrzehnten mehrmals wird umsiedeln müssen, wenn sie mit dem Klimawandel Schritt halten sollen. Solche Eingriffe werden zunehmend zum Normalfall werden.

***

Aber selbst wenn die gemanagte Umsiedlung bei manchen Arten klappt, haben viele Biologen und Umweltschützer bei dem Gedanken insgesamt ein zutiefst ungutes Gefühl. Sie fragen: Woher will man wissen, dass umgesiedelte Arten sich auf ihre neue Heimat einstellen können, und kann man sicher sein, dass die dort eingeführte Spezies nicht ihrerseits biologisches Unheil anrichtet? Dass Tiere außerhalb von Zoos als „wild" bezeichnet werden, hat einen stichhaltigen Grund.

Manche umgesiedelten Arten, darunter die Rotwölfe im Great Smoky Mountains National Park und die ersten kanadischen Luchse, die in Colorado wieder angesiedelt wurden, verhungerten – und das, obwohl man sie nach Ansicht der Experten in hervorragenden Lebensräumen ausgesetzt hatte. Anderen ging es beträchtlich besser, so den europäischen Spatzen, die man in den 1890er-Jahren als recht ungewöhnliche Erinnerung an ihre Erwähnung in *Heinrich IV.* von Shakespeare im New Yorker Central Park frei ließ. Die Spatzen haben sich über den ganzen Kontinent verbreitet, und heute liegt ihre Zahl bei über 200 Millionen womit sie höchstwahrscheinlich in Nordamerika die zahlreichste Vogelart sind.

Wegen der Gefahren, die von absichtlich umgesiedelten Arten für das Wohlergehen der freigelassenen Tiere wie auch für die Ökologie in der Umgebung ausgehen, sprechen diejenigen, die gegenüber nicht einheimischen Arten nach wie vor skeptisch sind, im Zusammenhang mit der Methode gern von *ökologischem Roulette*. Ob sich darin die von Pearce dokumentierten, gesammelten Vorurteile gegen Einwanderer widerspiegeln oder ob die Praxis, Arten absichtlich neu zu mischen, tatsächlich echte Risiken beinhaltet, wird noch diskutiert. In jedem Fall spielt immer ein Element der Unvorhersagbarkeit mit, wenn man Arten absichtlich in Lebensräume bringt, die sie nicht selbst besiedelt haben.

Gleichzeitig stellen sich auch tiefergehende philosophische Fragen. Trägt das umgesiedelte Schachbrett in seiner neuen Heimat noch das „paläontologische Adelsprädikat", dass sich der Schmetterling nach Ansicht von Leopold „auf dem Weg durch die Erdzeitalter" erworben hatte? Ein umgesiedeltes Schachbrett hat den Weg durch die Erdzeitalter sicher nicht vollständig aus eigener Kraft hinter sich gebracht. Es wurde von Chris Thomas in seinem Ford Fiesta über die A-1 transportiert. Ob man glaubt, dieser Eingriff des Menschen habe die Unversehrtheit des Schmetterlings in irgendeiner Form beeinträchtigt, hängt wahrscheinlich davon ab, ob man glaubt, dass die Natur noch „natürlich" ist, nachdem Menschen angefangen haben, sie gezielt neu zu ordnen.

Das Ausmaß der Eingriffe, um die es bei der unterstützten Migration geht, reicht weit über die im Wesentlichen zufällige, ungewollte Artenvermischung hinaus, die während der gesamten Menschheitsgeschichte stattgefunden hat. Ebenso reichen sie weiter als der Umzug von Arten zum Vergnügen oder für den wirtschaftlichen Gewinn. Mit ihnen beginnt eine neue Praxis, Arten angeblich zu ihrem eigenen Besten zu verpflanzen, wobei gutwillige, gut informierte Artenschutzbiologen darüber bestimmen, was das Beste ist. Aber so wohlmeinend und fachkundig diese Biologen auch sein mögen, letztlich werden sie kulturelle Entscheidungen darüber treffen, welche Arten umgesiedelt werden sollen. Die gemanagte Umsiedlung hat zur Folge, dass nicht mehr die Natur, sondern Menschen über die Artenzusammensetzung in einem Ökosystem bestimmen.

Für viele Menschen widerspricht so etwas ihren grundlegenden Vorstellungen von der Natur. Wenn Menschen darüber entscheiden, wie die Natur aussehen sollte, ist dies nach Ansicht eines umweltschutzorientierten Philosophen gleichbedeutend mit einer „Fälschung der Natur".[3] Er zweifelt daran, dass ein von Menschen gestaltetes Ökosystem, bevölkert von Arten, die wir nach unseren Ideen gezielt darin angesiedelt haben, überhaupt noch ein natürliches Ökosystem ist. Die Unabhängigkeit der Natur ist, wie auch Bill McKibben betont, eine unentbehrliche Voraussetzung für ihre Bedeutung.

Wenn schon die Umsiedlung einer ganz neuen Art in ein unvorbereitetes Ökosystem sich nach zu viel Einmischung anhört, wandert eine andere Form der gemanagten Umsiedlung auf einem noch schmaleren Grat. Weniger dramatisch als die Maßnahme von Chris Thomas mit seinen 500 Schachbrett-Schmetterlingen ist der Gedanke, eigens selektionierte Individuen einer Spezies, die ganz bestimmte wertvolle Merkmale haben, in ein geschädigtes Ökosystem zu importieren.

Die Weißstämmige Kiefer ist eine Baumart, die in hochgelegenen Gebirgsregionen Nordamerikas zu Hause ist. Sie leidet stark unter dem Weymouthkiefern-Blasenrost (auch Strobenrost genannt) und dem Borkenkäfer. Beide sind in jüngerer Zeit durch den Klimawandel zu einer noch stärkeren Bedrohung geworden. Die Gebirgslandschaften sind heute nicht nur von vielen tausend gespenstischen Gerippen uralter Weißstämmiger Kiefern übersät, sondern auch die jüngeren Kiefern fallen den

Schädlingen und Krankheiten zum Opfer, bevor sie das fortpflanzungsfähige Alter erreichen.

Ganz abgesehen davon, dass die Weißstämmige Kiefer ein wunderschöner, widerstandsfähiger Baum ist, spielt sie in den Ökosystemen der Rocky Mountains auch eine Schlüsselrolle. Rund um die Spezies hat sich im Laufe vieler Jahrtausende eine charakteristische Umwelt entwickelt. Der Kiefernhäher, ein Vogel aus der Familie der Rabenvögel, verteilt die Samen der Kiefernzapfen in der Landschaft. Die Grizzlybären haben gelernt, viele dieser energiereichen Samen zu verzehren, soweit der Kiefernhäher ihrer nicht als Erster habhaft wird. Zahlreiche weitere Arten, die in der Gebirgslandschaft empfindlich auf die Geschwindigkeit der Schneeschmelze im Frühjahr reagieren, von den aasfressenden Vielfraßen bis zu empfindlichen Moosen, haben ihr Schicksal eng an das der Kiefer geknüpft. Schon heute zwingt die Abnahme der Menge von Kiefernsamen im Frühherbst vermutlich die Bären, in anderen Lebensräumen auf Nahrungssuche zu gehen, und dabei steigt die Wahrscheinlichkeit, dass sie mit Menschen in Konflikt geraten. Wenn die Kiefern keinen Schatten mehr spenden, trocknet die hoch gelegene Landschaft schneller aus, und der Schnee geht im Frühjahr schneller zurück, was zu einer Fülle weiterer Dominoeffekte führt.

Die Botanikerin Jennifer Beck vom Crater National Park war nicht bereit, die Kiefern ihrem vom Klimawandel verursachten Schicksal zu überlassen; deshalb organisierte sie die Verpflanzung von Keimlingen einzelner in dem Park wachsender Weißstämmiger Kiefern, die anscheinend widerstandsfähiger gegen Krankheiten waren als andere. Diese genetisch vorteilhaften Kiefern werden auf ihre Krankheitsresistenz untersucht und dann einige Jahre lang in einer abgegrenzten Baumschule vermehrt, bevor man sie wieder auf die alten Hochebenen bringt und neben ihren leidenden Vettern einpflanzt. Becker hofft, dass sich die Zukunftsaussichten der natürlichen Bestände in der Gebirgslandschaft durch die verpflanzten Bäume verbessern.

Eine solche Strategie der künstlichen Eingriffe geht aber nicht so weit, eine ganze Spezies an einem vollkommen neuen Ort anzusiedeln. Die verpflanzten Kiefern sind nur eine genetische Variante einer Spezies, die dort bereits vorhanden war. Dennoch ist das Verfahren mit einem starken Eingriff verbunden: Menschen treffen Entscheidungen, die im Laufe der Zeit die genetische Zusammensetzung des natürlichen Ökosystems prägen werden. Es ist eine genetische Umgestaltung aufgrund unserer Hoffnung, dass die Natur auf diese Weise besser funktioniert. Das Ganze verbindet sich mit einem echten Altruismus von Spezies zu Spezies. Es geht nicht darum, was für uns und unsere Brieftaschen am besten ist, sondern wir treffen die Entscheidung, die für die Kiefern die beste zu sein scheint. Dennoch wird ein System, das immer ohne äußere Hilfe selbst über seine Zusammensetzung bestimmt hat, jetzt von menschlichen Gärtnern neu zusammengestellt. Man überlässt die Natur nicht mehr sich selbst.

Ähnliche Strategien (die auch *unterstützte Evolution* oder *erleichterte Anpassung* genannt werden) verfolgt man auch auf den Seychellen: Dort züchtet man wärmeresistente Korallen, die unter der Belastung höherer Wassertemperaturen im Meer besser überleben können. Wenn diese Kolonien erfolgreich sind, kann man sie in Riffe verpflanzen, mit denen es durch die Folgen des Klimawandels steil bergab geht. Im Nordosten der Vereinigten Staaten gezüchtete Kastanienbäume sind widerstandsfähig gegen den Mehltau, der zu Beginn des 20. Jahrhunderts in Neuengland die meisten Wälder dezimiert hat. Mit ausreichend langer Zeit hätte sich bei den Korallen, den Weißstämmigen Kiefern und vielleicht auch den Kastanien von selbst die notwendige Resistenz gegenüber den Bedingungen entwickelt, die ihnen schaden. Aber da der Klimawandel so schnell voranschreitet, läuft vielen Arten die Zeit davon. Deshalb sind Menschen zu dem Schluss gelangt, dass es notwendig ist, einzugreifen. In einer solchen Lage wirken die Evolution und die Prozesse in den Ökosystemen nicht mehr vollkommen unabhängig von uns.

Umweltschützer der leopoldianischen Schule stehen solchen Eingriffen misstrauisch gegenüber. In Waldgebieten des Bundesstaates Washington haben sie versucht, jede Verpflanzung von Bäumen in Gebieten, die als Wildnis ausgewiesen waren, zu verhindern. In der Wildnis, so ihr Argument, soll das Land sich vollständig selbst regulieren, selbst wenn die vorgesehenen Eingriffe das Ziel haben, eine besonders symbolträchtige Spezies zu retten. Solche Fürsprecher der Wildnis hängen immer noch stark an der vertrauten Vorstellung von Natürlichkeit, und die Natur unabhängig von den Manipulationen der Menschen sich selbst zu überlassen, hat für sie eine höhere Priorität als das Überleben irgendeiner Spezies. Außerdem sind mit den Eingriffen auch Risiken verbunden. Eine absichtliche Manipulation des Ökosystems, so erklären sie, zerstört nicht nur die ihm innewohnende Wildheit, sondern führt mit ziemlicher Sicherheit auch zu unerwarteten Folgen. In der biologischen Natur gibt es einfach zu viele Unbekannte. Unsere Wissenschaft ist zu ungenau. Unsere Eingriffe sind zu unbeholfen.

In manchen Fällen dürften die Vertreter solcher Ansichten recht haben. Wir Menschen haben eine traurige Bilanz, wenn es darum geht, die Folgen einer Verpflanzung von Arten außerhalb ihres natürlichen Verbreitungsgebietes vorherzusehen. Kudzu im Süden Nordamerikas, europäische Kaninchen in Australien, die Wasserhyazinthen im Victoriasee in Afrika – sie alle taten den örtlichen Ökosystemen nicht sonderlich gut. Häufig musste man dann unvorhergesehene, teure Maßnahmen ergreifen, um den Schaden so weit wie möglich rückgängig zu machen.[4]

Jennifer Beck und ihre Mannschaft im Crater Lake Nationalpark sind bereits tiefer hineingezogen worden, als sie erwartet hatten. Um den Keimlingen der Weißstämmigen Kiefer eine Chance zu geben, mussten sie hinaus ins Freiland gehen und eingewanderte Berg-Hemlocktannen „abwürgen". Das bedeutet, dass sie die Rinde der Hemlock-Tannen rund um den Stamm abschneiden mussten, damit der Baum keine Nährstoffe mehr transportieren konnte – man tötete eine einheimische Art ab, um eine verpflanzte zu retten. Je stärker die Menschen sich einmischen, desto verwickelter werden offenbar die ethischen Fragen.

Während Ethiker noch darüber nachgrübeln, wie moralisch unterstützte Migration und Evolution sind, sieht die Geschäftswelt nicht untätig zu. Neue Verfahren zur Gestaltung der Evolution setzen sich mit erstaunlichem Tempo durch. Jennifer Becks Strategie, im Gebirge nach krankheitsresistenten Varianten der Weißstämmigen Kiefer zu suchen und sie dann in Baumschulen zu vermehren, entspricht ganz entschieden der alten Schule.

***

Die Abkürzung CRISPR bedeutet „Clustered Regularly Interspaced Short Palindromic Repeats" („gehäufte, kurze Palindrom-Wiederholungen in regelmäßigen Abständen"). Das System gehört zu den Abwehrmechanismen, mit denen Bakterien sich gegen schädliche Viren verteidigen. Bakterien, die eine frühere Virusinfektion überlebt haben, können kurze Abschnitte der schädlichen DNA als eine Art „biochemische Erinnerung" an ihren Feind speichern. Dringt dieser Feind dann erneut ein, kann das Bakterium ihn erkennen, den gefährlichen DNA-Abschnitt binden und ihn ausschneiden. Damit wird der Eindringling ungefährlich. Außerdem können die Bakterien den ausgeschnittenen Genomabschnitt durch eine andere, wünschenswerte Gensequenz ersetzen.

Diesen biochemischen Mechanismus der Bakterien entdeckten Wissenschaftler Ende der 1990er-Jahre praktisch gleichzeitig in Japan, den Niederlanden und Spanien. Nachdem man die beteiligten biochemischen Vorgänge im Laufe von zehn Jahren nach und nach aufgeklärt hatte, wies der litauische Wissenschaftler Virginijus Siksnys schließlich nach, dass man den Mechanismus zum „Editieren von Genen" auch auf andere Bakterien übertragen konnte. Im Jahr 2013 entwickelten Wissenschaftlerinnen an der Harvard University und am MIT schließlich Methoden, um das System nicht nur an einfachen Bakterien, sondern auch an den Genomen komplexerer Lebewesen anzuwenden. Damit stand nun im Wesentlichen eine sehr leistungsfähige Methode zum Editieren von Genen zur Verfügung, die man bei Pflanzen, Insekten und sogar Säugetieren einsetzen konnte.[5] Mit CRISPR konnte man Genome an ganz bestimmten Stellen präzise schneiden und die entfernten Abschnitte durch ausgewählte Gensequenzen ersetzen, die nützliche Funktionen ausführten. Das Genom einer landwirtschaftlichen Nutzpflanze konnte man beispielsweise so editieren, dass sie nun gegen Mehltau unempfindlich war. Man konnte auf Krankheiten mit nachweisbaren genetischen Ursachen abzielen und die schädliche DNA entfernen. Bei einer Abwandlung der CRISPR-Technologie schneidet man keine Gene aus, sondern man sorgt dafür, dass sie ein- oder ausgeschaltet werden, oder man regt sie an oder schaltet sie stumm, sodass man ihre Expression steuern kann.

Zusammengenommen könnten solche Entwicklungen bedeuten, dass die Tage, an denen Jennifer Beck steile Berghänge hinaufklettern und nach krankheitsresistenten Weißstämmigen Kiefern suchen muss, gezählt sind. Könnte man ein Gen (oder eine Gengruppe) nachweisen, das die Kiefern in die Lage versetzt, sich gegen den Blasenrost zur Wehr zu setzen, macht es die CRISPR-Methodik möglich, diese wertvollen Gene unmittelbar in die Keimbahn der Kiefern einzubringen und unter Laborbedingungen verbesserte Bäume heranzuzüchten. Dann braucht niemand mehr ganze Säcke mit Pinienzapfen nach anstrengenden, zeitaufwendigen Freilandexkursionen ins Labor zu schleppen. Die Wissenschaftler könnten zu Hause bleiben und mit der Gentechnik die vorhandenen Kiefern im Labor verändern.

Die Möglichkeit, Gene präzise zu editieren, war ein gewaltiger Schritt nach vorn und birgt das Potenzial, an bedrohten Lebewesen alle möglichen potenziell lebensrettenden Abwandlungen vorzunehmen. Den Stierforellen, die Mühe haben, sich in hochgelegenen Gebirgsbächen an höhere Temperaturen anzupassen, könnte man ein Gen für Wärmetoleranz einpflanzen. Bei den stark bedrohten Schwarzfußiltissen, die unter generationenlanger Inzucht leiden, könnte man die genetische Vielfalt durch Einschleusen von Genen aus Exemplaren in Museen oder eingefrorenen Genbanken vergrößern. Außerdem könnte man sie so verändern, dass sie widerstandsfähig gegen die Pestbakterien werden, die sowohl sie selbst als auch ihre Beutetiere, die Präriehunde, gefährden. Honigbienen, die durch das Bienensterben gefährdet sind, könnte man verbessern, indem man sie mit Genen für das penible Hygieneverhalten ausstattet, das sich in manchen Bienenvölkern als nützlich erwiesen hat, weil die Bienenstöcke von Parasiten freigehalten werden. Fledermäuse mit dem White-Nose-Syndrom, Amphibien mit Chytridpilzen und Tasmanische Teufel mit Gesichtstumoren – sie alle könnten theoretisch durch CRISPR mit nützlichen Genen ausgestattet werden. Naturschützern steht damit möglicherweise eine Technologie zur Verfügung, die ihre Weihnachtswunschzettel Wirklichkeit werden lässt.

Während man mit dem Editieren von Genen immer nur ein Genom gleichzeitig bearbeiten kann, schafft eine weitere neue Technologie namens *gene drive* die Möglichkeit, neu eingeschleuste Merkmale in Wildpopulationen, die sich schnell vermehren, rapide zu verbreiten. Bei einer Version des Verfahrens bringt man den CRISPR-Redaktionsmechanismus, der mit dem gewünschten Merkmal ausgestattet wurde, in die Keimzellen eines Organismus, der sich fortpflanzt. Paart sich ein so verändertes Lebewesen mit einem Individuum, dem das nützliche Merkmal fehlt, bringt CRISPR – das jetzt in die Keimzelle eingebettet ist – das Ersatzmerkmal auch in das Chromosom ein, dem es bisher gefehlt hatte. Das so entstandene Individuum besitzt nun in beiden Chromosomen das nützliche Merkmal und kann es wiederum an die nächste Generation weitergeben, eine starke Verbesserung gegenüber der Vererbungswahrscheinlichkeit von 50 %, die ansonsten gegeben gewesen wäre. Außerdem wird gleichzeitig der funktionsfähige CRISPR-Redaktionsmechanismus vererbt. Der Prozess des Editierens und das nützliche Gen verbreiten sich nun schnell in der Wildpopulation, denn beide sorgen mit einer Wahrscheinlichkeit von nahezu 100 % für die Weitergabe der gewünschten Gene.

Mit CRISPR und *gene drive* geht der Köder der genetischen Abwandlung erstmals über den Bereich von Landwirtschaft und Domestikation hinaus. Jetzt können Menschen die genetische Ausstattung von Tieren ändern, die niemals auch nur in die Nähe eines Labors gekommen sind. Je schneller das wilde Lebewesen sich vermehrt, desto schneller sorgt auch der *gene drive* dafür, dass ein

Merkmal sich in einer Wildpopulation ausbreitet. Die meisten großen Säugetiere sind dafür schlechte Kandidaten, weil es sehr lange dauert, bis sie das fortpflanzungsfähige Alter erreichen. Vielversprechender sind Insekten. Hinter einem solchen Projekt stehen starke humanitäre Motive: Man versucht herauszufinden, wie man mit dem *gene drive* Populationen von Mücken schaffen kann, die den Malariaparasiten nicht mehr weitertragen. Das Verfahren schafft die Möglichkeit, die wilde Natur unmittelbar zu manipulieren. Es ist, wie ein an solchen Objekten beteiligtes Labor am MIT es formuliert, die Gelegenheit, zum „Bildhauer der Evolution" zu werden.

***

Im 19. Jahrhundert beschrieb der politische Philosoph John Stuart Mill in England zwei verschiedene Interpretationen für das Wort *Natur*. Nach der einen bezeichnet der Begriff alles, was sich auf der Erde abspielt und im Einklang mit den Naturgesetzen steht – mit anderen Worten: alles, was nicht übernatürlich ist. Nach dieser Definition sind Bären, Wasserfälle, in einer Baumschule gezüchtete Keimlinge von Weißstämmigen Kiefern, Mitarbeiter von Nationalparks, die Hemlocktannen töten, und mit CRISPR veränderte Mücken gleichermaßen Teile der Natur. Sie alle verletzen keinerlei physikalische Gesetze. Um die Physik hinter sich zu lassen, muss man entweder ein Engel oder ein Gott sein.

Mills zweite Definition geht davon aus, dass zur Natur alles gehört, was auf der Erde stattfindet, *mit Ausnahme* der Folgen menschlicher Eingriffe. Nach der ersten Definition sind Menschen und alle ihre Tätigkeiten etwas vollkommen Natürliches. Nach der zweiten kann man nichts, was Menschen tun, als natürlich bezeichnen. Nach dieser zweiten Definition ist jedes Haus, jedes Auto und jeder

Gemüsegarten unnatürlich. Synthetische Lebewesen sind unnatürlich. Die Tätigkeiten von Jennifer Beck im Crater Lake-Nationalpark und die der Wissenschaftler, die Gene editieren, sind unnatürlich. Mills Unterscheidung spiegelt zwei diametral entgegengesetzte Sichtweisen für die Menschen wider. Die erste Definition ordnet sie vollständig in der Natur ein, die zweite nimmt sie vollständig von der Natur aus.

Chris Thomas und Jennifer Beck geben vielleicht nicht viel auf John Stuart Mill, aber aus philosophischer Sicht würde es ihre Position sicher stärken, wenn sie sich beide Mills erste Ansicht darüber, was man als natürlich bezeichnen kann, zu eigen machen würden. In diesem Fall haben Eingriffe der Menschen – die beispielsweise eine Schachtel mit Schmetterlingen in ein Auto laden und nach Norden bringen oder in einer Baumschule rost-resistente Weißstämmige Kiefern züchten, um sie dann ins Gebirge zu transportieren – keine negativen Aus-wirkungen auf die Natürlichkeit der Schmetterlinge oder Kiefern. Beide sind in ihrem Verbreitungsgebiet natür-lich und bleiben auch natürlich, nachdem sie mithilfe der Menschen in eine neue Region gelangt sind.

Die Argumentation ist nicht ganz unplausibel. Men-schen sind ein Produkt der darwinistischen Evolution. Warum sollten unsere Tätigkeiten im Vergleich zu denen der übrigen Natur eine Sonderstellung einnehmen? Als biologische Wesen nutzen wir lediglich einige Fähig-keiten und Begabungen, mit denen die Evolution uns ausgestattet hat. Unnatürlich ist das nicht. Das gilt offen-sichtlich insbesondere dann, wenn hinter der Tätigkeit das Motiv steht, einen Teil der Natur nicht auszubeuten oder zu zerstören, sondern vor dem Untergang zu bewahren.

So reizvoll eine derart umfassende Vorstellung von Natürlichkeit auch ist, sie hat einen gewissen Preis. Auf-grund einer solchen Haltung kann man behaupten, dass absolut alles, was Menschen tun, natürlich ist. Wälder abholzen und den Boden asphaltieren? Natürlich. Leere Bierdosen in einen Bergbach werfen? Natürlich. Giftmülldeponien anhäufen? Äußerst natürlich. Die Temperatur auf der Erde steigern und unzählige Arten aussterben lassen? Ach, das ist doch ganz natürlich. Mills erste, allumfassende Definition beraubt uns der Möglichkeit, irgendwelche Verhaltensweisen der Menschen mit der Begründung, sie seien unnatürlich, zu verurteilen. Tätigkeiten der Menschen sind dann definitionsgemäß immer ein Teil der Natur.

Die entgegengesetzte Haltung nahm Bill McKibben ein, als er die Ansicht äußerte, Natur sei durch ihre Unabhängigkeit von den Menschen definiert. Dann ist Natur definitionsgemäß die Welt, die nicht von Menschen verändert wurde. Wenn die Natur nicht mehr von Menschen unabhängig ist, verschwindet mit ihr auch die Natürlichkeit.

Aber auch McKibbens Haltung wirft ein Problem auf: Da Menschen heute auf der Erde einen so weitreichenden Einfluss haben, trifft die zweite Definition für Natur heute anscheinend auf nichts mehr zu. Angesichts der umfassenden Auswirkungen der Menschen – von gedankenlos verschüttetem Quecksilber bis zu den überall ausgestoßenen Treibhausgasen – erscheint die Suche nach unberührter Natur schlicht Zeitverschwendung zu sein. Es ist vollkommen klar, dass wir das Holozän hinter uns gelassen haben; also müssen wir jetzt darüber reden, wie wir den Planeten am besten menschlich gestalten, statt ihn uns in einem nichtmenschlichen Zustand auszumalen, den es nicht mehr gibt. Diese Überzeugung spiegelt sich in den Gedanken über Eingriffe wider, die von neuen Pionieren wie Emma Marris, Fred Pearce und Chris Thomas vertreten werden. Wer lyrisch und im Stile Leopolds vom Wert der unberührten Natur schwärmt, scheint zunehmend den Realitätsbezug zu verlieren.

Traditionsverein Umweltschützer wie E. O. Wilson sind erbost über den Gedanken, Menschen könnten sich die moralische Autorität anmaßen, mit allen Ökosystemen herumzuspielen. Sie schließen sich McKibbens Forderung nach Selbstbeschränkung an und fragen: Werden wir in uns selbst die Demut finden, manche Orte einfach in Ruhe zu lassen? Haben wir nicht schon genug zerstört?

Darauf erwidert Marris: Die Vorstellung, Menschen seien so stark von der Natur getrennt, das schon die leiseste Berührung das Land unwiederbringlich verschmutzt, ist selbst kein Zeichen von Demut, sondern von Arroganz. Da unsere Spezies aus den gleichen Evolutionsprozessen hervorgegangen ist, die auch die gesamte Natur geformt haben, sind wir nach Ansicht von Marris einfach nichts anderes oder Besonderes. In einer Welt der ökologischen Verletzungen müssen wir bereit sein, im Interesse derjenigen Arten einzugreifen, die wir retten wollen. Wenn wir uns zurücklehnen und die Natur ihrem Schicksal überlassen, so Marris, tun wir es mit „Blut an den Händen". Mit absichtlicher Gestaltung von Ökosystemen tut man nicht nur das, was praktikabel ist. Man kommt auch einer ethischen Notwendigkeit nach.

Marris räumt ein, dass sie angesichts einer Philosophie, die mit so starken Eingriffen verbunden ist, ungute Gefühle hat, weil sie einigen immer noch tief verwurzelten Intuitionen widerspricht: „Wir haben ein paar Arten – den Kalifornischen Kondor, den Schreikranich – von der Schwelle zum Untergang zurückgeholt, weil wir uns in ihr Leben als Puppenmütter und Reiseleiter so weit eingemischt haben, dass mir wegen ihrer verlorenen Würde und Wildheit ganz übel wird." Aber an dieser Stelle sind ihre Überlegungen nicht zu Ende: „Aber dann habe ich zu mir selbst gesagt: diese Sache mit der Würde ist nicht für sie Belastung, sondern für mich. Sie wollen einfach nur leben.“[6]

Wenn uns an Arten etwas liegt, die durch den Klimawandel und andere schädliche Einwirkungen der Menschen bedroht sind, müssen wir bereit sein, selbst Ökosysteme zusammenzustellen, die für eine größere Zahl unserer in ihnen enthaltenen Lieblingsarten funktionieren. Das, so sagen Marris' Mitstreiter, ist das Wesentliche an einem Naturschutzansatz, der klug mit dem Klima umgeht.

Die Vorstellung, es könne heute zu einem vertretbaren Umweltmanagement gehören, die Eingriffe der Menschen in die Natur zu verstärken, statt darauf zu verzichten, stellt für den Naturschutz einen vollkommenen Wandel dar. Wenn „Hände weg“ nicht mehr die bevorzugte Alternative ist, wird der Gedanke, die Natur vor Einflüssen des Menschen zu schützen, damit ihre schiere Unabhängigkeit von uns zur Anregung für unser Staunen wird, obsolet. In diesen sauren Apfel müssen wir einfach beißen.

Ein wachsender Chor selbst ernannter ökologischer Modernisierer behauptet, wir seien damit in keiner schlechten Position. Nach ihrer Ansicht bleibt genug Spielraum für das Staunen über eine „neue Natur“, die von Menschen gestaltet wurde. Natur kann auch dann noch souverän und kreativ sein – das stellte Pearce fest, als er sich mehr und mehr für die „neue Wildnis“ begeisterte. Und Pearce fängt damit noch nicht einmal die Hälfte des Angebots ein. Andere unternehmungslustige Molekularbiologen sind sicher, dass sie uns etwas wahrhaft Ehrfurchtgebietendes garantieren können, wenn sie uns weit über die Aufgabe, vorhandene Arten zu retten, hinausführen. Das sind die Biologen, die ausgestorbene Arten zurückholen wollen; solche Wissenschaftler glauben, wir würden in nicht allzu langer Zeit wieder den

Wollhaarmammuts von Angesicht zu Angesicht gegenüberstehen.

***

Sie stehen, was Eingriffe des Menschen angeht, am äußersten
Ende des Spektrums: Die „Wiederauferstehungsbiologen"
spielen mit dem Gedanken, nicht nur Arten umzusiedeln
und damit Ökosysteme neu zu organisieren, sondern auch
ausgestorbene Arten wieder lebendig zu machen, um so
verlorene biologische Vielfalt wiederherzustellen. Wie sich
herausgestellt hat, kann man die gleichen Methoden, die
heute in der synthetischen Biologie für den Aufbau von
Genomen zur Verfügung stehen, auch zur Rekonstruktion
der DNA ausgestorbener Tiere nutzen. Das Aussterben, so
erklären diese Biologen, muss nichts Endgültiges mehr sein.

Um ein solches „Lazarus-Projekt" in Angriff zu nehmen, braucht man nicht mehr als eine DNA-Kopie der
ausgestorbenen Spezies. Und tatsächlich sind manche
Arten, so die Wanderertaube und der Pyrenäensteinbock,
erst vor so kurzer Zeit ausgestorben, dass man Fragmente
ihres Gewebes gezielt zu wissenschaftlichen Zwecken konserviert hat.[7]

Wenn man das Glück hat, ein vollständiges Genom
in die Hand zu bekommen, könnte man es theoretisch
in die Eizelle eines engen lebenden Verwandten übertragen, dessen eigene DNA man zuvor entfernt hat. Bei
diesem engen Verwandten könnte es sich im Fall des im
Pyrenäensteinbocks um eine Hausziege handeln, beim
Wollhaarmammut um einen Indischen Elefanten. Die
erforderliche Methodik, *somatische Zellkernübertragung*
genannt, wurde bereits entwickelt und zum Klonen von
Schafen, Katzen, Hirschen, Rindern, Kaninchen, Pferden
und Hunden erfolgreich angewandt. Letztlich würde man
also eine gängige Klontechnik nutzen, um mithilfe der

Eizelle eines heute lebenden Tieres einen Klon einer ausgestorbenen Spezies zu schaffen.

Wenn sich die Eizelle mit der eingeschleusten DNA einige Male geteilt hat, kann man sie in die Gebärmutter der verwandten Art einpflanzen, sodass eine normale Schwangerschaft abläuft. Überlebt der so entstandene Embryo die Schwangerschaftsphase in der Ersatzmutter, ähnelt das Ergebnis sehr stark der ausgestorbenen Spezies. Ein nach dieser Methode erzeugter „ausgestorbener" Pyrenäensteinbock wurde 2003 von einem Ziegenweibchen zur Welt gebracht. Leider überlebte der wiederauferstandenen Steinbock außerhalb des Mutterleibes nur zehn Minuten, weil seine Lunge größere Missbildungen aufwies.[8]

Auch wenn man nicht über eine vollständige Genomkopie des ausgestorbenen Tieres verfügt, kann man unter Umständen herausfinden, wie sie aussah. Beim Wollhaarmammut, dem Höhlenbären und anderen ausgestorbenen Tieren kann man eine beträchtliche Menge von DNA-Bruchstücken aus Überresten gewinnen, die man aus dem Permafrost oder aus tiefen Höhlen geborgen hat. Durch sorgfältigen Vergleich mit den Genomen eng verwandter lebender Arten können Evolutionsbiologen das genetische Material des ausgestorbenen Tieres nahezu vollständig rekonstruieren. Obwohl das Genom des Wollhaarmammuts gewaltige 4,7 Milliarden Basenpaare enthält, steht seine Blaupause bereits zur Verfügung.

Da vollständige Genome von Vögeln und Säugetieren sehr lang sind – viel länger als jene von Hefe und Bakterien, mit denen Craig Venter arbeitete –, geht man bei der Synthese eines solchen Genoms am besten von einem engen Verwandten aus und redigiert die charakteristischen Abschnitte aus dem Genom des „lebenden Tieres" mit der CRISPR-Technologie so, dass sie durch die entsprechenden Abschnitte des „ausgestorbenen Tieres" ersetzt werden. So könnte man beispielsweise die Gene, die beim

Wollhaarmammut die gebogenen Stoßzähne entstehen lassen, in das Genom eines Asiatischen Elefanten einbauen. Anschließend tut man das Gleiche mit den Genen für die behaarte Haut des Wollhaarmammuts, für den Buckel auf seinem Rücken und für die Temperaturregulation in kaltem Klima. Dabei bildet das Genom des Asiatischen Elefanten immer noch das Kernstück für das entstehende Wollhaarmammut-Genom, aber wenn immer mehr solche Austauschmaßnahmen stattgefunden haben, ähnelt es immer stärker dem Genom des ausgestorbenen Vetters.

Eine zusätzliche Schwierigkeit ergibt sich bei Vögeln: Ihre Embryonalentwicklung findet im Dotter eines Eies statt, das eine harte Schale hat und sich im Eileiter stetig abwärts bewegt. Den natürlichen Embryo durch einen Klon zu ersetzen, ist schwierig, wenn die natürliche Form nur aus wenigen hundert Zellen besteht, von Dotter umgeben ist und sich ständig bewegt. Deshalb hat man für ausgestorbene Vögel wie die Wanderertaube eine vielversprechende Alternative entwickelt: Man verändert die DNA von Zellen, die in den Fortpflanzungsorganen der ausgestorbenen Spezies vorhanden waren, und injiziert sie in Embryonen der lebenden Spezies. Die so behandelten Zellen wandern dann auf natürlichem Wege in die Keimdrüsen und beginnen dort mit der Fortpflanzung. Die Folge sind Individuen einer lebenden Vogelart, in deren Keimdrüsen sich eifrig die Keimzellen der ausgestorbenen Spezies vermehren.

Ein solches ungewöhnliches, verändertes Individuum wäre eine Chimäre. Wie das Wesen aus der altgriechischen Mythologie mit Löwenkopf und Ziegenkörper, so wäre auch diese Vogelchimäre eine Mischung zweier Arten. Ihre DNA stammt zum größten Teil von der heute lebenden Art, aber sie gibt die DNA der ausgestorbenen Spezies an die nächste Generation weiter. Wenn sich zwei solche Chimären paaren, kommt das Ergebnis einer lebenden Version der ausgestorbenen Spezies sehr nahe. Es wäre ein Lebewesen, dessen Genom vollständig von dem ausgestorbenen Vogel stammt, obwohl seine beiden Eltern einer anderen Spezies angehören. Genau wie die Erschaffung des synthetischen Bakteriums, das im vorangegangenen Kapitel beschrieben wurde, so würde auch die Anwendung der synthetischen Biologie zur Wiederbelebung ausgestorbener Arten den darwinistischen Abstammungsprinzipien einen menschlichen Dreh geben.

Ob man nun bei Säugetieren ganze Genome überträgt oder bei Vögeln die Chimärenmethode anwendet, das neu entstandene Tier wird kein vollkommenes Exemplar der ausgestorbenen Spezies sein. Hier kommen auch andere Faktoren ins Spiel. Der 2003 zum Leben erweckte Steinbock beispielsweise war kein reiner Pyrenäensteinbock, denn er war von einer anderen Spezies ausgetragen wurden, sodass während der Embryonalentwicklung sowohl Faktoren aus seinem Genom des ausgestorbenen Tieres als auch solche der Ersatzeltern ihre Wirkung entfalteten. Ein Embryo eines Wollhaarmammuts würde höchstwahrscheinlich während der Schwangerschaft auch ein wenig DNA von seiner indischen Elefantenmutter aufnehmen – ein Phänomen, dass man als Mikrochimärismus bezeichnet. Es hat zur Folge, dass das Jungtier sich bei seiner Geburt ein wenig von einem echten Wollhaarmammut unterscheidet.

Auch die Umwelt würde zur Verwirrung beitragen. Sobald das Wollhaarmammut geboren wäre, würden seine Eltern, die ja Indische Elefanten sind, es nach Art ihrer Spezies großziehen. Das Jungtier wäre ein höchst seltsamer Mischling – ein Individuum an der Schnittstelle zweier biologischer Arten. Es hätte im Wesentlichen die genetischen Eigenschaften der ausgestorbenen Spezies, aber sein Umfeld als Jungtier wäre das einer heutigen Art. Das Neugeborene würde auf beide Faktoren ansprechen.

Solche Spitzfindigkeiten rund um eine geringfügig zweifelhafte Identität fechten die Befürworter einer Wiederauferweckung ausgestorbener Tiere nicht an. In unserer Post-Leopoldianischen Zeit des von Menschen gemachten Wandels hat die Versessenheit auf historische Genauigkeit und natürliche Reinheit im Naturschutz bereits nachgelassen. Steward Brand, einer der lautstärksten Fürsprecher der Wiederbelebung, Gründer des *Whole Earth Catalog* und Umweltunternehmer, verbrämt es so: „Die Ergebnisse werden nicht perfekt sein ... Aber vermutlich sind sie perfekt genug. Auch die Natur ist nicht perfekt.“[9]

In späteren Generationen, wenn immer mehr Kenntnisse über die besonders charakteristischen Teile im Genom ausgestorbener Tiere zur Verfügung stehen, wird man in die Keimzellen dieser unvollkommenen Individuen systematisch so verändern, dass die Spezies mehr und mehr dem gewünschten Tier oder Vogel ähnelt. Hilfreich dürfte dabei auch die traditionelle Rückkreuzung sein, bei der Individuen mit den gewünschten Eigenschaften gezielt miteinander gekreuzt werden. Wenn sich die technischen Möglichkeiten in Zukunft weiter verbessern und man sich stärker auf die Gene der ausgestorbenen Spezies konzentrieren kann, wird man im Laufe mehrerer Generationen etwas schaffen können, was der fehlenden Art immer näher kommt. Brand weist darauf hin, dass eine Generation beim Wollhaarmammut ungefähr 20 Jahre dauert, das heißt, um ein solches Tier wieder zum Leben zu erwecken, müssen die Wissenschaftler sich zu einem Projekt entschließen, dass mindestens ein Jahrhundert in Anspruch nimmt. Aber wenn eine solche Investition von Zeit und Mitteln als lohnend angesehen wird, können eines Tages vielleicht ausgewählte Arten, die während des großen Aussterbens am Ende des Pleistozän ums Leben kamen, wieder durch geeignete Lebensräume streifen, die biologische

Vielfalt stärken und die Schuld, die Menschen auf sich geladen haben, indem sie solche Tiere töteten, zu einem kleinen Teil wieder gutmachen. In Brands Augen wäre die Wiedererweckung ausgestorbener Arten eine Art Buße für unsere früheren ökologischen Sünden.

Unabhängig von den Zukunftsaussichten und dem Zeithorizont für die Methoden als solche geben ethische Fragen im Zusammenhang mit der Wiederbelebung ausgestorbener Arten bereits den Anlass für umfangreiche Diskussionen. Wie die Erfahrungen mit dem Steinbock zeigen, enthalten artübergreifenden Klone fast immer genetische Defekte. Versuche zur Wiederbelebung würden für die so geschaffenen Tiere sicher viel Leiden verursachen, während man die Schwachpunkte der Technologie ausfindig macht. Außerdem würden sie unangenehme und vermutlich schädliche Erfahrungen für die Ersatzeltern herbeiführen, die ein Neugeborenes großziehen, das sie eigentlich nicht erkennen. „Elefanten geht es in Gefangenschaft nicht gut", sagt Beth Shapiro, die Autorin eines Buches über die Technologie zur Schaffung von Wollhaarmammuts: „Sie müssen sich mit der unterstützten Fortpflanzung herumschlagen, dabei sollten sie eigentlich mehr Elefanten zeugen."[10]

Außerdem würden die ersten Wollhaarmammuts, die geboren werden, zu den einsamsten Tieren gehören, die man sich vorstellen kann – von ihresgleichen wären sie durch Jahrtausende getrennt. Betrachtet man das Ganze unter dem Gesichtspunkt des Mitgefühls für die beteiligten Tiere, sieht der Austausch des Genoms einer befruchteten Eizelle bei einer Säugetierart durch ein künstliches Produkt aus dem Labor weniger wie ein Augenblick der Vergebung für unsere Spezies als vielmehr wie eine unangenehme Form der genetischen Vereinnahmung aus.

Auch aus einem anderen Grund machen die Ökologen sich Sorgen: Eine fehlende Art wieder in ein Ökosystem zu bringen, das sie vielleicht nicht versorgen kann, ist eine Art Glücksspiel. Es besteht eine enge Parallele zu den Bedenken, die sich mit der Praxis der unterstützten Wanderung verbinden und als *ökologisches Roulette* bezeichnet werden. Wer weiß schon, welche ökologischen Folgen es haben könnte, wenn man eine ausgestorbene Art wieder zurückbringt? Der Pyrenäensteinbock käme zwar wieder in ein Ökosystem, das er erst vor kurzer Zeit verlassen hat, bei Höhlenbären oder Wollhaarmammuts sieht die Sache aber anders aus. Beide wären heute im Wesentlichen fremde Arten in einer Umwelt, die sich im Vergleich zu früheren Zeiten nicht zuletzt durch die unausweichlichen Kräfte des von Menschen verursachten Klimawandels drastisch verändert hat.

Um der Frage nach einem geeigneten Lebensraum etwas entgegenzusetzen, bereitet der russische Ökologe Sergej Zimov in Sibirien bereits einen „Pleistozänpark" für die Wiederkehr der Mammuts vor. Dazu lässt er die mit Moos und Wald bewachsene Tundra von Pflanzenfressern wie Moschusochsen, Rentieren und Jakutenpferden abweiden, weil er hofft, die Landschaft werde sich dann wieder in eine Grassteppe verwandeln. Ein solches Ökosystem war hier vorhanden, als die Wollhaarmammuts noch lebten und eifrig zu seiner Gestaltung beitrugen. Zu Zimows langfristiger Vision gehört die Wiederherstellung einer eiszeitlichen Landschaft, die sich als Lebensraum eignet, sodass man hier die erste Herde wieder zum Leben erweckter Wollhaarmammuts ansiedeln kann, die vielleicht in 100 Jahren existieren werden.

Aber selbst wenn für die zum Leben erweckte Spezies ein Lebensraum zur Verfügung steht, ist nicht klar, welchen Preis die heutigen bedrohten Arten sonst noch dafür zahlen müssen. Naturschützer mit ihren schmalen Budgets sorgen sich um die Kosten der Wiederauferweckung und befürchten, die neue Methodik könne die Aufmerksamkeit auf eine Hand voll besonders attraktiver Tierarten lenken, was dann auf Kosten der weniger glamourösen, ökologisch aber vielleicht wichtigen Arten gehen könnte, die heute bedroht sind. Ebenso befürchtet man, dass die Wiederauferweckung ein psychologisches „Sicherheitsnetz" darstellen könnte, mit der Folge, dass die Menschen die derzeitige Krise des Aussterbens weniger ernst nehmen. Warum soll man Millionen für die Rettung einer Spezies ausgeben, wenn man sie später mit der Zauberei der Genomforschung wieder zurückholen kann?

Als Gegenargument führen die Befürworter der Wiederauferweckung an, das Interesse der Öffentlichkeit an der Natur werde geradezu überschäumen, wenn man einige dieser bemerkenswerten Arten wieder zum Leben erwecken könnte. Es würde manche Schuldgefühle lindern und auch einen gewissen Optimismus verbreiten. Mit Sicherheit wäre es „spannend", um einen der Lieblingsbegriffe von Paul Crutzen für die Bewirtschaftung der Erde im synthetischen Zeitalter zu gebrauchen. Einem Wollhaarmammut in einem Ökosystem, aus dem es seit 5000 Jahren verschwunden ist, von Angesicht zu Angesicht gegenüberzustehen, hört sich nach einer so großartigen Aussicht an, dass man ihr einfach nicht widerstehen kann.

Die Medaille der Wiederauferweckung hat also mehrere Seiten, und jede davon hat etwas für sich. Die ethischen Fragen sind kompliziert. Aber neben Fragen nach dem Wohlergehen der Tiere, dem Gleichgewicht des Ökosystems und den Prioritäten im Naturschutz kristallisiert sich auch ein tiefergehendes Hintergrundthema heraus, dass für das synthetische Zeitalter charakteristisch ist. Die Wiederauferweckung von Arten stellt uns vor eine dramatische Richtungsentscheidung. Wie Nanotechnologie und synthetische Biologie, so dringen die Menschen auch durch die Methoden der Wiederauferweckung von Arten mit ihrer Planung tief in Prozesse ein, die früher der natürlichen Welt ihre Gestalt gegeben haben. Die Evolution durch natürliche Selektion und das mit ihr einhergehende Aussterben von Arten haben stark dazu beigetragen, unsere Welt so zu machen, wie sie heute ist. Es sind einige der grundlegenden Stoffwechselprozesse der Erde, und sie haben über unzählige Generationen hinweg den Planeten geprägt, auf dem wir alle geboren wurden.

Zwar haben Menschen solche Prozesse schon immer entweder zufällig oder absichtlich in bestimmte Richtungen gelenkt, nie aber haben sie die Vorgänge gezielt vereinnahmt, um die biologische Lebensgemeinschaft derart grundlegend neu zu gestalten. Sie haben die Natur nie in dieser Form synthetisch gemacht. Das Aussterben rückgängig zu machen, ist ein radikaler Kunstgriff – wir sorgen auf unserem Planeten für diejenige Artenzusammensetzung, von der wir glauben, dass sie am besten zu uns passt. Es geht nicht nur darum, die bereits vorhandenen Arten hin und her zu schieben. Die Wiederauferweckung trifft Entscheidungen darüber, welche neuen – oder alten – Arten wir an welcher Stelle ansiedeln. Die Ökosysteme werden zunehmend zu einem künstlichen Produkt unserer Entscheidungen. Damit gerät die Natur, die unabdingbar „anders" ist als wir, langsam aus dem Blick.

In den Überlegungen, die John Stuart Mill im 19. Jahrhundert über die Natur anstellte, ging es nicht nur um die Frage, ob der Mensch vollständig innerhalb oder außerhalb ihres Gültigkeitsbereiches stehen. Er war auch der Ansicht, dass die Natur einen wichtigen, grundlegenden Nährboden für unser Leben darstellt. Dieser Nährboden, so erklärte er, diene „als Wiege für unsere Gedanken und Bestrebungen". In Mills Verständnis bildet die Welt, in die wir hineingeboren werden, den unentbehrlichen, nicht gewählten Hintergrund, vor dem die Menschheit über viele Jahrhunderte hinweg ihre Identität und ihr Ichgefühl geformt hat.

Ein ähnliches Thema greift der ökologisch orientierte Autor Scott Russell Sanders in einem Artikel für das Magazin *Onion* auf:

Die Wärme der Sonne auf unserer Haut, das Streicheln des Windes, die Geräusche von Donner und Regen, das Strömen der Flüsse und die Wogen auf dem Meer, der Geruch von feuchtem Staub, der Anblick von Blättern und Blüten, die sich entfalten, die Lichtpunkte der Sterne, das Einsaugen der Atemluft und das Pochen des Herzens. Alle diese Empfindungen haben der Menschheit die ewigen Bilder für das tiefste Wesen der Dinge geliefert, eine Bilderwelt, die sich auf der ganzen Welt durch Schriften, Volksmärchen, Felsmalereien, Gedichte, Gemälde und andere symbolische Ausdrucksformen zieht.[11]

Immer war man davon ausgegangen, dass das „tiefste Wesen der Dinge" seinen Ursprung außerhalb von uns selbst hat. Seine grundlegenden Funktionen werden demnach durch größere geologische, ökologische oder göttliche Kräfte gelenkt. Wir mussten uns damit so abfinden, wie es war, und waren gezwungen, uns in seiner unausweichlichen Umarmung einzurichten. Für Denker wie Sanders und Mill bot diese natürliche Wiege ein Tor zum Sinn des Lebens.

Die heutigen Versuche, Ökosysteme neu zu gestalten, eröffnen neue Horizonte sowohl für die Erde als auch für unsere Spezies. Wenn wir den Weg der unterstützten Migration, des *gene drive* und der Wiederauferweckung von Arten weitergehen, ist dieser Planet nicht mehr einfach nur die Landschaft und Ökologie, in die wir hineingeboren werden. Er wird zu einem synthetischen System, das wir mit unseren Entscheidungen konstruiert haben.

Das gilt nicht nur für nahe Umfelder wie die Großstadt, unseren Lebensraum in der Vorstadt und unsere landwirtschaftliche Umwelt. Es trifft ebenso auf die Wildnis zu.

Der Gene-drive-Pionier Kevin Esvelt und seine Kollegen wissen genau, was auf dem Spiel steht. „Die Möglichkeit, Ökosysteme durch Veränderung von Wildpopulationen zu bewirtschaften", sagen sie, „wird weit reichende Auswirkungen auf unsere Beziehung zur Natur haben."[12] Nicht mehr die Natur, sondern Konstruktionen der Menschen werden zu unserer kosmischen Wiege werden. Als philosophische oder religiöse Aussicht hat dieser Wandel entschieden etwas Beunruhigendes. Die Verdrängung der Natur durch ein Kunstprodukt kann vermutlich auch zu weit gehen. Sanders ist den Gefahren gegenüber wachsam. „Der Bereich der Kunstprodukte", sagt er, „wird bei allem Erfindungsreichtum und aller Bequemlichkeit pathologisch, wenn er die einzige Welt ist, die wir kennen."[13]

Für eine wachsende Zahl von Ökologen und Landverwaltern ist dies einfach das Blatt, das uns unsere wachsende Bevölkerung und ihre zunehmenden Auswirkungen in die Hand gespielt haben. Wir haben keine andere Wahl, als die Erde zu einem gut gestalteten Kunstprodukt zu machen. Oder, wie manche Autoren es formuliert haben: Die Trennung zwischen Natur- und Menschheitsgeschichte ist Vergangenheit. Die Natur muss nach der Vorstellung von Jedediah Purdy in die Liste der Dinge aufgenommen werden, die nicht mehr natürlich sind. Unsere Spezies muss überall den Ton angeben.

Aber auch hier kommen einige unklare ethische Fragen ins Spiel. Die Behauptung, wir hätten keine andere Wahl, stellt einen beträchtlichen logischen Sprung dar. Zwar mag es stimmen, dass heute alles von Menschen *beeinflusst* wird, aber daraus folgt nicht, dass Menschen auch über alle Aspekte der Natur *bestimmen* müssen. Tatsächlich ist unser Einfluss in mancherlei Hinsicht relativ unbedeutend. An einer Vielzahl von Orten ist die Natur nach wie vor im Wesentlichen unabhängig von den Absichten der Menschen. Hier spielt unser Spezies keine nennenswerte Rolle. Solche Orte werden in vielen Kulturen und Religionen hoch geschätzt, und Hunderte von Millionen Umweltschützern bemühen sich darum, dass es so bleibt.

Darüber hinaus besteht ein großer Unterschied zwischen einer geplanten und einer unabsichtlichen Veränderung. Unabsichtlich haben wir große Teile der Welt beeinflusst – durch Umweltverschmutzung, das zufällige Einschleusen fremder Arten und den Klimawandel; bisher haben wir uns aber noch nicht daran gemacht, den ganzen Planeten gezielt zu formen. Eine solche Aufgabe ist mit einem ganz neuen Maß an Verantwortung verbunden. Noch haben wir die Entscheidung nicht getroffen, und es sieht auch nicht so aus, als wären wir dazu gezwungen. Der Gedanke, die Menschheit könne sich vornehmen, sämtliche globalen Veränderungen in vorherbestimmter Weise herbeizuführen, ist beispiellos und legt an die Leistungen aller zukünftigen Planeteningenieure eine äußerst hohe Messlatte an.

Wenn wir uns fragen, ob wir solchen Anforderungen gerecht werden können, sollten wir uns vielleicht daran erinnern, dass in der Welt des Lebendigen immer eine Wildheit im Wartestand steckt. Wie Darwin deutlich gemacht hat, sind Form und Verhaltensweisen von Tieren im Laufe der Zeit einem ständigen Wandel unterworfen. Darwin verstand zwar die Mechanismen nicht, er wusste aber, dass die biologische Welt dazu neigt, sich ständig und auf unvorhersehbare Weise zu verändern. Diese Neigung wird sie auch in einem synthetischen Zeitalter mit Sicherheit behalten. Biologische Systeme werden immer den Zufallsmutationen unterworfen sein, die das Phänomen der Abstammung begleiten. Diese verbliebene

Unvorhersagbarkeit wird dafür sorgen, dass ökologische Ingenieure der Zukunft aller Wahrscheinlichkeit nach so manche unangenehme Überraschung erleben werden.

***

So provokativ solche Überlegungen über die Wiederauferstehung von Arten auch sind, eine ebenso faszinierende, von der Genomforschung angeregte Diskussion dreht sich um die Sequenzierung der DNA des Neandertalers, eines engen Verwandten der modernen Menschen, der nach heutiger Kenntnis vor ungefähr 40.000 Jahren ausgestorben ist. Der schwedische Wissenschaftler Svante Pääbo war durch den Erfolg des Human-Genomprojekts fasziniert, interessierte sich aber für ausgestorbene Hominiden stärker als für lebende. Deshalb leitete er Anfang der 2000er-Jahre am Max-Planck-Institut für evolutionäre Anthropologie in Leipzig eine Studie zur vollständigen Sequenzierung des Neandertalergenoms. Die Wissenschaftler veröffentlichten ihre Befunde 2010 in Form eines ersten Entwurfes des Neandertalergenoms; drei Jahre später ließen sie eine detailliertere Analyse folgen.

Wie Pääbo herausfand, besitzen die meisten heutigen Menschen – mit Ausnahme der Afrikaner – in ihrem Genom 1 bis 4 % Neandertaler-DNA. Während der rund 20.000 Jahre, in denen Jetztmenschen und Neandertaler sich die Landschaft in Europa und Asien teilten, gab es also eine ganze Reihe speziesübergreifender Liebesbeziehungen. Und manche Gensequenzen der Neandertaler erwiesen sich als so vorteilhaft, dass sie auch bei den Jetztmenschen bis heute von der Selektion begünstigt wurden.

Derzeit verfolgt Pääbo das Ziel, die Genome von Jetztmenschen und Neandertalern zu vergleichen, um so besser zu verstehen, warum wir anders sind und was uns im Gegensatz zu ihnen in die Lage versetzte, am Ende zur beherrschenden Spezies zu werden. In einem zukünftigen

Schritt könnte man dann auf der Grundlage einer solchen vergleichenden Analyse und mit der CRISPR-Redaktionsmethodik das vollständige Genom des Neandertalers mit seinen 4 Milliarden Basenpaaren aus einem Genom eines Jetztmenschen rekonstruieren. Wenn es soweit ist, wird man einige weitreichende ethische Entscheidungen treffen müssen.

Die Methodik des somatischen Zellkerntransfers, mit der man ausgestorbene Tiere wie das Wollhaarmammut und den Pyrenäensteinbock wieder lebendig machen will, lässt sich im Prinzip auch auf die Neandertaler anwenden. Wenn wir uns entschließen, in dieser Richtung weiterzuarbeiten, ist es keine Frage, wer die Ersatzeltern sein würden. Das Wollhaarmammut wieder lebendig zu machen, wäre zwar spannend, aber der Gedanke, Neandertaler wieder zum Leben erwecken, fühlt sich ganz anders und viel beunruhigender an.

Zweifellos würden wir zögern, diesen Schritt zu vollziehen. Neben allen philosophischen Fragen, die er aufwirft, sind beträchtliche praktische Überlegungen zu berücksichtigen. Wie würde man mit den Einzelheiten umgehen? Soll eine Aufforderung an eine abenteuerlustige Frau ergehen, damit sie sich Neandertaler-DNA in eine ihrer entkernten Eizellen einpflanzen lässt? Oder soll man zwei Menschenembryonen veränderte Keimzellen injizieren, damit sie zu Chimären werden, die später gemeinsam einen Neandertaler zeugen können? In beiden Fällen würde das so entstandene Kind ein Leben führen, wie man es sich seltsamer kaum vorstellen kann – es wäre vom Rest seiner Spezies durch rund 40.000 Jahre der Hominidengeschichte getrennt.

***

Die Notwendigkeit, Entscheidungen darüber zu treffen, *welche* Spezies *wo* in einer vom Klima belasteten Welt gerettet werden soll, besteht schon heute. Für Arten, die wie die Weißstämmige Kiefer und die Stierforelle an kaltes Klima angepasst sind, steht das Menetekel vielleicht bereits an der Wand. Schon jetzt haben wir zu viel verändert, als dass wir uns noch vorstellen könnten, eine unberührte natürliche Ordnung werde getreu ihrem früheren Zustand intakt bleiben. Selbst ohne die bereits eingetretenen Veränderungen müssen wir angesichts der sicheren Aussicht auf zukünftigen Klimawandel schmerzhafte Entscheidungen darüber treffen, welche Arten wir durch unsere Investitionen retten wollen. Ebenso müssen wir entscheiden, welche Anpassungsmethoden akzeptabel sind.

In manchen Fällen wird die Rettung einer Art nicht möglich sein, wenn man nicht einzelne Tiere in der Gefangenschaft kreuzt und anschließend umsiedelt. Ebenso könnte es notwendig sein, klimatolerantere Ökosysteme aufzubauen und dazu gewissenhaft unterschiedliche Kombinationen lebendiger und unbelebter Elemente zusammenzustellen, um so einen Puffer gegen sich wandelnde Bedingungen zu schaffen. Wenn man beispielsweise die Biber in geeigneten Regionen wieder ansiedelt, kann sich die Wasserspeicherung in trockenen Ökosystemen während der heißen Sommermonate verbessern. In einer klimabelasteten Welt müssen wir uns auf ein neues Niveau der ökologischen Technik einlassen, um so eine Umgebung zu schaffen, die den Naturschutzzielen entgegenkommt. Auch die Veränderung der DNA wilder Arten mithilfe des *gene drive* könnte nicht nur humanitär, sondern auch für den Naturschutz einen gewissen Reiz haben. Das nächste Neuland, über dessen Erkundung wir entscheiden müssen, ist die Wiederbelebung ausgestorbener oder sogar die Konstruktion ganz neuer Arten mithilfe der Genomtechnologie.

In allen diesen Fällen wenden wir uns gegen den Gedanken, die Natur sei unser heiliges, angestammte

Erbe. Wie bei anderen Technologien des synthetischen Zeitalters, so geben wir uns auch hier nicht mit dem zufrieden, was wir um uns herum vorfinden. Wir bauen die Natur neu, wie wir es für richtig halten. Diese Rolle bewusst und im globalen Maßstab anzunehmen, ist für unsere Spezies völliges Neuland. Noch einige Jahre lang werden wir die Gelegenheit haben, gemeinsam darüber zu entscheiden, welche Teile dieser Zukunft wir uns wünschen und welche wir vielleicht ablehnen. Wenn über solche Themen nicht aufrichtig und offen gesprochen wird, bleibt nur noch eine einzige interessante Frage: Wie weit und wie rücksichtslos werden wir auf diesem bisher unbeschrittenen Weg gehen?

7

Die evolutionäre Kraft der Städte

Nanotechnologie, synthetische Biologie, unterstützte Migration und Wiederauferstehung verschwundener Arten – sie alle werden wohl der natürlichen Ordnung der Dinge auf immer tieferen Ebenen die Entwürfe der Menschen aufzwingen. Die genannten Technologien sind besonders augenfällige Beispiele für das, was ein synthetisches Zeitalter mit sich bringen könnte. Sie greifen tief in den Stoffwechsel unseres Planeten ein und gestalten seine Funktionen in erheblichem Umfang entsprechend unserer Planung neu. Solche rasch wachsenden Möglichkeiten, die Natur auf einer ganz grundsätzlichen Ebene umzugestalten, legen uns eine neue Macht in die Hände und verlangen „eine außergewöhnliche Verschiebung der Wahrnehmung", wie die australische Wissenschaftsautorin Gaia Vince es formulierte.

Aber nicht immer erfordert das Neuland, das wir heute betreten, dramatische neue Methoden. Andere Phänomene, die auf eine neue Phase der Erdgeschichte hindeuten, sind

© Springer-Verlag GmbH Deutschland, ein Teil von
Springer Nature 2019
C. J. Preston, *Sind wir noch zu retten?*,
https://doi.org/10.1007/978-3-662-58190-2_7

uns besser vertraut und laufen allmählicher ab; verursacht werden sie nicht durch beunruhigende neue technische Entwicklungen, sondern durch die gesammelten Folgen von Trends, die schon seit einiger Zeit im Gange sind. Bei diesen Veränderungen handelt es sich in manchen Fällen um nicht mehr als das zwangsläufige Produkt unserer Eigenschaften als hart arbeitende, soziale Hominiden. Sie sind weniger technischer Natur und viel banaler. Aber auch wenn sie keine neuen Entwicklungen aus nanotechnologischen oder molekularbiologischen Labors voraussetzen, sind sie nicht weniger umwälzend. Ein eindringliches Beispiel für ein solches Phänomen ist die Urbanisierung.

Irgendwann im Jahr 2007 ließ ein Säugling, der in einer Stadt irgendwo auf der Erde geboren wurde, den Anteil der in Städten lebenden Menschen auf über 50 % ansteigen. Obwohl Städte nur 2 bis 3 % aller Landflächen in Anspruch nehmen, wohnt dort heute mehr als die Hälfte der Menschheit. Ein Zurück gibt es nicht mehr. Der Zustand des Menschen ist heute unausweichlich und immer stärker der Zustand des Stadtbewohners.

Die Evolution unserer Spezies hat sich in den Savannen Afrikas abgespielt. Nahezu 200.000 Jahre lang lebten unsere Vorfahren in Gras- und Strauchlandschaften, wo sie jagten und sammelten und sich ihre Unterkünfte aus Tierhäuten, Holz und Gräsern bauten. Sie waren den Launen der Natur unterworfen und ständig auf der Wanderschaft. Während Eis, Wasser und andere Schranken für ihre Wanderneigung kamen und gingen, breiteten sie sich in neue Kontinente aus. Irgendwann wurden sie sesshaft, bauten Nutzpflanzen an und bildeten allmählich immer größere Menschenansammlungen, die verschiedene Vorteile hatten: Menschen konnten sich gegenseitigen schützen, effizienter arbeiten und vielleicht auch – so könnte man hoffen – die Annehmlichkeiten guter Gesellschaft genießen. Während des allergrößten Teils unserer Geschichte waren wir eine Spezies, die den

Staub unter ihren Füßen wahrnahm, die Veränderungen von Wetter und Jahreszeiten im wahrsten Sinne des Wortes hautnah spürte und sowohl den Insekten als auch anderen Tieren, mit denen sie die Landschaft teilte, von Angesicht zu Angesicht gegenüberstand. Dieser ständige Kontakt mit einer lebendigen, atmenden Welt prägte unsere Vorfahren und sorgte für die Selektion einer charakteristischen Physiologie, bestimmter definierender Verhaltensweisen und Neigungen, aber auch einer ganz bestimmten Geisteshaltung.

Seit der Geburt jenes Stadtkindes im Jahr 2007 ist der *Homo sapiens* zu einer Spezies geworden, die den Lebensraum ihrer Evolution verlassen hat. Zunehmend wird das Stadtleben für unsere Spezies zur Norm. Im Jahr 1800 lebten nur 2 % der Bevölkerung in Städten. Bis 1900 war der Anteil auf 15 % gewachsen, und bis 2050 wird er 80 % erreichen. Die Menschen besetzen zunehmend eine ökologische Nische, die ihnen aufgrund ihrer Evolution nicht vertraut ist – die sensorischen und physikalischen Dimensionen eines Lebens, in dem der tägliche Kontakt mit der Natur das Normale war, wurden durch eine ganze Reihe vollkommen anderer Erfahrungen ersetzt.

Die Bedeutung dieses Wechsels vom Land- zum Stadtleben sollte man nicht unterschätzen. Beton und Verkehr, Straßenecken im Winkel von 90 Grad, Kneipen, Sirenen, Glas und Straßenlampen üben zunehmend den beherrschenden Einfluss auf unsere Sinne aus. Menschenmassen, die in Autos und Bussen, zu Fuß und auf Skateboards an uns vorüberhasten, schaffen eine erbarmungslose, oftmals aber auch fröhliche städtische Kakophonie. Mehr als 500 Milliarden Tonnen Beton bedecken heute die Erdoberfläche, das entspricht ungefähr einem Kilogramm auf jedem Quadratmeter der Land- und Meeresflächen unseres Planeten. Die Orte, an denen wir den größten Teil unserer Zeit verbringen, wurden nicht von Evolutionskräften aufgebaut, sondern von Stadtplanern und Entscheidungsträgern in

Unternehmen. In dieser neuen Normalität gesellen sich allerlei Ratten und Waschbären zu uns, Küchenschaben und Krähen, Füchse und andere Stadttiere: Sie alle sind opportunistisch und versuchen, die neu aufgebaute Welt des Betons auszubeuten. Auch wenn wir von der Evolution nicht dafür selektioniert wurden, ist die Stadt heute der Ort, an dem der größte Teil unserer Spezies wohnt. Der *Homo sapiens* ist zum *Homo urbanus* geworden.

Viele Aspekte der Urbanisierung sind höchst wünschenswert. Städte bieten häufig eine erhebliche Freiheit von der Knochenarbeit, die sich meist mit dem Leben auf dem Land verbindet. Sie bietet neue Möglichkeiten für Wohlstand und nahezu unbegrenzte Gelegenheiten, Gesellschaft zu finden. Sie begünstigt künstlerische Tätigkeit und bietet Anregung durch die große Zahl der Menschen und die vielfältigen Charaktere, die häufig an einem typischen Tag in der Stadt farbenprächtig an uns vorüberflanieren. Wegen ihrer Bevölkerungsdichte schaffen Städte auch eine neue Effizienz, die in Vorstädten und auf dem Land nicht zu erreichen ist. Das Stadtleben ist attraktiv, weil seine Anonymität für diejenigen, die einer problembelasteten Vergangenheit entkommen wollen, eine Zuflucht bietet. Außerdem bietet es unter Umständen eine zweite Chance für all jene, die beim ersten Mal auf die Nase gefallen sind.

Dass wir eine höchst anpassungsfähige Spezies – vielleicht die anpassungsfähigste überhaupt – sind, ist kaum zu bezweifeln. Deshalb empfinden nur die wenigsten von uns bewusst, was für einen gewaltigen Bruch mit unserer Evolutionsvergangenheit wir vollzogen haben. Aber trotz aller offenkundigen Verlockungen bleibt der *Homo sapiens* in der Stadt bis zu einem gewissen Grade ein deplatzierter Primat. Was unsere Gene betrifft, leben wir in einer fremdartigen Welt. Phobien vor Schlangen, die aus Toilettenschüsseln kriechen, vor Kojoten, die Kinder vom Roller schnappen, oder vor Krankheiten, die in die städtische

Trinkwasserversorgung einsickern, offenbaren den Ort unserer biologischen Wurzeln. Endlose Stammtischdiskussionen über Rekordschneestürme oder erstickende Hitzewellen machen deutlich, welche Macht die Vorstellung von einer rohen Natur nach wie vor über den Geist der Städter hat. Die Unterstützung für den Umweltschutz, die man in den Ballungsräumen der Industrieländer findet, lässt auf eine tief sitzende Zuneigung zu einer Vergangenheit schließen, die nach und nach dahinschwindet. Der Schatten der Wildnis sucht weiterhin auch die Psyche des eingefleischtesten Stadtbewohners heim.

Parallel zu den verpflanzten Menschen verändern sich auch die Verhaltensweisen und Genome opportunistischer Arten, die sich schnell fortpflanzen, sodass auch sie besser in das städtische Umfeld passen. Bei Schwalben, die in Städten wohnen, entwickeln sich kürzere Flügel, mit denen sie dem Verkehr besser entgehen können. Motten nehmen andere Farbmuster an, sodass sie sich in ihrem neuen Betonlebensraum besser tarnen können. Evolutionskräfte machen stadtbewohnende Mäuse in verschiedenen Stadtparks zu getrennten Unterarten, sodass sie mit ihren Vettern, die ein paar Häuserblocks weiter wohnen, keine Gene mehr austauschen können. Spatzen und Stare haben die Tonhöhe ihrer Rufe gesteigert, um ein Gegengewicht zu der städtischen Geräuschkulisse zu schaffen. Das städtische Umfeld drängt nicht nur den *Homo sapiens* in neue Richtungen, sondern auch alle anderen Bestandteile der Lebenswelt. Angesichts der vielen positiven Beiträge, die ein solcher städtischer Entwicklungsweg für die Menschheit leistet, gibt es möglicherweise keinen Anlass, darüber zu klagen. Aber zweifellos sorgt er für einen unaufhaltsamen Wandel in unserem eigenen Wesen wie auch in dem der Arten, die mit uns zusammenleben.

***

Ein zweiter, damit zusammenhängender Faktor des evolutionären Wandels ist die fortschreitende Verbannung der Dunkelheit aus der Welt durch elektrisches Licht. Paul Bogart beschrieb eindringlich sein tiefes Bedauern über das „Ende der Nacht". Er weist darauf hin, dass echte Dunkelheit durch die Verbreitung der Elektrizität in vielen Teilen der Welt der Vergangenheit angehört. Das Fehlen der Nacht hat beträchtliche biologische Auswirkungen. Übermäßige Beleuchtung beeinträchtigt die natürlichen Rhythmen, die während Jahrmillionen der ständigen Rotation unseres Planeten um seine Achse entstanden sind.

Die ersten Fotos der Erde, die von Astronauten auf dem Weg zum Mond aufgenommen wurden, zeigten einen spektakulären blauen Edelstein vor einer sternenübersäten Weite. Alle Menschen, die das Glück hatten, unseren Planeten aus dieser Perspektive sehen zu dürfen, veränderten sich. Edgar Mitchell prägte für seinen Eindruck die denkwürdige Formulierung von „einer kleinen Perle in einem großen Meer des schwarzen Geheimnisses". Die Endlichkeit des Planeten, seine wirbelnde Schönheit und seine offenkundige Zerbrechlichkeit vermittelten unserer Spezies das erste klare Gespür dafür, dass wir im Sternenmaßstab unbedeutend sind. Norman Cousins merkte später an: „Das Bedeutsamste an der Reise zum Mond war nicht, dass ein Mensch den Fuß auf unseren Trabanten setzte, sondern dass er seinen Blick auf die Erde richtete."

Neuere Fotos der nächtlichen Erde zeigen eine Perle, die zunehmend von einem Spinnennetz aus gelbem Licht überzogen ist. Es geht von den Städten und den zwischen ihnen verlaufenden Transportwegen aus. Die Welt ist heute umfassend erleuchtet. Da elektrisches Licht allgegenwärtig ist, bricht in immer weniger Teilen unseres Planeten echte Dunkelheit herein. Strom wird durch Glühdrähte, die Gase von Leuchtstoffröhren und Milliarden Licht aussendende Dioden geleitet, und durch diesen elektrischen Eindringling wird die Dunkelheit immer weiter aus der Landschaft verdrängt. Künstliches Licht strahlt kilometerweit über seinen beabsichtigten Bestimmungsort hinaus durch die Luft, und die Diffusionsrate, die sich dadurch ergibt, übertrifft bei Weitem alles, was Bulldozer und Bagger, die seine Verbreitung möglich machen, erreichen könnten.

Bevor Thomas Edison die erste kommerziell verwertbare Glühbirne konstruierte, stammte nächtliche Beleuchtung ausschließlich von Flammen, die durch unvollkommene Quellen genährt wurden, so durch Holz, Waltran, Paraffin oder Erdgas. Licht aus solchen Quellen tanzte unberechenbar und wurde stets durch den Rauch der unvollständigen Verbrennung getrübt. Die Ausbreitung des Lichtes wurde durch die verfügbaren Brennstoffe, die Umweltbedingungen und einen grundlegenden Mangel an Verbreitung begrenzt. Noch heute fühlen sich viele Menschen durch das Licht einer flackernden Flamme angezogen, und sie lassen es mit Holz oder Wachs aufleben, wenn sie in Erinnerungen schwelgen oder Orte der Intimität schaffen wollen.

Als das begrenzte Licht, dass solche Flammen warfen, durch die Glühbirnen überflügelt wurde, veränderte die Nacht ihre Farbe: Aus einem tiefen Pechschwarz wurden verschiedene Schattierungen von Orange, Gelb und Weiß. Die ungehinderte Ausbreitung vieler Megawatt an ungenutztem Licht in den Nachthimmel führte dazu, dass sich heute über jedem Ballungsraum eine fahle Lichtkuppel erhebt. Dieses Glimmen über den Städten verschwindet selbst dann nicht, wenn die meisten Bewohner sich schlafen gelegt haben. Bogard zitiert einen Autor vom Volk der Irokesen, der ihm sagte: „Wir haben die Nacht, damit die Erde sich ausruhen kann." Als die Elektrifizierung sich rund um die Welt verbreitete, verminderte sich das Maß der Ruhe, das der Erde zur Verfügung stand. Dieser Verlust für unseren Planeten scheint zunehmend auch zu unserem eigenen Verlust zu werden.

Der menschliche Organismus unterliegt einem natürlichen Tagesrhythmus. Solche Rhythmen sind eine Anpassung an das zu- und abnehmende Licht während der täglichen Drehung der Erde. Die Evolution hat solche Muster tief in unser Inneres eingepflanzt. Der Tagesrhythmus hat Auswirkungen auf die Hormonproduktion, die Regulation der Körpertemperatur, den Blutdruck und andere entscheidende Funktionen. Auch Pflanzen, Tiere, Cyanobakterien und Pilze kennen ähnliche Rhythmen, die für sie ebenfalls eine evolutionäre Anpassung an den Auf- und Untergang der Sonne darstellen. Blätter wenden sich zur Sonne und fallen im Herbst ab, Blütenblätter öffnen und schließen sich täglich, Tiere ruhen sich aus, und auch die Geschwindigkeit, mit der Bakterien den Stickstoff fixieren, reagiert unmittelbar auf die immer wiederkehrende, vorhersagbare Veränderung der Lichtmenge. Wenn die Verteilung von Licht und Dunkelheit sich ändert, müssen die Lebewesen sich schnell darauf einstellen oder einen entsprechenden Preis bezahlen.

Denken wir nur einmal daran, dass mehr als ein Fünftel aller Säugetierarten Fledermäuse sind. Neben diesen allgemein bekannten Liebhabern einer dunklen Welt sind auch 60 % der Wirbellosen und 30 % der Wirbeltiere nachtaktiv. Demnach hat sich eine große Zahl der Lebensformen, die den Planeten mit uns teilen, während ihrer Evolution so entwickelt, dass Dunkelheit ein unentbehrlicher Faktor für ihr Wohlbefinden ist. Und ein großer Anteil der Arten, die nicht ausschließlich nachts ihre Aktivität entfalten, sind dämmerungsaktiv – auch dieses Wort beschreibt sehr zutreffend die heimliche und teilweise verborgene Aktivität, die sich im Zwielicht abspielt.

Auf alle diese Arten wirkt sich die Helligkeit aus, die auf vielen Teilen des Planeten die Dunkelheit verdrängt hat. Die vielleicht bekanntesten Opfer der künstlichen Beleuchtung sind die Meeresschildkröten, die aus der Brandung auftauchen und sich wegen des Flutlichts am Strand nicht mehr am Mond orientieren können. Aber nicht nur die Schildkröten, sondern auch Millionen andere Arten verändern ihre Verhaltensmuster, um sich auf eine zunehmend beleuchtete Umwelt einzustellen.

Wanderfalken zum Beispiel passen sich an das Neuland des Lebens in der Stadt an, indem sie herausfinden, wie man dort nachts Tauben, Enten und Fledermäuse jagen kann. Zu der nächtlichen Jagd gehört nicht mehr das 300 Stundenkilometer „Herabstoßen" von oben, das die Falken als schnellste Vögel auf Erden berühmt gemacht hat. Wegen des Lichts in der beleuchteten Stadt bedienen sie sich eines neuartigen Hinterhalts. Die Falken fliegen in Richtung des beleuchteten Bauches ihrer arglosen Beutetiere aufwärts, drehen sich in der letzten Sekunde und stoßen ihre tödlichen Klauen in die gefiederte Brust des unglückseligen Opfers. Wie der *Homo sapiens,* so passen sich auch die Wanderfalken an die Stadt an und erkunden neue Wege, um zu leben, sich zu ernähren und sich auszuruhen, obwohl ihre Umwelt nicht mehr der ähnelt, auf die ihre Gene sie vorbereitet haben.

Bogard macht sich Sorgen, weil die Frage, welche gesundheitlichen Auswirkungen die Störung des Tagesrhythmus auf die Menschen hat, noch kaum erforscht ist. In den Industrieländern sind bis zu 20 % aller Arbeitskräfte in Dienstleistungsbereichen tätig, in denen die Mitarbeitenden während eines großen Teils der Nacht wach sein müssen. Zu den Menschen, die derart belastet sind, gehören Schichtarbeiter wie Pförtner, Krankenpflegerinnen und alle, die in rund um die Uhr laufenden Produktionsbetrieben tätig sind. Wenn sie in der Nachtschicht arbeiten, holen sie die Stunden an Schlaf, die ihnen nachts entgangen sind, nur in den wenigsten Fällen tagsüber nach.

Ein bemerkenswertes Indiz dafür, dass das Ende der Nacht weitreichende Folgen hat, lieferte die internationale

Forschungsagentur der Weltgesundheitsorganisation 2007 im Zusammenhang mit Krebserkrankungen: Danach ist „Schichtarbeit, die den Tagesrhythmus beeinträchtigt, für Menschen wahrscheinlich karzinogen".[1] Man nimmt an, dass dies mit einer beeinträchtigten Produktion des Hormons Melatonin zu tun hat, derzeit ist das allerdings kaum mehr als eine Vermutung. Aber dass der menschliche Organismus in einer tief greifenden biologischen Verbindung mit dem Tagesrhythmus der Erde steht, sollte uns nicht wundern.

Zu der wachsenden Zahl lokaler und nationaler Organisationen, die sich in den Vereinigten Staaten Sorgen um den Verlust der Dunkelheit machen, gehört auch die Nationalparkbehörde. Sie hat ein „Nachthimmelteam" geschaffen, das auf die Bedeutung der Dunkelheit als neuartige Ressource aufmerksam machen soll; mit unwiderleglicher Logik und staatlicher Billigung weist sie darauf hin, dass „der halbe Park nach Einbruch der Dunkelheit stattfindet". Im Jahr 2006 setzte sich die Nationalparkbehörde das Ziel, in den Parks die natürlichen Lichtverhältnisse zu bewahren, und beschrieb das Vorhaben in ethischen Formulierungen als „Ressourcen und Werte, die in Abwesenheit des von Menschen verursachten Lichtes vorhanden sind". Künstliches Licht gilt heute als „Eingriff" in das Ökosystem des Parks, was darauf schließen lässt, dass die Unterscheidung zwischen Künstlichem und Natürlichem nicht vollkommen unsinnig ist.

Auch die Astronomen sind natürlich alles andere als glücklich. Die von den Städten ausgehende Lichtverschmutzung macht es immer schwieriger, optimale Bedingungen für die Sternbeobachtung zu finden. Diese Sorge haben nicht nur wenige Profis mit großem Budget. Astronomie dürfte eine der beliebtesten Beschäftigungen der Welt sein – sie wird von promovierten Wissenschaftlern mit millionenschweren Teleskopen ebenso betrieben wie von Fünfjährigen, die sich Mühe geben müssen, nicht umzufallen, wenn sie den Hals in Richtung der Wunder des Nachthimmels recken. Den Mond und die Sterne über sich zu sehen, gehört zu den eindringlichsten Erlebnissen der Menschen. Wie kürzlich festgestellt wurde, kann mehr als ein Drittel der Weltbevölkerung die Milchstraße wegen der Lichtverschmutzung nicht mehr erkennen. „Wenn wir die Milchstraße nicht sehen", fragt Bogard (wobei er Bill Fox zitiert), „… wie sollen wir dann unseren Platz im Universum kennen?".

Die Urbanisierung und die Ausbreitung des künstlichen Lichtes verändern nicht nur unser eigenes Leben, sondern das aller biologischen Arten. Der Wandel spielt sich allmählich ab – in Surat wird wieder einmal ein Kind geboren, im Sudan wieder einmal eine Straßenlampe aufgestellt. Aber in der Summe schaffen diese winzigen Veränderungen für alle Lebewesen eine grundlegend neue Realität. Und obwohl es sich bei den Veränderungen um die allmähliche Folge von Millionen Entscheidungen einzelner, nicht durch Sprache oder Ideologie verbundener Menschen handelt, sind ihre Folgen nicht weniger bedeutsam.

Neben den wachsenden Städten und dem leuchtenden Nachthimmel stehen auch andere geringfügige Veränderungen im Raum. Die Luft, die uns umgibt, ist heute voller elektromagnetischer Wellen, Trägern der Information, die bei Handyanrufen, einer Internetsuche oder einem Abend mit Streamingmedien übertragen werden. Die scheinbare Stille der Luft wird zunehmend zur Illusion. Das unberührbare Medium, das die Flügel eines Raubvogels trägt und unsere Haut umgibt, strotzt von der Energie millionenfacher, von Menschen gemachter Nachrichten, die durch die nahezu eine Milliarde täglich hergestellten Transistoren verarbeitet werden.

Auch die Ozeane bleiben von dieser energetischen Neugestaltung der Erde nicht ausgenommen. Da das

Meerwasser durch die Aufnahme von Kohlendioxid aus der Atmosphäre immer saurer wird, nimmt die Fähigkeit der Ozeane, Geräusche mit geringer Frequenz zu dämpfen, ab. Wenn wir also fossile Brennstoffe verfeuern, wandern Geräusche als unmittelbare Folge unter Wasser über größere Entfernungen. Deshalb sind die Ozeane zunehmend mit einem wachsenden Durcheinander von Geräuschen durchtränkt. Meereslebewesen wie Delfine und Wale, die stark auf akustische Signale angewiesen sind, werden durch solche Veränderungen der Resonanzeigenschaften mehr und mehr in ihrer grundlegenden Kommunikation eingeschränkt. Gleichzeitig kann durch das Abtauen des Meereises mehr Sonnenlicht in die oberen Schichten der Ozeane vordringen und schafft dort eine Welt, die für die Bewohner der Gewässer des Nordens sowohl heller als auch lauter ist.

Die Veränderungen unseres Planeten reichen auch bis in große Höhen. Das dünne Band des Weltraums, das unmittelbar oberhalb unserer Atmosphäre liegt, wird jetzt von tonnenschweren Metall- und Siliziumgegenständen durchschnitten, funktionierenden und ausgedienten Satelliten. Die NASA verfolgt jedes Jahr mehr als 500.000 Stücke Weltraumschrott, von denen viele mit mehr als 30.000 Stundenkilometern durchs All rasen. Astronauten, die heute den blauen Edelstein vom Weltraum aus fotografieren wollen, müssen diesen kreisenden Geschossen ausweichen. Zusammen mit ihren erdgebundenen Betreuern müssen sie sorgfältig planen, um eine katastrophale Kollision mit Trümmerstücken zu vermeiden.

In allen diesen Fällen hat sich die Welt Stück für Stück gewandelt. Sie ist zunehmend von den Folgen unserer Tätigkeiten und unserer Technologie durchsetzt. Der Gedanke, es gebe immer einen endlosen blauen Himmel, eine pechschwarze Nacht, einen stillen Ozean oder die unendliche Leere des Weltraums, ist zunehmend eine ferne Erinnerung. Die Veränderungen reichen so tief, dass selbst die natürliche Selektion rapide zu etwas Unnatürlichen wird.

Diese allmählichen, unausweichlichen, durch kleine Entscheidungen verursachten Veränderungen, die sich über unzählige Orte rund um die Welt verteilen, sind in mancherlei Hinsicht heimtückischer als solche, die auf dramatische neue Technologien zurückzuführen sind. Ihre Gründe verteilen sich auf Milliarden von Menschen, und die daraus erwachsenden Veränderungen sind fast nie beabsichtigt. Niemand hatte vor, die Ozeane durch das Verfeuern fossiler Brennstoffe geräuschvoller zu machen oder die Luft mit elektronischen Signalen zu füllen. Niemand, der einen Wettersatelliten gestartet hat, wollte den erdnahen Weltraum zu einem wirbelnden Mixer voller rasender Metallteile machen. Wie viele Folgen, die das Streben nach einem besseren Leben für unseren Planeten hatte, so haben sich auch diese Auswirkungen nicht durch den gezielten bösen Willen irgendeines Menschen eingeschlichen. Und doch wachen wir heute in einer Welt auf, die unabsichtlich von den Menschen geprägt wurde. Es ist eine beleuchtete, verdrahtete und zunehmend urbane Welt, und in ihr zu leben, müssen wir ebenso lernen wie die anderen Arten in unserem Umfeld.

Gaia Vinces Überlegungen zu dieser neuen Phase der Erdgeschichte hören sich so an, als hätte sie sich mit der neuen Normalität abgefunden. Sich nach der Vergangenheit des Holozän zu sehnen, so schreibt sie, sei Zeitvergeudung. Nach ihrer Auffassung lautet eine der wichtigsten Lektionen, die wir lernen müssen: Wir sind nicht mehr in der luxuriösen Lage, dass wir uns unserer neuen Rolle verweigern oder unsere neue Umgebung ablehnen könnten. Stattdessen müssen wir Entscheidungen darüber treffen, wie wir unsere Umgebung gezielt und leidenschaftslos formen wollen. Sie räumt aber ein, dass wir nur über wenige Hilfsmittel verfügen, die uns bei solchen Entscheidungen als Leitfaden dienen könnten. Die Fülle der globalen Veränderungen hat vollkommen unbekannte Herausforderungen für das wissenschaftliche, kulturelle und religiöse Denken geschaffen, an dem wir uns bisher, was unseren Platz in der Welt angeht, orientieren konnten. Obwohl wir also philosophisch in der Luft hängen, ist Vince nach wie vor überzeugt, dass das Wesen unserer Zeit uns keine andere Wahl lässt, als kühn in die Rolle von „Herren unseres Planeten" zu schlüpfen.

Die Alternative zwischen den Visionen von „Herren des Planeten" oder „seine einfachen Mitglieder und Bewohner" ist der ständige Gegenstand des ökologischen Denkens. Eine starke Vorliebe für die zweite Möglichkeit war für Aldo Leopold vor einem Dreivierteljahrhundert die Triebkraft, um nach einer ländlichen Ethik zu streben. Der Zusammenhang war zu Leopolds Zeit zweifellos ein anderer, und ihm standen nicht so gezielte Hilfsmittel zur Verfügung. Noch hatten weniger Veränderungen stattgefunden, und wir hatten deutlich weniger technisches Potenzial in den Händen. Noch waren wir nicht in der Lage, so tief in die Funktionen unseres Planeten einzugreifen wie heute.

Aber obwohl mittlerweile viel Zeit vergangen ist, sind Vinces Vorstellungen von der unvermeidlichen Notwendigkeit, die Herren zu werden und leidenschaftslos vorzugehen, alles andere als befriedigend. Wir *könnten* uns entscheiden, das Bedauern zu empfinden, das Vince sich selbst nicht zugesteht. Wir *könnten* uns entschließen, Dinge anders zu machen. Im Gegensatz zu den Cyanobakterien, die unsere Erde formten und eine bewohnbare Atmosphäre schufen, weil sie in den Regionen des Archaeons und Proterozoikums erstmals Sauerstoff verfügbar machten, besitzen wir Menschen die Fähigkeit, uns umzusehen und über die von uns verursachten Veränderungen nachzudenken. Wir können uns fragen, wie weit wir den Planeten manipulieren wollen, und wir können eine durchdachte Entscheidung über die Frage treffen, wie synthetisch unsere Umwelt sein soll. Wir können abwägen, welchen Wert wir der Idee beimessen, dass manche Teile der Natur von uns unabhängig bleiben müssen.

Für uns wäre es die größte Tragödie, wenn alle diese Entscheidungen über uns von Marktkräften getroffen würden, ob mit oder ohne unsere Mitwirkung. Zu behaupten, in den Marktkräften würden sich einfach die Wünsche der Menschen widerspiegeln, ist ein schreckliches Missverständnis in Bezug auf den technischen Wandel. Märkte bewegen sich in Kanälen, die denen, die wissen, wie man sie ausnutzt, den größten Lohn versprechen. Entscheidungen über solche Kanäle werden nicht vor dem Hintergrund der Bedürfnisse oder Interessen der Öffentlichkeit getroffen. Vielmehr sind es opportunistische Entscheidungen, und ihre Basis sind die finanziellen Aussichten.

In seinem Werk *Walden* erklärt Henry David Thoreau, wir seien reich im Verhältnis zur Zahl der Dinge, die wir sich selbst überlassen wollen. Bill McKibben berief sich eineinhalb Jahrhunderte später auf Thoreau, als er uns aufforderte, über bestimmte Formen der Technologie zu sagen: „Genug!" Wenn unsere Spezies die Vorstellung, bestimmte Teile der Natur und erst recht die *natürliche* Evolution, den Himmel und das Land mancher Regionen in Ruhe zu lassen, vollständig aufgibt, ist das Spiel des Naturschutzes, das seit Thoreau das Motiv des Umweltschutzes war, vorüber. Mit dem Ende dieses Spiels gibt man auch den Gedanken auf, unsere Verbindung zur Natur solle zum Teil eine Beziehung der Unterwerfung und Beschränkung sein. Damit wird ein ethisches Bindeglied, das uns Orientierung gegeben hat, abrupt aus seiner Verankerung gerissen.

Wenn es soweit ist, gibt es für die Veränderungen, zu denen wir uns berechtigt fühlen, kaum noch Grenzen.

Wenn wir von allen Beschränkungen befreit sind, haben wir keinen Grund mehr, uns zurückzuhalten. Dann wird unser Blick wahrscheinlich aufwärts wandern und nicht nur die formbare, sich stets wandelnden Umwelt einschließen, die uns an Land umgibt, sondern auch den Himmel, der uns von oben einhüllt. Als nächster logischer Schritt in dem sich rapide erweiternden Bereich des Plastozäns wird sich die Manipulation der Atmosphäre anbieten.

8

Die Sonne abschirmen

Spätestens seit dem Augenblick an, als der frühere US-Vizepräsident Al Gore mit einem Laserpointer auf dem Podium stand, auf alberne Grafiken zeigte und ein wenig hölzern den Kommentar zu seinem 2006 erschienenen Dokumentarfilm *Eine unbequeme Wahrheit* sprach, war allgemein klar, dass der Klimawandel die Menschheit vor ein gewaltiges wirtschaftliches und moralisches Dilemma stellt. Wenn Menschen das Klima verändern, in dem sie leben, spielt sich im wahrsten Sinne des Wortes eine Weltveränderung ab. Jeder Zentimeter unserer Welt wandelt sich. Der Himmel über uns ist nicht mehr einfach „der Wohnort der Götter", sondern er wird zu unserem Produkt. Und wenn sich das Klima ändert, ändert sich alles.

Wie ernst der Klimawandel ist, wurde nur langsam klar. Während des größten Teils des Holozäns stellte das Kohlendioxid in der Atmosphäre nur einen Anteil von 0,028 %. Hätte man sämtliches Kohlendioxid in der

© Springer-Verlag GmbH Deutschland, ein Teil von Springer Nature 2019
C. J. Preston, *Sind wir noch zu retten?*,
https://doi.org/10.1007/978-3-662-58190-2_8

Atmosphäre gleichmäßig über die Erdoberfläche ausgebreitet, wäre die Schicht nur drei Millimeter dick gewesen. Dass die Konzentrationszunahme eines Gases, das nur einen so kleinen Anteil der gesamten Luft ausmacht, derart große Folgen haben würde, schien nicht plausibel. Warnungen der Atmosphärenforscher stießen auf taube Ohren. Aus Gründen, die nahezu ausschließlich von Eigeninteresse bestimmt waren, widersetzte sich eine ganze Reihe von Industrieländern ein Vierteljahrhundert lang hartnäckig der Erkenntnis, dass etwas nicht stimmte.

In den letzten Jahren haben die meisten politisch Verantwortlichen selbst in den zögerlichsten Teilen der Welt erkannt, dass es vermutlich kein angenehmer Gedanke ist, den gesamten Verlauf der Naturgeschichte in eine andere Richtung zu lenken, weil der Planet langsam in einem atmosphärischen Kohlendioxidgehalt, wie es ihn seit mindestens 3 Millionen Jahren – vielleicht aber auch seit 15 oder 20 Millionen – nicht gegeben hat, allmählich gekocht wird. Diejenigen, die sich der Einsicht immer noch verweigern, leben nach allgemeiner Einschätzung in einer Fantasiewelt und entkoppeln sich von der Realität. Nachdem in den Nachrichten immer häufiger von Supertaifunen, Rekordüberschwemmungen und Ernteausfällen durch sommerliche Dürre die Rede ist, wird der globalen Gemeinschaft endlich klar, dass niemand einen Planeten mit nur einer weißen Eiskappe haben möchte. Und doch steuern wir auf eine solche Welt zu, nachdem das Meereis in der Arktis in einem schnellen Rückgang begriffen ist. In meinem Heimat-Bundesstaat Montana setzen wir uns mit der Frage auseinander, wie wir ein Schutzgebiet nennen sollen, das derzeit Glacier National Park („Gletscher-Nationalpark") heißt: In einigen Jahrzehnten wird dort keine Stelle mehr das ganze Jahr über von Eis bedeckt sein. Herauszufinden, wie man die Effekte der globalen Erwärmung so gering wie möglich hält, stellt die Menschheit vor eine der größten gesellschaftlichen und wirtschaftlichen Herausforderungen aller Zeiten, eine Herausforderung, der die Vereinten Nationen in jüngster Zeit mit den großen Konferenzen in Paris, Marrakesch und Bonn gerecht zu werden versuchten.

Um das Ausmaß der Herausforderungen zu beschreiben, bezeichnete Stephen Gardiner, ein gut informierte Wissenschaftler, den Klimawandel als „ausgemachtes moralisches Unwetter". Gardiner lehrt als Philosoph an der University of Washington in Seattle. Der gebürtige Brite hat in Oxford und an der Cornell University studiert. Er gehört zu den Menschen, die schon mit ihrer Ausstrahlung nahelegen, dass sie den begrifflichen Bereich vollkommen beherrschen. Bei ihm stimmt das im Wesentlichen.

Gardiner ist ein ernster Mensch, und wenn er sich einen Dreitagebart wachsen lässt, sieht er ein wenig aus wie George Clooney. Er zeigt nicht ungern, dass er es ernst meint, und erscheint zu diesem Zweck im blauen Blazer und mit Manschettenknöpfen bei Besprechungen, bei denen Radikale schäbige T-Shirts und Sandalen tragen. Als Gastwissenschaftler hat er bereits in Oxford, Princeton und an der Universität Melbourne gearbeitet. Aber auch mit seinen offen zur Schau getragenen, ureigenen Fähigkeiten bleibt Gardiner in seinem Fachgebiet beliebt: Er begeistert Studierende und Angehörige des Lehrkörpers mit seiner Konzentration, wobei er nie seine guten Manieren und sein gutmütiges Wesen vergisst.

Seit mindestens zehn Jahren ist Gardiner ein Vordenker in dem Forschungsbereich, der als Klimaethik bezeichnet wird. Mit anderen Worten: Er ist Experte für die Frage, was Menschen richtig oder falsch gemacht haben, sodass sie überhaupt in das Klimadilemma geraten sind, und für die verschiedenen Strategien, mit denen man dagegen angehen will. Seine Idee vom Klima als „ausgemachtem moralischem Unwetter" beschwört die Geschichte des unglückseligen Fischerbootes *Andrea Gill* in dem Hollywood-Film *The Perfect Storm* (dt. *Der Sturm*) herauf und schafft das Bild von mehreren ungewöhnlichen Kräften, deren Zusammenwirken es so schwierig macht, den Klimawandel zu bekämpfen. Die drei großen Stürme, die Gardiner benennt, sind der globale Sturm, der generationenübergreifende Sturm und der theoretische Sturm.

Betrachten wir als Erstes den globalen Sturm. Gardiner macht darauf aufmerksam, dass die *globalen* Dimensionen des Klimawandels schwer zu begreifen sind, weil es aus dem Bauch heraus unwahrscheinlich wirkt, dass es für Menschen auf der anderen Seite des Globus echte Folgen haben kann, wenn man mit dem Auto zum Supermarkt fährt oder die Heizung ein paar Grad höher stellt. Der Gedanke, dass unser Alltagshandeln globale Auswirkungen haben kann, ist uns nicht vertraut. Als Zweites äußert die Vermutung, dass die *generationenübergreifenden* Elemente des Sturmes uns verwirren, weil wir uns kaum ausmalen können, wie unser Leben nächste Woche aussehen wird, ganz zu schweigen von der Zeit unserer Nachkommen in 50 oder 200 Jahren. Und schließlich erklärt Gardiner, es gebe einen *theoretischen* Sturm: Damit meint er das völlige Fehlen angemessener politischer oder ethischer Theorien, die uns helfen könnten, uns von solchen komplizierten, unheilvollen Gefahren zu befreien.

Unter dem Strich lautet Gardiners Aussage: Die von Menschen ausgestoßenen Treibhausgase haben ein beispielloses globales Problem geschaffen, und wir haben kaum gute Ideen, wie wir damit umgehen sollen. Er stellt eine düstere Prognose. In dem Film mit dem Fischerboot konnte Gardiners schlecht rasierter Doppelgänger George Clooney dem nassen Grab nicht entgehen. Das verheißt nichts Gutes. Wenn Gletscher und Eiskappen schmelzen, steht der moralische Sturm des Klimawandels im Begriff, Millionen Menschen ein ähnliches Schicksal zu bescheren. „Viel Glück, Leute!" – Man kann sich gut vorstellen, wie Gardiner diese Worte mit einem höflichen Lächeln und einem freundlichen Winken ausspricht, während er sich in sein Arbeitszimmer an der Universität zurückzieht, um weiter an seinen Ideen zu arbeiten.

Diejenigen, deren Aufgabe es ist, etwas gegen den Klimawandel zu unternehmen, haben angesichts eines solchen Sturmes erkannt, dass sie beträchtlich kreativer werden müssen. Schon in den 1960er-Jahren prägte der amerikanische Atomphysiker Alvin Weinberg die Idee von einer „technischen Reparatur", das heißt für die Anwendung einer ingenieurtechnischen Lösung für die hartnäckigsten gesellschaftlichen Probleme.[1] Wenn man persönlich und politisch keinen Wandel herbeiführen kann, gelingt es vielleicht mit technischen Mitteln. Ein gutes Beispiel für eine technische Lösung, wie Weinberg sie sich vorstellte, war die Erfindung der Antiblockiersysteme für Autos. Da die Menschen eine hartnäckige Unfähigkeit erkennen lassen, auf nassen oder vereisten Straßen langsamer zu fahren, lassen sich die Gefahren ihrer schwachköpfigen Fahrweise wenigstens dadurch ein wenig abmildern, dass man die Autos mit Antiblockiersystemen ausstattet. Mit dieser Technologie stellt sich *vielleicht* nicht die vom Fahrer gewünschte Wirkung ein, wenn er das Bremspedal bis zum Anschlag durchtritt. Demnach sind Antiblockiersysteme eine technische Lösung, mit der man bis zu einem gewissen Grad der schwierigen gesellschaftlichen Herausforderung begegnen kann, die Menschen zu langsamerem Fahren zu veranlassen. Mit anderen Worten: Die Wissenschaft ist (teilweise) die Rettung.[2]

Wenn der Klimawandel eine so große moralische und politische Herausforderung ist, wie Gardiner annimmt, stellt sich ebenfalls die Frage: Ist er ein Problem, das sich mit technischen Mitteln lösen lässt? Vielleicht kann ein wissenschaftliches Genie sich eine technische Lösung ausdenken, die es uns gestattet, unsere kohlenstoffintensive Lebensweise beizubehalten. Wir leben in einem Zeitalter der beispiellosen technischen Einflussnahme auf unsere Umwelt. Man kann sich durchaus vorstellen, dass eine technische Lösung für den Klimawandel da Erfolg hat, wo Politiker und Aktivisten bisher versagt haben.

Dass die Gefahren, die vom Klimawandel ausgehen, beträchtliche wissenschaftliche und technische Fortschritte notwendig machen, falls wir der Herausforderung begegnen wollen, sollte auf der Hand liegen. Wie Bill McKibben gern betont, war das Verbrennen schmutziger schwarzer Steine und Öle, die man mit beträchtlichen Gefahren für Bergleute und Ölarbeiter aus dem Boden holt, in römischer Zeit (und vielleicht noch einige Jahrhunderte danach) ein meisterhafter Geniestreich, aber es scheint nicht die Technologie zu sein, die sich für ein Zeitalter mit selbstfahrenden Autos und Instagram eignet. Technische Neuerungen wie billigere und effizientere Solarzellen, Windturbinen und alternative Verkehrsmittel werden notwendig sein, wenn wir einen nennenswerten Rückgang der Kohlenstoffemissionen erzielen wollen. Effizientere Batterien zur Energiespeicherung, Umwälzungen in Bauwesen und Stadtplanung und die Entwicklung intelligenter Stromnetze – auch das sind Elemente in dem Paket technischer Neuerungen, die wir brauchen werden, wenn ein weltweiter Übergang zu sauberer Energiegewinnung gelingen soll.

Aber solche technischen Mittel sind vielleicht nicht die einzigen Möglichkeiten, die auf dem Tisch liegen. Manche heutigen Klimaexperten diskutieren mittlerweile über eine andere Herangehensweise an den Klimawandel. Nach dieser Denkrichtung will man in einige grundlegende

Funktionen der Atmosphäre eingreifen, um so die Temperaturen zu senken. Das ist die Vision des *Geoengineering*.[3]

Paul Crutzen hatte noch kein einziges Wort über Geoengineering verloren, da hatte er in der Geschichte der Atmosphärenforschung bereits seine Spur hinterlassen: Er hatte davor gewarnt, dass die für Kühlung und andere industrielle Anwendungen verwendeten chemischen Substanzen die Ozonschicht schädigen. Das Protokoll von Montreal, ein Abkommen, das bei den Vereinten Nationen 1987 auf der Grundlage einiger Arbeiten von Crutzen ausgehandelt wurde, kam gerade noch rechtzeitig, um die Erde vor einer größeren globalen Katastrophe zu bewahren. Nachdem er 1995 für seine Arbeiten zusammen mit Mario Molina und F. Sherwood Rowland den Nobelpreis erhalten hatte, war er eine Zeit lang in den Geowissenschaften der weltweit am häufigsten zitierte Autor. Nimmt man das mit Crutzens früheren Befunden zusammen, wonach die Anwendung von Atomwaffen einen verheerenden künstlichen Winter auslösen könnte, so erhält man das Bild von einem Menschen, dessen Name so stark in aller Munde ist, wie es ein Atmosphärenforscher überhaupt sein kann.

Crutzen wurde zum Steve Jobs der Atmosphärenforschung: Er konnte einfach nicht anders, als in diesem Fachgebiet seine Spuren zu hinterlassen. Nachdem er die Aufmerksamkeit der Welt auf das Problem der verschwindenden Ozonschicht gelenkt hatte, setzte er 2006 eine andere wichtige Diskussion in Gang: Er erklärte, die Weltgemeinschaft solle endlich den Gedanken, das Klima mit technischen Mitteln künstlich abzukühlen, ernst nehmen. Mangels guter Aussichten, die Treibhausgasemissionen in absehbarer Zeit mit politischen Mitteln zu reduzieren, erteilte Crutzen 2006 in einem Artikel für die zutreffend benannte Fachzeitschrift *Climatic Change* den

Rat, die Erforschung einer „künstlichen Verstärkung der Albedo der Erde" ernsthaft in Angriff zu nehmen.[4]

Die Albedo ist ein Maß dafür, wie stark ein Gegenstand reflektiert (im Gegensatz zu dem Maß, wie weiß ein Kaninchen ist, auch wenn die weiße Farbe für beides eine Rolle spielen kann). Man kann sie sich als eine Art Spiegelfaktor vorstellen. Steigert man die Albedo eines Gegenstandes, wird ein größerer Teil der Energie, die darauf trifft, in die Richtung zurückgeworfen, aus der sie gekommen ist. Könnte man dies in einem Ausmaß tun, das der gesamten Erde entspricht, würde ein beträchtlicher Teil der Sonnenenergie, die derzeit in die Atmosphäre eindringt und dort festgehalten wird, aufgefangen und in den Weltraum zurückgeworfen, bevor sie irgendetwas aufheizen kann. Das Ergebnis wäre ein geringfügiger globaler Temperaturrückgang.

Kurz nachdem Crutzen mit seinem Vorschlag an die Öffentlichkeit getreten war, gewannen ganze Heerscharen hoffnungsvoller Klimaingenieure das Selbstvertrauen, aus dem Schatten zu treten. Das ist eine der Gefahren, wenn man einen Nobelpreis erhalten hat. Plötzlich hören die Leute einem zu. Die Diskussion über das Geoengineering gewann fast augenblicklich erheblich an Fahrt.

Um die Albedo der Erde zu steigern, kann man ein ganzes Spektrum potenzieller Verfahren des Solarstrahlungsmanagements (*solar radiation management*, SRM) anwenden. Besonders futuristisch (und kostspielig) ist die Idee, Millionen kleine Spiegel in Erdumlaufbahnen zu bringen, um so das Sonnenlicht zu reflektieren, bevor es in die oberen Atmosphärenschichten eintritt. Neben dem finanziellen Aufwand und den technischen Schwierigkeiten dieser Idee hat auch kein Staat ein Raumfahrtprogramm, das man derzeit für ein solches Projekt nutzen könnte. Deshalb verschwand die Idee der kreisenden Reflektoren sehr schnell wieder in der Versenkung.

Ein anderer, viel weniger technischer Vorschlag besagt, man solle große Teile der Erdoberfläche weiß streichen und gleichzeitig verbreiteten Nutzpflanzen mit gentechnischen Methoden eine hellere Färbung verleihen, sodass sie stärker reflektieren. An der Erdoberfläche ist eine Veränderung der Albedo sicher einfacher und weniger kostspielig als wenn man es im Weltraum versucht. Aber zwei Drittel der Erdoberfläche sind von Ozeanen bedeckt: Solange man also nicht bereit ist, auch die Meere aufzuhellen (vielleicht, indem man sie mit Billionen mikroskopisch kleiner Blasen durchtränkt oder mit einer Schicht aus Styroporperlen bedeckt), werden solche Strategien zur Aufhellung wahrscheinlich im Wesentlichen wirkungslos bleiben.

Die größte Aufmerksamkeit unter allen SRM-Ideen hatte bisher der Vorschlag erregt, irgend eine Form reflektierender Teilchen oder Tröpfchen in die Stratosphäre zu bringen, um die Sonnenenergie dort abzufangen, bevor sie der Erde näher kommt als ein sehr hoch fliegendes Düsenflugzeug. Das Ergebnis wäre eine Art Dunstbarriere in der Atmosphäre, durch die sich die Albedo des Planeten merklich erhöhen würde. Es wäre in jedem Fall ein kühner Plan. Wie moderne Versionen des dänischen Königs Cnut, der im elften Jahrhundert seinen Thron trotzig an den Strand stellte und den Gezeiten befahl, sich zurückzuziehen, so würden die Klimaingenieure eine Strategie umsetzen, die nichts Geringeres versucht, als die Sonne zurückzudrängen.

Eine solche Strategie mit Partikeln in der Stratosphäre hat gegenüber allen anderen Ansätzen zur SRM einen ungeheuren Vorteil: Die Wissenschaftler wissen, dass sie zweifellos wirksam wäre. Warum sind sie da so sicher? Natürlich nicht, weil Menschen in der Vergangenheit schon einmal versucht hätten, die Erde absichtlich abzukühlen. Alle verhängnisvollen Versuche der Menschen, die

Atmosphäre zu manipulieren, waren bisher vollkommen zufällig. Dass es funktionieren würde, weiß man, weil man verfolgt hat, wie große Vulkanausbrüche in historischer Zeit genau den gleichen Effekt hatten.

Als 1883 der Vulkan Krakatau im heutigen Indonesien ausbrach, erzeugte er den Berichten zufolge den lautesten Lärm aller Zeiten, ein Geräusch, das noch in fast 5000 Kilometern Entfernung zu hören war. Barometermessungen lassen darauf schließen, dass die von der Eruption verursachte Schallwelle die Erde dreieinhalb Mal umrundete. Die Eruption löschte die Insel aus, auf der sich der Krakatau befand, und verursachte einen Tsunami, durch den mehr als 36.000 Menschen ums Leben kamen. Trümmerstücke wurden aus dem Krater bis zu 50 Kilometern in die Höhe geschleudert. Skelette von den Opfern des Vulkans trieben auf Tuffsteinstücken über den Indischen Ozean und wurden über ein Jahr später in Begleitung zahlreicher dicker, glücklicher Krebse an den Küsten Ostafrikas angespült.

Ein großer Teil des Gesteins und Staubs, die in die Luft geschleudert wurden, fiel fast augenblicklich zur Erde zurück. Rund um die Stelle, an der sich der Krakatau ursprünglich befunden hatte, bildete sich im Ozean sogar eine Reihe kurzlebiger Inseln. Ein kleinerer Anteil von Staub und Gasen, die bei dem Ausbruch in die Atmosphäre gelangt waren, fand jedoch den Weg in die Luftströmungen der Stratosphäre, wo Höhenwinde sie um die ganze Erde verteilten. Dort blieben sie mehrere Jahre. Sonnenuntergänge glühten in der halben Welt in fantastischen Farben, weil die Billionen Partikel, die der Vulkan ausgestoßen hatte, die Sonnenstrahlen brachen. Der norwegische Künstler Edvard Munch soll sein berühmtes Gemälde *Der Schrei* gemalt haben, nachdem er in dem norwegischen Hafen Christiania (dem heutigen Oslo), weit vom Krakatau entfernt, die eindrucksvollen abendlichen Sonnenuntergänge miterlebt hatte. Für das Klima bedeutsamer als die vorübergehende Farbenpracht von Sonnenauf- und -untergang war jedoch die Tatsache, dass die Erde sich infolge des Ausbruchs merklich abkühlte.

Durch das Schwefeldioxid, das der Vulkan ausspie, bildeten sich in der Stratosphäre Billionen Schwefelsäuretröpfchen. Diese steigerten vorübergehend die Albedo der normalerweise durchsichtigen Luftschicht und reflektierten einen gewissen Anteil des auftretenden Sonnenlichts unmittelbar in den Weltraum. Zuverlässige historische Aufzeichnungen deuten darauf hin, dass die Temperaturen auf der Nordhalbkugel in dem Sommer nach dem Vulkanausbruch um mindestens 1,2 Grad Celsius sanken. Es schneite an ungewöhnlichen Orten, der Frost beeinträchtigte im Frühjahr die Aussaat, und die sommerliche Ernte wurde entweder verspätet oder überhaupt nicht eingefahren. Neben den niedrigeren Temperaturen suchten auch Rekordniederschläge die Westküste der Vereinigten Staaten heim, und die Niederschlagsverteilung geriet auf der ganzen Welt durcheinander. Erst nach mehreren Jahren, nachdem die schwebenden Vulkantrümmer als mäßig saurer Regen wieder zur Erde gefallen waren, kehrten die weltweiten Temperaturen zum Normalwert zurück.

Und der Krakatau ist keineswegs ein Einzelfall. Nachdem 1815 der Tambora ausgebrochen war, erlebte die Welt das „Jahr ohne Sommer", scherzhaft auch „Achtzehnhunderterfroren" genannt. Mary Shelley soll die Anregung zu ihrem Roman *Frankenstein* teilweise aus der Tatsache bezogen haben, dass sie den Sommer 1816 wegen des schlechten Wetters zum größten Teil in einer Villa am Ufer des Genfer Sees in der Schweiz verbringen musste. Sie und die Freunde, mit denen sie eingesperrt war – darunter Lord Byron, ein Mann, von dem man zu jener Zeit sagte, er sei „verrückt, schlecht und ein gefährlicher Bekannter" –, machten sich angeblich gegenseitig Angst, indem sie zum Zeitvertreib Horrorgeschichten erfanden, während Wind und Hagel über ihren Köpfen an den Dachschindeln zerrten.

Der Mount Katmai 1912 in Alaska, El Chicón 1982 in Mexiko und der Pinatubo auf den Philippinen 1991: Alle diese großen Vulkanausbrüche zogen rund um die Welt messbar niedrigere Temperaturen nach sich. Unter Klimaforschern hat sich eine kleine Branche entwickelt, die sich darum bemüht, historische Temperaturrückgänge mit den Zeitpunkten großer Vulkanausbrüche in Übereinstimmung zu bringen. Von Mini-Eiszeiten bis zu Ereignissen des globalen Aussterbens ist der Zusammenhang zwischen großen Mengen ausgeschleuderter Gase, Flüssigkeiten und Teilchen in den Himmel und dem weltweiten Temperaturrückgang allgemein anerkannt. Mit anderen Worten: Vulkane sind der „Machbarkeitsbeweis" für Solarstrahlungsmanagement. Sie sind Paul Crutzens „Ausstellungsstück A".

Damit stellt sich die Frage, ob die Menschheit in ihrem verzweifelten Bemühen, etwas gegen den Klimawandel zu unternehmen, den gleichen Effekt auch künstlich herbeiführen sollte.

***

David Keith ist ein liebenswürdiger, äußerst kluger kanadischer Ingenieur. Seine Arbeitszeit teilt er zwischen den Universitäten Calgary und Harvard auf. Mit 20-jähriger Forschung hat er sich einen Ruf als führender Befürworter technischer Lösungen für den Klimawandel erworben. Keith ist ein drahtiger Mann mit lausbubenhaftem Grinsen und unbegrenzter intellektueller Energie. In Gesprächen über seine Arbeit wirkt Keith wie ein Kind, das in einem Laden gerade das schönste Spielzeug entdeckt hat. Er ist aber nicht nur ein erstklassiger Physiker und Ingenieur, sondern hat auch eine philosophische Seite und eine tiefe Leidenschaft für wilde, eisige Orte. Er will nicht einfach nur wissen, wie man Dinge konstruiert und baut, sondern er beschäftigt sich auch mit der Frage, warum wir sie konstruieren sollen und welche Gegenleistung der Gesellschaft sie fordern. Und er macht sich viele Gedanken darüber, wie Technologie die grundlegenden Aspekte der Beziehung zwischen Mensch und Natur verändern kann.

Im Rahmen seiner Beschäftigung mit solchen philosophischen Fragestellungen fuhr Keith nach seiner Promotion nach Missoula in Montana und las dort zusammen mit dem angesehenen Technologiephilosophen Albert Bormann schwierige Texte von Martin Heidegger. Monatelang löcherte Keith den Philosophen, weil er verstehen wollte, wie die Konstruktion von Dingen unsere Gesellschaft auf subtile, unbemerkte Weise prägt. Montana war für ihn das ideale Umfeld, um über solche Fragen nachzudenken. Keith war zwar ausgebildeter Ingenieur, aber große Teile seines Lebens waren auf eine tiefe Liebe zur Wildnis ausgerichtet. An kühlen Herbstwochenenden streifte er zusammen mit dem zottig aussehenden Biologen und Bärenexperten Chuck Jonkel durch abgelegene Landstriche, um so viel wie möglich über Leben und Lebensräume der berühmten regionalen Braunbären zu erfahren. Wenn der winterliche Schnee die Landschaft bedeckte, schnallte er sich Skier an die Füße und machte sich ebenfalls ins Hinterland auf.

Seitdem das Magazin *Time* ihn 2009 zu einem „Helden der Umwelt" ernannt hatte, übernahm Keith eine Reihe rapide größer werdender Aufgaben. So wurde er zum Vorstandsvorsitzenden des Unternehmens Carbon Engineering, das den Kohlenstoff mit riesigen Ventilatoren und bindenden Chemikalien aus der Atmosphäre entfernen will; an der Harvard University betreut er eine Arbeitsgruppe von Postdocs in Technologie und Politikwissenschaft; und er arbeitet daran mit, das Geld aus Bill Gates'

Fonds für Innovative Klima- und Energieforschung zu verteilen.

Keith ist dafür bekannt, dass die Gedanken an den eisigen Norden für ihn manchmal allzu reizvoll werden: Dann schließt er sein Labor und verschwindet für drei Wochen mit ein paar Freunden auf eine Skitour durch abgelegene arktische Landschaften. Wenn er an solchen langen Tagen die vereiste Erdoberfläche überquert, denkt er darüber nach, dass der Klimawandel nicht nur den Verlust von Eis und Schnee in der Arktis zur Folge hat, sondern auch etwas verschwinden lässt, das sich schwieriger wiederherstellen lässt: die reine Wildheit der Natur. Zu Hause im Labor bemüht er sich, etwas dagegen zu tun.

Keith ist einer der weltweit führenden Experten für die technische Beeinflussung von Aerosolen in der Stratosphäre. Als 2013 sein Buch *A Case for Climate Engineering* erschien, wurde er vom *Colbert Report* eingeladen, einem landesweiten Publikum seine Idee des Solarstrahlungsmanagements durch die Nachahmung von Vulkanen vorzutragen. Aber Keith hatte Pech: Das reflektierende Agens, das sich am besten für das Ausbringen in der Stratosphäre und die Abschirmung des Sonnenlichts eignet, sind Schwefelsäuretröpfchen. Und Colbert griff ihn natürlich heftig an.

Keith: Man bringt beispielsweise jedes Jahr 20.000 Tonnen Schwefelsäure in die Stratosphäre, und jedes Jahr muss man ein wenig mehr nehmen. Auf lange Sicht bedeutet das nicht, dass man die Emissionen nicht mehr einschränken müsste. Wir müssen nach wie vor die Emissionen zurückschrauben.

Colbert (sarkastisch): Nun, dazu werden wir irgendwann kommen. In der Zwischenzeit hüllen wir die Erde in Schwefelsäure ein.

Keith: Die Leute haben Angst, darüber zu reden, weil sie fürchten, wir würden dann die Emissionen nicht mehr zurückschrauben.

Colbert (misstrauisch): Richtig … Und auch weil es Schwefelsäure ist.

Keith: Das stimmt.

Colbert: Besteht irgendeine Möglichkeit, dass so etwas auf uns zurückfällt und uns am Arsch kriegt? Die Erde in Schwefelsäure einhüllen? Ich bin nämlich total dafür. Es ist ja das Schlaraffenland. Ich darf mein CO_2 behalten und muss einfach nur Schwefelsäure versprühen, stimmt's? Auf der ganzen Erde.

Keith: Eine berechtigte Frage, aber wir entlassen schon jetzt 50 Millionen Tonnen Schwefelsäure als Schadstoff in die Luft. Daran sterben jedes Jahr weltweit eine Million Menschen.

Colbert (scheinbar dumm): Und das ist gut oder schlecht?

Keith: Es ist entsetzlich.

Colbert: Aber wird es besser, wenn wir noch mehr dazu tun?

Keith: Wir reden hier über ein Prozent der Menge. Einen winzigen Anteil.

Colbert: Aber wenn eine Million Menschen daran sterben …

Keith: Es ist schlecht.

Colbert: Wenn wir die Menge nur um ein Prozent steigern, töten wir also nur 10.000 Menschen mehr.

Keith: Okay, Sie können rechnen. Aber Menschen zu töten, ist hier nicht das Ziel.

Colbert: Menschen zu töten, ist nicht das Ziel. Ich wollte nur, dass das klar ist.

Colbert feixte. Alle Versuche von Keith, eine Beeinflussung der Sonnenstrahlung als ernsthafte Reaktion auf den Klimawandel darzustellen, wurden lächerlich gemacht. Für Colbert war es nur allzu leicht, Keith als die

Karikatur des verrückten Wissenschaftlers hinzustellen, um so sein Publikum zu unterhalten.

Aber Keith stellt in seinem Buch wichtige Fragen. Wenn man ernsthaft betrachtet, wie viel Schaden eine unkontrollierte globale Erwärmung anrichten wird, wenn man erkennt, dass dieser Schaden zu einem unverhältnismäßig großen Teil die Ärmsten der Welt betreffen wird, wenn man anerkennt, dass diese Bevölkerungsgruppen nicht nur wirtschaftlich am wenigsten in der Lage sind, mit dem Klimawandel fertig zu werden, sondern auch von vornherein den geringsten Anteil am Anstieg der Treibhausgase geleistet haben, und wenn man die unbestreitbare Tatsache einräumt, dass die herkömmlichen Strategien zur Eindämmung der klimabedingten Schäden nicht schnell genug umgesetzt werden, spricht ein stichhaltiges moralisches Argument dafür, etwas Dramatisches zu unternehmen. Eine Manipulation der Sonneneinstrahlung durch nachgeahmte Vulkanausbrüche, so erklärt Keith, ist möglicherweise der einzige Weg, um denjenigen Gerechtigkeit widerfahren zu lassen, die im am stärksten unter dem Klimawandel leiden werden.

Nachdem sich mit Paul Crutzen 2006 ein hochrangiger Wissenschaftler für das Geoengineering ausgesprochen hatte, war das Tabu, über das Thema zu diskutieren, gebrochen. Jetzt wurde die Debatte über diese potenzielle Reaktion auf die steigenden Temperaturen sehr schnell zu einer Orgie der Argumente und Gegenargumente von Ethikern, staatlichen Experten, Juristen, Atmosphärenforschern und Ökologen. Die Aussicht war so verlockend und gleichzeitig so erschreckend, dass man sie nicht ignorieren konnte. Plötzlich hatte jeder eine Ansicht über das Pro und Contra der exotischen Vorstellung, das Klima gezielt technisch zu beeinflussen.

Geoengineering mittels Aerosolen in der Stratosphäre hat alle Merkmale einer klassischen technischen Lösung.

Es strahlt eine faszinierende, technikversessene Neigung aus und eröffnet die Aussicht auf eine crutzianische Heldengeschichte vom atmosphärischen Ritter in blitzender Rüstung. Außerdem erlaubt es allen Menschen, einen riesigen Seufzer der Erleichterung angesichts der Aussicht auszustoßen, dass wir das quälendste Problem der Welt lösen können (wobei wir gleichzeitig dafür sorgen, dass Al Gore nie wieder mit seinem Laserpointer über ein Podium laufen muss). Es wäre nach allem, was man weiß, eine erstaunlich billige und technisch einfache Lösung. Geoengineering hört sich nach einem technischen Aushängeschild für ein synthetisches Zeitalter an.

Warum also haben wir noch nicht angefangen?

***

Wie Colbert mit seiner frechen Art deutlich machte, verbindet sich die Technologie mit einer ganzen Reihe schwerwiegender Bedenken. Keith selbst bezeichnet die Aerosole in der Stratosphäre als „billig", „schnell" und „unsicher". Dass man sie im Vergleich zu den Kosten für eine Kohlenstoffverminderung in der gesamten Weltwirtschaft relativ preisgünstig einsetzen könnte, steht außer Zweifel. Nach einer groben Schätzung von Keith würden die Kosten bei rund einer Milliarde Dollar im Jahr liegen. Ebenso besteht kein Zweifel, dass der Temperaturrückgang sich relativ schnell einstellen würde, vielleicht innerhalb weniger Tage oder Wochen. Leider aber – und das gibt auch Keith bereitwillig zu – ist nicht vollständig bekannt, wie sich Eingriffe in die Sonnenstrahlung auf das Klima auswirken würden.

Das Weltklima ist ein heikler Balanceakt. Wenn man das Sonnenlicht (kurzwellige Strahlung) daran hindert, von oben in die Atmosphäre einzutreten, schafft man damit keinen vollständigen Ausgleich für die angesammelte Wärme (langwellige Strahlung), die durch eine wachsende Schicht von Treibhausgasen nicht aus der Atmosphäre entweichen kann. Jedes Mal, wenn man das *Strahlungsgleichgewicht* der Atmosphäre – das Verhältnis zwischen ein- und abgestrahlter Wärme – verändert, verändert sich damit auch ein ganzes Spektrum weiterer Phänomene, darunter die Wasserverdunstung aus den Ozeanen, die Windverteilung, die Temperaturunterschiede zwischen verschiedenen Orten und die Produktivität der Pflanzen. Eine weltweite Reflexion des Sonnenlichts ist eine große Erschütterung eines höchst komplexen, unberechenbaren Systems. Daraus ergibt sich eine Fülle von Unsicherheiten.

Besonders große Sorgen bereiten dabei die Niederschläge. Der Zusammenhang zwischen dem Ausbruch des Krakatau im August 1883 und den Überschwemmungen in Kalifornien im nachfolgenden Sommer lässt darauf schließen, dass die Feuchtigkeitsverteilung durch die Veränderung der Albedo in der Stratosphäre deutlich beeinträchtigt war. Da so viele Arme auf der Welt entweder in trockenen oder in überschwemmungsgefährdeten Regionen wie dem mittleren und südlichen Afrika oder Bangladesch leben, könnte jede Veränderung der Niederschläge von den Menschen einen hohen Tribut fordern. Die derzeitige Niederschlagsverteilung ist in den Lebensrhythmus der Menschen eingeflossen. Viele Kleinbauern sind mit ihrer Ernte auf die regelmäßigen jahreszeitlichen Monsunregen angewiesen. Die Forschungsergebnisse lassen zwar darauf schließen, dass Eingriffe in die Sonnenstrahlung unter dem Strich positive Wirkungen haben könnten, aber die ungeklärte Frage, welchen Einfluss sie auf die Niederschläge hätten, wirft auf Keith' ethische Argumentation einen dunklen Schatten. Das Klima würde wahrscheinlich selbst dann, wenn es von den weltbesten Experten technisch verändert würde, wild und unberechenbar bleiben.

Genauere wissenschaftliche Kenntnisse über die Auswirkungen einer Manipulation der Sonneneinstrahlung wären sicher wünschenswert, aber derzeit sind wir damit nahezu ausschließlich auf die Vorhersagegenauigkeit von Computermodellen angewiesen. Leider kann man die globalen Auswirkungen der SRM-Technologie nicht überzeugend erforschen, ohne die Methoden tatsächlich anzuwenden. Aber ihre Anwendung wäre ein recht riskanter Test für eine neue Technologie, die dazu bestimmt ist, etwas so Dramatisches wie eine Klimaveränderung auf dem gesamten Planeten herbeizuführen. Es bleiben ernsthafte Zweifel, ob Wissenschaftler überhaupt prinzipiell genug wissen können, um das Sonnenlicht zu manipulieren. Der *Schmetterlingseffekt* lässt vermuten, dass winzige Störungen in einem Teil des Systems zu dramatischen, unvorhergesehenen Beeinträchtigungen in einem anderen führen könnten. Der Versuch, ein komplexes, chaotisches System im globalen Maßstab zu manipulieren, könnte sich nach Narretei anhören.

Noch schlimmer wird die Sache in unserem umweltbewussten Zeitalter, weil der Gedanke, Chemikalien aus Flugzeugen in der Atmosphäre zu versprühen, den Menschen große Angst macht. Ein britischer Vorschlag, in kleinem Maßstab eine Methode zu testen, bei der nichts anderes als Wasser in einer Höhe von einem Kilometer aus einem am Boden verankerten Ballon versprüht werden sollte, wurde 2012 wegen verschiedener Bedenken vonseiten der Öffentlichkeit verworfen. Da man noch nicht einmal zwei Badewannen voll Wasser versprühen wollte, waren diese Bedenken wahrscheinlich eine Überreaktion, aber eine echte Erprobung der Manipulation von Sonnenstrahlung könnte ein berechtigter Grund zur Sorge sein. Wenn Teilchen probeweise in die Atmosphäre gebracht werden, könnten Höhenwinde sie schnell rund um den ganzen Erdball verteilen. Geschieht dabei etwas Unerwartetes, wäre es unmöglich, sie wieder einzusammeln. Die Forschung, mit der die Ungefährlichkeit des Einsatzes von Aerosolen in der Stratosphäre untersucht werden soll, ist deshalb nicht nur unvollständig, sondern auch höchst umstritten. Keith ist sich solcher Themen nur allzu genau bewusst; dennoch ist er zusammen mit seinem Kollegen Frank Keutsch von der Harvard University bestrebt, einen eigenen Test anzustellen: Sie wollen Nebel aus gefrorenem Wasser aus einem Stratosphärenballon in hohe Luftschichten bringen, und später soll ein Test mit Calciumcarbonatteilchen folgen.

Die Bedenken im Zusammenhang mit der Manipulation der Sonnenstrahlung beschränken sich nicht auf Themen wie Stürme, Dürre oder Regen. SRM ist auch keine Lösung für „das zweite CO_2-Problem", wie es manchmal genannt wird: die Versauerung der Ozeane. Mit der steigenden Kohlendioxidkonzentration in der Atmosphäre nehmen die Meere immer größere Mengen des farb- und geruchslosen Gases auf.[5] Das Kohlendioxid, das an der Oberfläche der Ozeane absorbiert wird, reagiert mit dem Wasser zu Kohlensäure, die sich dann in der Meeresumwelt verteilt.

Durch die Kohlensäure ist der Säuregehalt der Ozeane bereits beträchtlich angestiegen, und die Auswirkungen sind da am größten, wo das Wasser am kältesten ist. Der Säuregehalt der Ökosysteme im Meer ist während der letzten 200 Jahre im Durchschnitt um 30 % angestiegen. Manche Regionen in der Arktis werden bis zum Ende des 21. Jahrhunderts mehr als eine Verdoppelung des Säuregehalts erleben. Auf das Leben im Meer haben solche Veränderungen weitreichende Auswirkungen.

Die Kohlensäure macht es den Meereslebewesen schwerer, Gehäuse aufzubauen. Die Versauerung der Ozeane hat unter anderem die allgemein bekannte Folge, dass die Korallenriffe sich überall auf der Welt in einer tödlichen

Abwärtsspirale befinden: Sie bleichen durch die steigenden Temperaturen aus, und gleichzeitig sind die Korallentiere nicht mehr in der Lage, ihre Skelettstrukturen aufzubauen. Deshalb verlieren die Tiere, die in den Riffen leben, ihren Lebensraum zum Laichen, und die komplizierten Nahrungsnetze, auf die das Ökosystem im Ozean angewiesen ist, geraten durcheinander. Auch andere ökologisch wichtige Arten, die empfindlich auf die chemische Zusammensetzung des Wassers reagieren – darunter Plankton, Seetang und Austern –, sind durch die Kohlensäure gefährdet. Durch die fortgesetzte Versauerung werden die Ozeane in einen Zustand übergehen, der für heutige Meeresforscher kaum noch wiederzuerkennen ist.

Eine letzte Besorgnis erwächst aus der Erkenntnis, dass die natürlichen vulkanischen Prozesse der Erde auch dann, wenn Ingenieure mit der chemischen Zusammensetzung der Stratosphäre herumspielen, in ihrem eigenen Tempo weiterlaufen. Auch wenn zögerliche Ingenieure irgendwann synthetische Partikel in den hohen Stratosphärenschichten versprühen, reiben die tektonischen Platten an der Erdoberfläche weiterhin aneinander, und rot glühendes Magma steigt weiterhin in die Höhe. Sollte zu einer Zeit, zu der die Atmosphäre mit Aerosolen angefüllt ist, ein Ausbruch im Ausmaß eines Krakatau oder Tambora stattfinden, könnte die Erde plötzlich eine doppelte Dosis an Abkühlung erhalten. Solche niedrigen Temperaturen würden mindestens einige Jahre anhalten und eine verheerende Serie von Missernten auslösen. Der nukleare Winter, den Crutzen in den 1980er-Jahren erforschte, könnte, was die Vernichtung unserer Spezies angeht, plötzlich natürliche Konkurrenz bekommen.

Das alles bedeutet, dass die magische Kugel der Manipulation von Sonnenstrahlung auf ein großes Stück Vulkanlava treffen und als Querschläger in unbekannte Richtung davonfliegen könnte. SRM könnte zwar dazu beitragen, die weltweiten Durchschnittstemperaturen zu senken, es verbindet sich aber mit dem gefährlichen Doppelschlag einer fortgesetzten Versauerung der Ozeane und einer ganzen Reihe unsicherer Auswirkungen auf das Klima. Beides sind hohe Preise für eine Methode, die eigentlich als einfache technische Lösung für den Klimawandel gedacht war.

David Keith ist ein kluger Mann und weiß das alles. Ebenso wusste es auch Paul Crutzen, als er das Thema 2006 erstmals aufs Tapet brachte. Aber mangels anderer guter Alternativen sind beide immer noch der Ansicht, der Tauschhandel könne sich lohnen. Die einfachste Möglichkeit, mit dem Klimawandel umzugehen – ein langsamer, relativ schmerzloser Übergang zu kohlenstoffneutralen Energiequellen –, ist dank der Verschleppung und des Misstrauens, von denen die internationale Klimapolitik während dreier Jahrzehnte geprägt war, bereits vom Tisch. Die Spielräume für den Umgang mit dem Klimawandel werden zunehmend enger. Angesichts dieses moralischen Sturmes wird nicht nur das Wetter bedrohlich, sondern es reduziert sich auch die Zahl der Handlungsalternativen immer weiter.

Die Manipulation der Sonneneinstrahlung wirft also bedeutende wissenschaftliche Fragen auf, eine zusätzliche Herausforderung für Pläne, Vulkanausbrüche nachzuahmen, sind aber die politischen Aspekte, die mit Sicherheit angesichts aller Pläne, aktiv mit Eingriffen in die Sonnenstrahlung zu beginnen, große Bauchschmerzen auslösen werden. Wem würde man es zutrauen, eine solche machtvolle, weltweit wirksame Technologie zu entwickeln? Für welches Maß an SRM soll die Weltgemeinschaft sich entscheiden? Wem soll man es gestatten, seine Finger auf den globalen Thermostat zu legen? Das alles sind beträchtliche politische Schwierigkeiten, und noch ist nicht klar, wie diejenigen, die durch die

Temperaturen der Zukunft etwas zu gewinnen oder zu verlieren haben – mit anderen Worten: alle siebeneinhalb Milliarden Menschen auf der Erde –, sich Gehör verschaffen sollen.

Dass das Geoengineering das Potenzial in sich birgt, eine gewaltige geopolitische Instabilität hervorzurufen, ist auch seinen Befürwortern nicht entgangen. Werden Länder wie Kanada oder Russland, die ganz offensichtlich durch die steigenden Temperaturen etwas zu gewinnen haben, vergnügt zu dem kalten Klima der Vergangenheit zurückkehren? Werden regionale Partner oder sogar einzelne Staaten versuchen, das Geoengineering im eigenen Interesse anzuwenden, ohne sich zuvor mit anderen Partnern abzusprechen? Welchen Standpunkt würde China einnehmen? Würde man die Interessen der ärmeren Länder außer Acht lassen? Man kann sich nur schwer eine gerechte internationale Vorgehensweise ausmalen, mit der sich derartige Fragen auf akzeptable Weise beantworten lassen. Man hat neue Denkfabriken gegründet, deren einziger Zweck es ist, durch diesen politischen Morast zu waten.

Angesichts derart schwieriger politischer Fragen hat Keith sich im Rahmen seines Projekts an der Harvard-Universität vorgenommen, fachübergreifend zu arbeiten und verschiedene Standpunkte einzubeziehen. Daran werden sich staatliche Organisationen ebenso beteiligen wie umweltorientierte Nichtregierungsorganisationen und verschiedene Gruppen aus der Zivilgesellschaft. Dahinter steht der Gedanke, skeptische Stimmen zu Wort kommen zu lassen und maximale Transparenz herzustellen. Das Projekt ist von Anfang an auf die Klärung der Frage ausgelegt, wie die Elemente einer politisch erträglichen, internationalen Anstrengung zur Manipulation der Sonnenstrahlung aussehen könnten. Aber trotz solcher Rückversicherungen haben manche Kritiker die durchaus plausible Vermutung geäußert, SRM sei schon von seinem Wesen her eine undemokratische und/oder politisch nicht durchsetzbare Technologie.

*****

Neben den drängenden wissenschaftlichen und politischen Fragen, die sich aus der Aussicht ergeben, die Sonne abzuschirmen, verursacht auch eine ganze Reihe abstrakterer Fragen der wachsenden Zahl von Philosophen, die sich für das Problem interessieren, große Bauchschmerzen. Diese Fragen konfrontieren uns mit dem gedanklichen Schock, den ein uneingeschränktes Plastozänzeitalter unserem Gefühl für unser eigenes Ich und unsere Umgebung zu versetzen droht.

Ein typisches Thema ist in diesem Zusammenhang die Frage, zu was für einem Gebilde eine Erde mit einem absichtlich manipulierten Klima werden würde. Die vergangenen 10.000 Jahre boten einen relativ stabilen klimatischen Hintergrund für alles – Gutes wie Schlechtes –, was der Menschheit widerfahren ist. Alle wichtigen Ereignisse – die Domestizierung der Tiere, die Erfindung von Landwirtschaft und Schrift, die Geburt der großen Weltreligionen, der Bau der Pyramiden und der Chinesischen Mauer, die Renaissance, die Aufklärung und die beiden Weltkriege – haben sich im mehr oder weniger gleichmäßigen Klima des Holozäns abgespielt. Oder, wie John Stuart Mill es formuliert hätte: Dieses Klima war die zuverlässige Wiege der Zivilisation. Aber heute, 150 Jahre später, leben wir auf einem immer wärmer werdenden Planeten, und der vertraute Hintergrund verändert sich.

Mehr als jeder andere lenkte Bill McKibben die Aufmerksamkeit auf solche Fragen. Im Jahr 1989, als das öffentliche Bewusstsein für die Klimakrise gerade erst erwachte, schrieb er ein Buch mit dem fesselnden Titel *The*

Ende of Nature (dt. *Das Ende der Natur*). Auf knapp über 200 Seiten voller Fakten und Gedanken erhob McKibben die eindringliche Klage, die durch das Verfeuern fossiler Brennstoffe ausgestoßenen Treibhausgase drohten die ganze Erde zu einem „Produkt unserer Gewohnheiten, unserer Wirtschaft, unserer Lebensweise" (Übers. v. U. Rennert; München: List 1990, S. 57) zu machen. Durch den Klimawandel sei unser Planet heute völlig anders. Wir haben jeden Fleck auf der Erde in etwas von Menschen Gemachtes, Künstliches verwandelt.

McKibben erklärt, wir würden jetzt auf der „Erde 2.0" leben, einem neuen Planeten, der von einer neuen Atmosphäre eingehüllt ist. Eine Erde, die von einer gefährlich erhöhten Treibhausgaskonzentration umgeben ist, wird zu einem anderen Wohnort. „Wir haben ein Treibhaus gebaut, ein Werk des Menschen, wo einstmals ein lieblicher, wilder Garten blühte", schreibt McKibben (ebd. S. 100). Alles, was noch übrig bleibt, ist von Menschen beeinflusst.[6] McKibben geht von Anfang an davon aus, dass dieser Wandel für unsere Spezies einen ungeheuren Verlust darstellt. Das Klima des Holozän war demnach ein „unabhängiges und wildes Gebiet, eine vom Menschen unbeeinflusste Welt, der er sich angepasst hat, unter deren Gesetzmäßigkeit er geboren wurde und starb" (ebd. S. 58). Und diese Gesetzmäßigkeiten ändern sich heute.

Aber wenn wir durch den unbeabsichtigten Klimawandel bereits auf der Erde 2.0 leben, wie McKibben annimmt, stellt sich die Frage: Welche zusätzliche psychologische Bürde lädt uns das Geoengineering eigentlich auf? Manche Autoren sind der Ansicht, Geoengineering werde die Erde letztlich zu einem riesigen Kunstprodukt machen, einem Planeten, der von nun an absichtlich von Menschen so bewirtschaftet wird, dass er genau die richtige Menge an Sonnenenergie reflektiert oder aufnimmt. Damit würde eine ganz neue Phase der Geschichte anbrechen, weil Menschen von nun an gezielt die Steuerung der geophysikalischen Vorgänge übernehmen.

In diesem neuen Zeitalter wären die Eigenschaften der Beziehung zwischen Erde und Sonne nicht mehr von so grundsätzlicher Natur wie in der Vergangenheit. Die Gesetzmäßigkeit der sogenannten Milanković-Zyklen, die während der 2,5 Millionen Jahre langen Epoche des Pleistozän, die dem Holozän vorausging, in vorhersagbarer Weise schwankten, bestimmte in der Vergangenheit über den Wechsel von Warm- und Eiszeiten, welche die Ökologie auf der Erde prägten. In einer Welt mit technisch beeinflusstem Klima wären das geringfügige Wachsen und Schrumpfen der elliptischen Umlaufbahn unserer Erde, die Veränderungen des Winkels, den ihre Achse zur Senkrechten bildet, und die verschiedenen Richtungen, in die diese Achse weist, keine bestimmenden Faktoren für die globalen Temperaturen mehr. Das geringfügige, aber einflussreiche „Wackeln" unseres Planeten wäre mehr oder weniger bedeutungslos. Anders als auf jedem anderen Planeten, den wir kennen, würden die Bewohner der Erde selbst die Menge an Sonnenstrahlung, die auf ihre Umwelt fällt, vermindern. Atmosphäreningenieure würden am Rad drehen und durch Einsatz von Algorithmen dafür sorgen, dass zu jedem Zeitpunkt nur eine mathematisch vorherbestimmte Wärmemenge die Erdoberfläche aufheizen darf. Für uns würde das Sonnensystem damit zu einem kalibrierten System, dessen thermodynamischen Eigenschaften wir ständig verändern könnten, umso unser Leben angenehmer zu machen.

Wie eine unermüdliche Töpferin, die ewig ihren Ton formt, so wären die Menschen dann dafür verantwortlich, ständig das Klima zu gestalten. Es würde nicht nur darum gehen, ein bestimmtes Ökosystem oder eine Landschaft im lokalen Maßstab zu prägen, wie man es während der Menschheitsgeschichte schon immer getan hat. Mit dem

Geoengineering würden Menschen ununterbrochen die Bewirtschaftung aller Dinge unter der Sonne übernehmen. Sie würden die Kontrolle über die grundlegenden Vorgänge auf der Erde ausüben, über die früher autonome Kräfte bestimmten, die ihren Ursprung in der Physik des Sonnensystems hatten.

Diese Rolle zu übernehmen, würde für die Menschen eine beträchtlich höhere Verantwortung mit sich bringen. Die meisten Ethiker und theoretischen Juristen würden behaupten, dass es ein großer Unterschied ist, ob man etwas absichtlich oder versehentlich tut. Man denke nur an die unterschiedliche Schuldzuweisung bei Mord und Todschlag oder an den Unterschied, ob man absichtlich einen Stein nach jemandem wirft oder ob sich der Stein bei der Wanderung an einer steilen Böschung zufällig löst.

Was die Verantwortung angeht, die dabei entsteht, ist das Geoengineering mit dem Werfen des Steins zu vergleichen. Es beinhaltet nicht die achtlose Verschmutzung der Atmosphäre, sondern die gezielte Absicht, sie zu verändern. Damit eröffnet sich für unseren Heimatplaneten ein ganz neues Kapitel und eine neue Form der globalen Verantwortung. Ein durch Geoengineering veränderter Planet würde über die Erde 2.0 mit ihrem unabsichtlich veränderten Klima hinausgehen und zu einer Erde 3.0 werden, oder vielleicht würde daraus auch etwas entstehen, was wir überhaupt nicht mehr als Erde bezeichnen würden.

Manche Fürsprecher der Technologie räumen ein, dass die Formulierung Solarstrahlungsmanagement *(solar radiation management)* Bilder aus Science-Fiction-Filmen heraufbeschwört und ein falsches Machtgefühl vermittelt. Deshalb haben sie versucht, die Abkürzung SRM in *sunlight reflection methods* („Methoden zur Reflexion von Sonnenlicht") umzudeuten und damit den Eindruck zu erwecken, Geoengineering sei irgendwie harmloser als der Gedanke an eine Beeinflussung der Sonnenstrahlung im globalen Maßstab. Das Wortspiel ist klug, aber vermutlich nutzlos. McKibben jedenfalls will sich weiterhin auf die Verminderung der Emissionen konzentrieren. Er bezeichnet die ganze Diskussion um das Geoengineering als „lästig" und die dahinter stehenden psychologischen Triebkräfte als „zweifelhaft". Dennoch wird die Idee, an die eine solche technische Lösung denken lässt, sich wahrscheinlich in absehbarer Zeit nicht in Luft auflösen. Schon jetzt sieht es so aus, als wäre die riesige Katze der künstlichen Umgestaltung der Erde bereits aus dem rapide wärmer werdenden Sack.

Die Beeinflussung der Sonnenstrahlung ist in vielerlei Hinsicht das Musterbeispiel für eine Tätigkeit im Plastozän: Menschen greifen in das Kernstück eines zutiefst natürlichen Prozesses ein und machen ihn zu dem ihren. Was könnte ein besseres Anzeichen für ein synthetisches Zeitalter sein als eine Spezies, die ihren Planeten gezielt von der Atmosphäre an abwärts gestaltet? Vergessen wir die Terraformierung des Mars. Erst einmal tun wir es hier.

Paul Crutzen, der Theoretiker, der die Diskussion auslöste, erkannte von Anfang an, wie eng das Geoengineering mit einer neuen Epoche der Menschheitsgeschichte verknüpft ist. Er erkannte die Herausforderungen, aber auch das Potenzial. Wir leben nicht mehr in einer Zeit, in der Menschen sich zurücklehnen und damit rechnen können, dass die Erde sich selbst bewirtschaftet. Die Herausforderungen unserer Zeit verlangen, wie er es formulierte, „in allen Maßstäben ein angemessenes Verhalten der Menschen, und dazu könnten durchaus international anerkannte, großformatige Projekte des Geoengineering gehören, beispielsweise mit dem Ziel, das Klima zu ‚optimieren'".[7]

Können kluge Techniker tatsächlich die Welt durch eine Optimierung des Klimas neu aufbauen? Das Ganze klingt wie die Handlung eines Science-Fiction-Films. Aber das ist es nicht, und es lohnt sich, dem Thema Aufmerksamkeit zu schenken. Nachdem die klimabedingten Schäden Woche für Woche zunehmen und der politische Wille, etwas dagegen zu unternehmen, alles andere als garantiert ist, liegt eine Entscheidung darüber, ob man den Weg des Geoengineering einschlagen soll, vielleicht nicht mehr allzu weit in der Zukunft. Da die politisch Verantwortlichen einiger mächtiger Staaten eindeutig dazu neigen, sich durch die erhabene Schönheit ihrer Technologie verführen zu lassen, bedarf es vielleicht mindestens einer außerordentlichen Mobilisierung betroffener Bürger, um eifrige Regierungen davon zu überzeugen, dass sie sich von diesem Weg abwenden.

9

Die Atmosphäre, neu gemischt

Im Zusammenhang mit dem Geoengineering richtete sich die Aufmerksamkeit der Öffentlichkeit zum größten Teil auf die recht beunruhigende Aussicht, Säure in der Stratosphäre zu versprühen. Bei Wissenschaftlern findet aber auch eine andere Form des Solarstrahlungsmanagements *(solar radiation management)* großes Interesse. Dabei steigert man die Helligkeit der Wolken über dem Meer, um so die von den Ozeanen absorbierte Wärmemenge zu verringern.

Wolken, die in einer Höhe von wenigen tausend Metern über der Meeresoberfläche auftauchen, lassen sich verstärken, wenn man von einer Flotte langsam fahrender Schiffe durch speziell konstruierte Düsen einen Salzwassernebel versprüht. Solche helleren Wolken reflektieren mehr Sonnenlicht zurück in die oberen Atmosphärenschichten. Wird das Verfahren der Wolkenverstärkung in ausreichend großem Maßstab eingesetzt, hat es einen ähnlichen Effekt wie die Anwendung von Aerosolen in der

© Springer-Verlag GmbH Deutschland, ein Teil von
Springer Nature 2019
C. J. Preston, *Sind wir noch zu retten?*,
https://doi.org/10.1007/978-3-662-58190-2_9

Stratosphäre: Ein nennenswerter Anteil der eingestreuten Sonnenenergie wird zurückgeworfen, bevor er den darunterliegenden Ozean aufheizen kann.

Die Methode der Wolkenaufhellung befindet sich zwar noch im Modellstadium, aber wie ihre Befürworter betonen, zeigen Satellitenfotos der NASA schon heute, dass Schiffsabgase das Wachstum von Wolken begünstigen, die sich dann Hunderte von Kilometern weit über den Ozean erstrecken. Die technischen Mittel, um das Gleiche mit Salzwasser statt mit Dieselabgasen zu bewirken, gelten als relativ einfach. Die größte Schwierigkeit besteht darin, dass die versprühten Teilchen einheitlich die optimale Größe haben müssen. Wenn man das beherrscht, könnten Flotten von selbststeuernden Schiffen auf den Linien eines Gitternetzes über Teile der Ozeane fahren und salzigen Nebel in den Himmel blasen.

Der Gedanke, die Wolken über dem Meer aufzuhellen, stößt bei den Menschen nicht auf so große Empfindlichkeiten wie die Aussicht, Aerosole in der Stratosphäre zu versprühen. Die Idee, mit bauschigen weißen Wolken über dem Meer herumzuspielen, erscheint weniger beängstigend als die Vorstellung, Säuretröpfchen in die Stratosphäre zu schießen. Außerdem hat der Ozean eine vertrautere und vielleicht tröstlichere Verbindung zur Menschheitsgeschichte als der Streifen der Stratosphärenluft 15 Kilometer über uns. Wenn die Zukunft des Planeten auf dem Spiel steht, scheinen ein paar Wolken mehr über dem Ozean kein allzu hoher Preis zu sein.

Auch einige unmittelbare Sicherheitsbedenken, die sich mit dem Geoengineering verbinden, werden durch die Aufhellung von Meereswolken beträchtlich abgemildert. Die Aufhellung von Wolken lässt sich leichter wieder einstellen als der Einsatz von Aerosolen in großer Höhe. Wenn man die Sprühdüsen abschaltet, verschwinden die Wolken über dem Meer innerhalb weniger Stunden oder Tage.

Welche Varianten sind harmlose Eigenarten und welche stellen eine Gefahr dar? Dagegen bleiben die Auswirkungen von Aerosolen, die in die Stratosphäre gelangt sind, über mehrere Jahre bestehen – das wissen wir seit dem Ausbruch des Krakatau. Außerdem birgt die Aufhellung von Meereswolken keine Gefahr für die schützende Ozonschicht der Erde, was bei Aerosolen in der Stratosphäre potenziell der Fall ist. Stephen Colbert würde wahrscheinlich als einer der Ersten darauf aufmerksam machen, dass man zur Aufhellung der Wolken über dem Meer nur Salzwasser in die Luft sprühen muss und keine Schwefelsäure. Auch das ist eine gewisse Beruhigung.

In ausreichend großem Maßstab eingesetzt, ist auch die Aufhellung der Meereswolken eine Art des globalen Solarstrahlungsmanagements. Wie das Ausbringen von Aerosolen in der Stratosphäre, so greift es in die Albedo der Erde in einem Maßstab ein, der zu Problemen führen kann. Die beiden größten Bedenken im Zusammenhang mit Aerosolen in der Stratosphäre – ungeklärte Auswirkungen auf die Niederschläge und ständige Versauerung der Ozeane – gelten sogar für diese weniger aufsehenerregende Form der Klimamanipulation. Der Widerstand der Öffentlichkeit gegen die Aufhellung von Wolken ist zwar derzeit nicht so groß wie der gegen die Aerosole in der Stratosphäre, möglicherweise wird er aber am Ende kaum hinter diesem zurückbleiben.[1]

Sowohl die Aerosole in der Stratosphäre als auch die Aufhellung der Wolken über dem Meer basieren auf dem Gedanken, die Albedo zu verändern. Diese Vision hat viel Aufmerksamkeit auf sich gezogen, sie ist aber nicht die einzige Möglichkeit die Atmosphäre zu beeinflussen. Die Klimaingenieure haben noch weitere Tricks im Ärmel. Solche Alternativen gehen das Problem von einer anderen Seite an. Sie setzen nicht bei der Sonnenenergie an, sondern beim Kohlenstoff.

Schon ganz zu Beginn der Diskussion um das Geoengineering wurde in einem einflussreichen Bericht der britischen Royal Society das Fachgebiet in zwei technische Haupttypen unterteilt.[2] Der erste war das Solarstrahlungsmanagement, der zweite umfasste eine Reihe von Methoden, mit denen das Kohlendioxid aus der Atmosphäre entfernt und langfristig sicher gelagert werden sollte. Diese Strategie wird als *carbon dioxide removal* („Entfernen von Kohlendioxid") oder kurz CDR bezeichnet.

Da die Royal Society sich dafür entschieden hatte, die zuletzt genannte Methode unter der gleichen Überschrift des „Geoengineering" einzuordnen wie die aufsehenerregende Methode des Solarstrahlungsmanagements, musste die CDR im Orchester des Geoengineering stets die zweite Geige hinter ihrem aufmerksamkeitsheischenden Vetter spielen. Seit dem Pariser Klimaabkommen von 2015 jedoch erregt auch die CDR wachsende Aufmerksamkeit. Wie im Pariser Abkommen klar wurde, hat die Menschheit nur dann überhaupt eine Chance, den globalen Temperaturanstieg gegenüber der vorindustriellen Zeit auf zwei Grad Celsius zu begrenzen, wenn wir nicht nur weniger Kohlenstoff in die Atmosphäre entlassen, sondern auch anfangen, ihn daraus zu entfernen.

Es gibt viele Wege, um der Atmosphäre Kohlenstoff zu entziehen. Eine besteht einfach darin, mehr Bäume zu pflanzen. Diese technisch sehr einfache Lösung hört sich nicht sonderlich radikal an und wird allein wahrscheinlich auch das Klimaproblem nicht lösen. Sie erfordert ungeheuer große Landflächen, eine ungeheuer große Zahl von Bäumen und eine Methode, mit der sichergestellt wird, dass der durch absterbende oder geerntete Bäume freigesetzte Kohlenstoff nicht sofort den Weg zurück in die Atmosphäre findet. Da wegen des Flächenbedarfs für den umfangreichen Anbau von Bäumen große Bedenken bestehen, ist diese Strategie in der Diskussion um die

Kohlenstoffspeicherung zwar willkommen, sie gilt aber nicht als alleinige Lösung für die Klimaerwärmung.

Als weitere biologische Methode zur Senkung des Kohlendioxidgehalts könnte man in den Ozeanen eine massive Phytoplanktonblüte in Gang setzen. Zu diesem Zweck könnte man lebenswichtige Elemente wie Eisen, Kalium oder Phosphor in Pulverform auf Teilen der Meeresoberfläche in ansonsten nährstoffarmen Regionen ausbringen. Fügt man der Suppe diese zusätzlichen Zutaten hinzu, wird sich das Phytoplankton, das von Natur aus an der Meeresoberfläche vorkommt, vermehren und im Rahmen seiner Photosynthese immer größere Kohlendioxidmengen binden.

Solche Phytoplanktonorganismen würden als Primärproduzenten der Ozeane sehr schnell in die Nahrungskette gelangen. Deshalb wird ein Teil des Kohlenstoffs, den die Mikroorganismen aufnehmen, am Ende in die Tiefsee absinken – entweder in Form von Exkrementen der Billionen Meereslebewesen, die das Phytoplankton gefressen haben, oder in Form abgestorbener Phytoplanktonorganismen selbst. Der unaufhörliche „Schnee" aus Kohlenstoff, so die Hoffnung, wird am Ende langfristig in den Sedimenten des Meeresbodens verbleiben.

Die Düngung der Ozeane mit stickstoffhaltigem Material war bereits während großer Teile der Evolutionsgeschichte ein Teil der Nährstoffzyklen im Meer. Bevor die Walfangflotten auf der ganzen Welt die Zahl der riesigen, herumstreifenden Meeressäuger dezimierten, erfüllten Wale die Düngefunktion mit ihren Exkrementen. Die nährstoffbeladenen Abfallprodukte der größten Meeresbewohner regten das Wachstum der Kohlenstoff absorbierenden Mikroorganismen an und hatten damit nach heutiger Kenntnis einen messbaren Einfluss auf das Weltklima.[3] Nachdem heute nicht mehr Millionen Meeressäuger fröhlich in den oberen Schichten des

Meeresökosystems ihre Exkremente ausscheiden, reicht die Verteilung der Nährstoffe im Wasser heute nicht mehr an die Verhältnisse der Vergangenheit heran. Das ist ein weiteres Motiv, die Walbestände zu schützen und zu stärken, und damit eine Begründung neben vielen anderen, diese hoch entwickelten, charismatischen Arten vor dem Aussterben zu bewahren.

Im Zusammenhang mit der künstlichen Düngung der Ozeane stellt sich aber unter anderem das Problem, dass bisher nicht genau geklärt ist, wie viel Kohlenstoff solche Mikroorganismen tatsächlich aufnehmen könnten, wenn man die Nährstoffe auf der Meeresoberfläche versprüht. Ebenso bestehen Zweifel, ob der Kohlenstoff am Ende tatsächlich in den sicheren Langfristspeicher am Meeresboden gelangt. Andere Bedenken drehen sich um die Frage, welche größeren ökologischen Auswirkungen es hat, wenn man überall im Meeresökosystem Nährstoffe verteilt. Wie das Klima, so sind auch die Nahrungsketten im Meer komplizierte Gebilde, und solche chemischen Eingriffe würden wahrscheinlich beträchtliche Nebenwirkungen nach sich ziehen, die sich in unvorhergesehener Richtung entwickeln könnten.

Manchmal könnte es sich dabei um geringfügige Effekte handeln. Nachdem die Klimaaktivistin Naomi Klein davon gehört hatte, dass in der Nähe der Küste ihrer Heimat in British Columbia ein nicht genehmigtes Experiment zur Düngung des Ozeans stattgefunden hatte, stellte sie die Frage, ob die ungewöhnliche Sichtung von Orcas in der Region bereits ein Hinweis darauf war, dass das Ökosystem durch das Ausbringen des Wunderdüngers seine Ordnung verloren hatte. In einem Anklang an McKibbens Bemerkungen über die Atmosphäre klagte Klein darüber, möglicherweise würden durch derartige Eingriffe „alle natürlichen Ereignisse irgendwann eine unnatürliche Färbung bekommen".[4]

Als wir während meiner Arbeit als Fischer mit unserem Schiff durch den Frederick Sound nicht weit von Petersburg in Alaska fuhren, erlebte ich mit, wie unwirklich es sich anfühlt, Dutzende von Buckelwalen zu beobachten. Man konnte in keine Richtung blicken, ohne Flossen und Fluken zu sehen, die durch die glatte Wasseroberfläche schnitten, während gleichzeitig Sprühwolken aus Blaslöchern ausgestoßen wurden und die Wale immer wieder durch die Oberfläche brachen. Dass ich dabei einen so großen Nervenkitzel empfand, lag zum Teil an dem Eindruck von Wildheit und Spontanität des Schauspiels. Wenn in Zukunft Nährstoffe in großem Maßstab auf die Meeresoberfläche geschüttet werden, dürften sich solche Erlebnisse irgendwann mehr wie ein eine halb inszenierte Seaworld-Schau anfühlen und weniger wie ein Fenster in die ungezügelte Natur.

Da viele biologische Methoden, den Kohlenstoff in größerem Maßstab zu binden, mit ökologischen Risiken verbunden sind, wurden auch Alternativen vorgeschlagen, Verfahren, bei denen man den Kohlenstoff nicht mit biologischen, sondern mit chemischen Mitteln an Land unmittelbar aus der Atmosphäre entfernt. Eine solche Methode besteht in der künstlichen Verstärkung der Prozesse, durch die Gestein normalerweise verwittert.

Die Verwitterung von Gebirgen durch Niederschlag ist einer der wichtigsten Mechanismen des Kohlenstoffkreislaufs und hat dafür gesorgt, dass der Atmosphäre während der gesamten Erdgeschichte gewaltige Mengen an Kohlenstoff entzogen wurden. Regen ist immer ein wenig sauer. Deshalb setzt er eine langsame, aber nennenswerte Reaktion in Gang, wenn er auf Gestein fällt. Der schwach saure Regen sorgt dafür, dass Silikat- und Bicarbonationen von Landflächen in Bäche und Flüsse gespült werden. Ein Teil dieser fließenden Lösung sickert in unterirdische Höhlen und Felsspalten. Über oder unter der Erde werden die Ionen dann zu den Großmeistern im Festhalten von Kohlenstoff.

Im unterirdischen Umfeld fallen sie aus dem Wasser aus und lassen kohlenstoffreiche Stalagmiten und Stalaktiten entstehen, die mit ihrer spitzen Form in den unterirdischen Höhlen ständig dem kühlen Luftzug ausgesetzt sind. Die Ionen in den Oberflächengewässern gelangen schließlich in den Ozean, wo manche Meereslebewesen mithilfe der Carbonationen das Calciumcarbonat bilden, aus dem ihre Gehäuse bestehen. Mikroskopisch kleine Algen, Diatomeen oder Kieselalgen genannt, nutzen zum Aufbau ihrer Zellwände die Silikate. Wenn sie oder ihre Konsumenten sterben, regnen solche Organismen hinab zum Meeresboden, wo sie sich als verfestigte Sedimente allmählich in Dolomit, Kalkstein und andere Gesteinsformen verwandeln. Solche steinernen Staubecken dienen als Langzeitspeicher für ungefähr 6 Billionen Tonnen atmosphärischen Kohlenstoff. Wegen dieser natürlichen Verwitterungsprozesse entstand auf der Erde überhaupt erst eine Atmosphäre, die Leben möglich machte.

Verstärkung der Gesteinsverwitterung – das mag sich nach einer bizarren Strategie für den Umgang mit dem Klimawandel anhören, aber dahinter steht eine gewisse Logik. Wenn der Klimawandel dadurch verursacht wird, dass ein Teil des natürlichen Kohlenstoffkreislaufs sich künstlich beschleunigt, weil wir fossile, kohlenstoffhaltige Brennstoffe ausgraben und verfeuern, könnte die Beschleunigung des Prozesses, der den Kohlenstoff wieder zurück in den Boden befördert, eine kluge Reaktion sein. Die chemischen Aspekte einer verstärkten Verwitterung sind nicht kompliziert. Man braucht nur Olivin, ein verbreitetes natürliches Mineral, über Gesteinsflächen zu verteilen, dann werden Silikate und Carbonate beschleunigt ausgewaschen. Die Folge: Riesige Mengen an zusätzlichem Kohlenstoff werden der Atmosphäre entzogen.

Bei der Vorstellung, einen chemischen Prozess in großem Maßstab auf der nackten Oberfläche freiliegender Gebirge und Hochebenen ablaufen zu lassen, bringt manch einen vielleicht zum Nachdenken. Ein anderer Prozess zur Bindung von Kohlenstoff könnte an künstlichen Bauwerken angesiedelt werden, die 20 Meter hoch in den Himmel reichen. Bei der direkten Bindung des Kohlenstoffs aus der Luft (*direct air capture*, DAC) verwendet man ein technisches Bauwerk, das eine moderne Kombination aus einer Windmühle und einem Schiffssegel darstellt. Solche Strukturen, beschönigend „künstliche Bäume" genannt, würden den Kohlenstoff aus dem Wind auffangen wie echte Bäume, die das Gleiche bereits durch Photosynthese tun. Solche synthetischen Bäume müsste man in Regionen, in denen sie ständig der Umgebungsluft ausgesetzt sind, über die Landschaft verteilen. Wenn die Luft an ihnen vorüberstreicht, hält eine chemische Reaktion an der Oberfläche ihrer „Blätter" den atmosphärischen Kohlenstoff fest. Den so geernteten Kohlenstoff könnte man dann aus den chemischen Bestandteilen abtrennen, abtransportieren und an einem anderen Ort sicher lagern, vielleicht in geologischen Formationen, aus denen man Öl und Gas gewonnen hat.

Die direkte Bindung aus der Luft hat unter allen Strategien zur Beseitigung von Kohlendioxid am stärksten das Flair einer klinisch sauberen technischen Lösung. Um das schwierige Problem des Kohlenstoffs zu lösen, muss man natürlich mit präziser Ingenieurarbeit die richtige Vorrichtung konstruieren. Wenn man eine künstliche Version des bekanntesten natürlichen Kohlenstoff-Abscheidungsorganismus in ausreichend großem Maßstab herstellt, wird man damit der Atmosphäre möglicherweise so viel Kohlenstoff entziehen können, dass sich die Maßnahme wirklich bemerkbar macht. Die natürlichen Bäume würden eine helfende Hand in Form des Einsatzes effizienterer künstlicher Bäume sicher annehmen. Dann würden sich vielleicht die bei der Pariser Klimakonferenz geäußerten Hoffnungen verwirklichen, dass wir lernen können, Kohlenstoff effizient aus der Atmosphäre zu beseitigen. Auch David Keith gibt sich nicht damit zufrieden, beim Geoengineering nur eine einzige Rolle zu spielen und in Harvard neue Verfahren zur Bewirtschaftung von Sonnenstrahlung zu erproben: Er beteiligt sich außerdem an einem Unternehmen namens Carbon Engineering, das daran arbeitet, eine leistungsfähige Version der DAC zu entwickeln und kommerziell nutzbar zu machen.

***

Die Kohlendioxidabscheidung hat als Strategie gegen den Klimawandel viel für sich. Erstens geht sie die Grundursache des Treibhausgasproblems so an, wie es die Bewirtschaftung der Sonnenstrahlung nicht kann. Das SRM vermindert zwar die Temperaturen und verschleiert so eine der wichtigsten Auswirkungen des Kohlendioxids, es beseitigt aber nicht die Hauptursache der erhöhten Temperaturen: die Treibhausgase als solche. Die Abscheidung von Kohlendioxid dagegen entfernt ein klimaerwärmendes Gas aus der Atmosphäre und geht so die Ursache unmittelbar an.

Die Beseitigung von Kohlendioxid hat auch noch eine andere angenehme Folge. Da sie sich auf die eigentlichen Ursachen und nicht auf die Symptome richtet, würde sie die Gefahren der Ozeanversauerung auf eine Weise vermindern, wie die Bewirtschaftung der Sonnenstrahlung es nicht kann. Weniger Kohlenstoff in der Atmosphäre ist gleichbedeutend mit weniger Kohlensäure in den Weltmeeren. Korallenriffe würden sich erholen, und das hätte ungeahnten Nutzen für die rund 9 Millionen biologischen Arten, die von ihnen abhängig sind. Krebse und Muscheln würden in ihren Gehäusen bleiben.

Das angenehm-unbestimmte Gefühl, das sich mit der Kohlendioxidabscheidung verbindet, bleibt erhalten. Wenn man Kohlendioxid als Umweltgift betrachtet, ist die CDR einfach eine Form der Schadstoffbeseitigung. Was könnte einem daran nicht gefallen? Wir alle stehen in der Verantwortung, unsere Hinterlassenschaften aufzuräumen, ganz gleich, ob sie auf dem Boden liegen oder über unseren Köpfen in den vermischten Geschichten der Atmosphäre wabern.

Im Gegensatz zu den meisten technischen Lösungen hat die Kohlendioxidabscheidung auch etwas beruhigend Natürliches. Ozeane, Wälder, Algen, Phytoplankton und Gestein binden Kohlendioxid aus der Atmosphäre, ebenso viele Bakterienarten. Man kann sich vorstellen, dass Menschen ihren biologischen Wurzeln Ehre antun, wenn sie in großem Maßstab das Gleiche versuchen. Bakterien und Tannen tun es. Vielleicht sollten wir ihrem Beispiel folgen.

Darüber hinaus hat die Kohlendioxidabscheidung noch einen weiteren Vorteil, der von Tag zu Tag attraktiver wird. Die CDR kann nicht nur die Auswirkungen des Kohlenstoffs vermindern, der heute in die Atmosphäre entlassen wird, sondern man kann damit auch Kohlenstoff beseitigen, der in der industriellen Vergangenheit emittiert wurde. Derzeit hat die Atmosphäre bereits einen Kohlendioxidgehalt von mehr als 400 ppm *(parts per million)* – vor dem Beginn der Industriellen Revolution waren es 280 und noch 1975 nur 330. Das Tempo, mit dem der *Homo Faber* das schädliche Gas in den Himmel bläst, hat sich seit den 1970er-Jahren verdoppelt. Die meisten Klimaforscher, aber auch der größte Teil der Politiker und Diplomaten bei den Klimagipfeln der jüngeren Zeit sind sich einig, dass der Anteil bereits viel zu hoch ist. Eine bekannte Klimaschutzorganisation fordert für den Kohlendioxidgehalt der Atmosphäre einen Höchstwert von 350 ppm. Diese Zahl hat die Erde bereits um einen beträchtlichen Betrag übertroffen.

Der bereits in der Atmosphäre enthaltene Kohlenstoff ist das Geschenk, das uns mit seinen Effekten noch auf Jahrtausende begleiten wird. Wenn wir die Atmosphäre mit einer annehmbaren Kohlendioxidkonzentration wiederherstellen wollen, wird es notwendig sein, nicht nur die derzeitigen Kohlenstoffemissionen zu reduzieren, sondern wir müssen uns auch um den Kohlenstoff kümmern, der bereits emittiert wurde. Das kann die Kohlendioxidabscheidung. Das Solarstrahlungsmanagement kann es nicht. SRM belässt das gesamte emittierte Kohlendioxid in der Atmosphäre, bis es von Natur aus absorbiert wird, ein Prozess, der viele tausend Jahre dauert. Diese Verzögerung wird für viele besonders verletzliche Menschen auf der Welt ebenso große Entbehrungen und Leiden verursachen wie für zahlreiche gefährdete Arten.

Zwischen der Kohlendioxidabscheidung und des Solarstrahlungsmanagements bestehen also auffällige, grundlegende Unterschiede. Wenn CDR wirklich ein Vetter des SRM ist (was die Benennung durch die Royal Society vermuten lässt), handelt es sich nur um einen sehr entfernten Vetter. In einer Zeit, in der Technologie manchmal unheilvoll wirkt und die Erde verändert, scheint die CDR ein erfrischend ganzheitliches Projekt zu sein – sie ist weit weniger eine verzweifelte Notmaßnahme als die SRM und dient weit mehr der Hygiene unseres Planeten.

***

Allerdings sind nicht alle Nachrichten über die Beseitigung von Kohlendioxid so tröstlich. Was vielleicht am meisten beunruhigt: Bisher ist nicht klar, ob die Kohlenstoffabscheidung im erforderlichen Ausmaß technologisch oder wirtschaftlich auch nur annähernd im erforderlichen

Zeitrahmen machbar ist. Keine der verschiedenen Strategien, die derzeit diskutiert werden, ist nachweislich in geeignetem Ausmaß umsetzbar, auch wenn die Mehrzahl der Wege, die man derzeit in Betracht zieht, um die steigenden Temperaturen auf einem erträglichen Niveau zu halten, sich ihrer bedienen.[5]

Die unmittelbare Abscheidung von Kohlenstoff aus der Luft würde große Anforderungen an Landflächen und andere natürliche Ressourcen stellen und voraussetzen, dass eine ganz neue Infrastruktur im industriellen Maßstab entwickelt wird, die in Größe und ökologischen Auswirkungen der heutigen Öl- und Gasindustrie ähnelt. Produktion und Verkehr wären in ungeheurem Ausmaß notwendig, und auch Energie und Süßwasser würden in großem Umfang gebraucht, wenn die verschiedenen chemischen Reinigungsprozesse effizient funktionieren sollen.

Auch der ästhetische Preis wäre erheblich. Künstlichen Bäumen würde die Schönheit echter Bäume fehlen, und sie hätten als Lebensraum für Vögel und Insekten wenig zu bieten. Die Maschinen zum Auswaschen von Kohlenstoff, die Keith' Firma Carbon Engineering im Sinne hat, sehen aus wie eine Kreuzung aus den schlimmsten Bürogebäuden der 1960er-Jahre und einem riesigen Luftkissenfahrzeug. Übereinandergestapelte Metallmodule mit riesigen eingebauten Ventilatoren würden die Umgebungsluft über Oberflächen treiben, die mit der kohlenstoffbindenden Flüssigkeit getränkt sind. Ein solcher Kohlenstoffwäscher würde eine nahegelegene Energiequelle brauchen, damit die Ventilatoren sich drehen, und er wäre von Rohrleitungen und anderer Infrastruktur umgeben, mit denen die gesättigte Flüssigkeit zur Weiterverarbeitung irgendwohin transportiert wird.

Die Abscheidung von Kohlenstoff könnte in Zukunft auch beträchtliche visuelle Auswirkungen haben. Wir würden nicht nur sehen, wie sich Reihe um Reihe Elektrizität erzeugender Windräder über die Landschaft verbreitet, sondern auch Wälder von Kohlenstoffwäschetürmen, die ihre Kohlenstoffernte einbringen. Die notwendigen Maschinen, mit denen die absorbierenden Oberflächen freigehalten werden und die kohlenstoffgesättigte Flüssigkeit abtransportiert wird, würden ein ständiges lautes Heulen verursachen. Felder mit solchen Anlagen wären sicher eine schöne technische Errungenschaft, aber ästhetisch wären sie ein Albtraum. Im Vergleich zum Bau der notwendigen Zubringerstraßen, der Infrastruktureinrichtungen und dem Streit um ökologische Störungen würden die heutigen Konflikte um die Aufstellung von Windrädern wie ein Kinderspiel aussehen lassen. Nur das Wissen, dass die Infrastruktur gebaut wurde, um das Problem des atmosphärischen Kohlendioxids zu lösen (statt es zu verursachen), wäre eine Art Wiedergutmachung für die ästhetischen Mängel.

Viele Methoden zur Kohlendioxidabscheidung wären auch teuer und könnten potenziell die vorhandene Wirtschaft beeinträchtigen. Die Herstellung künstlicher Bäume wäre nicht billig. Umfangreiche Aufforstung würde beträchtliche Anbauflächen für Nahrungspflanzen verdrängen. Eine verstärkte Gesteinsverwitterung würde voraussetzen, dass Olivin in riesigen Mengen abgebaut und über die Landschaft verteilt wird. Manche Strategien sind auch juristisch fragwürdig. Die Düngung der Ozeane ist bereits durch die Londoner Konvention gegen die Verklappung gefährlicher Substanzen auf hoher See verboten.

Die Kohlendioxidabscheidung ist also kein Allheilmittel. Allgemein scheint die Idee zwar ein Schritt in die richtige Richtung zu sein, und möglicherweise wird sie in irgendeiner Form auch notwendig werden, wenn wir die Konzentration des bereits in die Atmosphäre geblasenen Kohlenstoffs verringern wollen, aber die Umsetzung der verschiedenen Strategien, über die derzeit diskutiert wird, hat mit zahlreichen technischen und gesellschaftlichen Hindernissen zu kämpfen. Ein maßgeblicher Übersichtsartikel über ein ganzes Spektrum von CDR-Methoden dämpft die Begeisterung mit einer wohlberechneten Untertreibung: „Dass sich unter dem Strich mit der CDR ein positiver Nutzen für Umwelt und Gesellschaft erreichen lässt, ist alles andere als sicher."[6] Nichts davon spricht für den Gedanken, dass die CDR das Wundermittel sein könnte, mit dem sich das Klimaproblem lösen lässt.

Um die weit gefassten Ziele zu erreichen, auf die man sich in Paris geeinigt hat, rechnet die internationale Klimapolitik aber leider schon heute stark mit der Kohlendioxidabscheidung. In dem 2014 erschienenen fünften Bericht des Weltklimarates IPCC wird eine Technologie namens Bioenergie mit Kohlenstoffabscheidung und -speicherung (*bioenergy with carbon capture and storage*, BECCS), eine Kombination aus der Produktion von Biokraftstoffen und CDR-Technologie, als absolut notwendig bezeichnet, wenn die Weltgemeinschaft überhaupt eine Chance haben will, ihre Klimaziele zu erreichen.

Im Zusammenhang mit dem Klima bedeutet BECCS, dass man vom Verfeuern fossiler Brennstoffe zum Verbrauch angebauter Brennstoffe wechselt. Da beim Verbrennen pflanzlichen Brennstoffs ungefähr die gleiche Menge an Kohlenstoff entsteht, die von der Pflanze zu ihren Lebzeiten durch Photosynthese aus der Atmosphäre aufgenommen wurde, kann Bioenergie theoretisch dem Ziel der Kohlenstoffneutralität sehr nahekommen.

Eine kohlenstoffneutrale Energieversorgung ist ein guter Anfang, aber es besteht die Hoffnung, dass es uns mit neuen Technologien gelingen wird, es noch besser zu machen. Könnte man die durch Verfeuern biologischer Brennstoffe entstehenden Emissionen einfangen und langfristig unter der Erde speichern, wäre der Prozess nicht mehr nur kohlenstoff*neutral,* sondern kohlenstoff*negativ,* und die Erde würde unter dem Strich von einem Rückgang des Kohlenstoffgehalts in der Atmosphäre profitieren. Bioenergie in Verbindung mit erfolgreicher Kohlenstoffabscheidung und -speicherung erreicht das höchst wünschenswerte Ziel *negativer Emissionen*. Insgesamt würde mehr Kohlenstoff eingefangen als ausgestoßen, und die Konzentration der Treibhausgase in der Atmosphäre würde nicht mehr steigen, sondern sinken. Viele nationale Strategien, die das Rückgrat des in Paris geschlossenen internationalen Klimaabkommens bilden, gehen von der Annahme aus, dass die BECCS in den kommenden Jahrzehnten verbreitet zur Energieversorgung dienen wird.

Derzeit stehen einer erfolgreichen Umsetzung der BECCS noch zahlreiche Hindernisse im Wege. Die Fragen nach den richtigen Nutzpflanzen, dem Energie- und Landverbrauch für ihre Produktion, der politischen Unterstützung für einen solchen weitreichenden Wandel in der Landwirtschaft und der richtigen industriellen Prozesse für die Umwandlung der Biomasse in Brennstoff sind noch nicht gelöst. Biologische Brennstoffe werden sicher in ihrer Produktion viel weniger kohlenstoffintensiv werden müssen, als sie heute sind. Außerdem müssen die so erzeugten Produkte eine ausreichende Energiedichte haben. Flugzeuge fliegen nicht mit vergorenem Stroh. Die notwendige Technologie zur Abscheidung von Kohlenstoff aus einem Kraftwerk, das Biomasse verbrennt, lässt sich heute noch nicht wirtschaftlich umsetzen. Man erzielt zwar Fortschritte, aber dem Weltklimarat mit seiner Begeisterung für BECCS kann man den Vorwurf machen, dass er seine Klima rettenden Hühner gezählt hat, bevor sie aus dem Ei geschlüpft sind.

***

Ein synthetisches Zeitalter, in dem die Menschheit sich freie Hand verschafft hat, um alle ihre wichtigen Probleme durch Technologie zu lösen, bietet einige kühne, faszinierende Aussichten für den Umgang mit dem Klimawandel. In einem vollständig ausgeprägten Plastozän wäre das Klimasystem als Ganzes der Manipulation durch Bewirtschaftung der Sonneneinstrahlung und technische Kohlendioxidabscheidung zugänglich. Viele derartige technische Möglichkeiten sind es sicher wert, dass man sie genauer erforscht – das gilt insbesondere für die Seite der Gleichung mit der Kohlendioxidbeseitigung. Der Airline-Magnat Richard Branson hat die Virgin Earth Challenge ausgeschrieben, einen Preis von 25 Millionen Dollar für die erste Organisation, die eine ungefährliche, nachweislich wirksame und wirtschaftlich nachhaltige Methode entwickelt, um das Kohlendioxid in ausreichendem Maßstab aus der Atmosphäre zu beseitigen.[7] Die Wissenschaftler brennen darauf, eine solche technische Lösung für eine der größten Herausforderungen in der modernen Gesellschaft zu finden. Abgesehen von allem anderen, könnte man mit der kommerziellen Verwertung einer solchen Technologie eine Riesenmenge Geld verdienen.

Während also in manchen Kreisen große Begeisterung herrscht, gibt es in anderen auch eine Menge ungute Gefühle. Bisher schien der Himmel im Gegensatz zur Erdoberfläche für absichtliche Eingriffe der Menschen verbotenes Gebiet zu sein.[8] Kein Teil der Systeme unseres Planeten ist bis heute unabhängiger von *absichtlichen* Eingriffen der Menschen als die Atmosphäre. Sowohl mit der Kohlendioxidabscheidung als auch mit der Bewirtschaftung der Sonnenstrahlung gibt man den Gedanken, die dünne Atmosphärenhaut unseres Planeten in einem „natürlichen" oder „unberührten" Zustand zu belassen, vollkommen auf. Wie Klimaaktivisten von Al Gore bis Bill McKibben betonen, verändern wir mit dem Klima auch alles andere. Wenn Menschen sich daran machen, es gezielt zu manipulieren, begeben sie sich auf vollkommen neues Terrain. Dann würden die synthetischen Tendenzen des Plastozäns ein wahrhaft weltweites Ausmaß erreichen. Dem traditionellen ökologischen Gedanken über den Wert, den Dinge unabhängig von uns haben, würde damit ein weiterer Schlag versetzt. Von der Stratosphäre an abwärts würden wir alles selbst gestalten.

Welche Reaktionen die Aussicht auf Geoengineering beim Einzelnen auch auslösen mag – von kribbelnder Spannung bis zu empörtem Entsetzen –, der Gedanke bedeutet, den Himmel auf ganz neue Weise zu sehen. Ähnlich der veränderten Wahrnehmung, die sich einstellte, als Astronauten erstmals in den Weltraum flogen, so würde unsere Verbindung zum Firmament auch eine unumkehrbare Veränderung durchmachen, wenn Geoengineering im Plastozän zum Normalfall wird. Der Himmel wäre dann nicht mehr nur ein einfaches, von Sternen übersätes Firmament oder ein unendliches, uns einhüllendes Gewölbe. Er würde schlicht zu einem weiteren Teil eines bewirtschafteten Systems, in das Menschen bewusst und ununterbrochen eingreifen, um ihr eigenes Wohlbefinden zu gewährleisten.

Was für eine bedeutsame neue Rolle das ist, hat auch Oliver Morton begriffen, der Autor eines Buches über Geoengineering mit dem Titel *The Planet Remade*. In die Atmosphäre einzugreifen, so schreibt er, „bedeutet eine Veränderung für das Wesen des Menschen und das Wesen der Natur – es treibt die Herrschaft des Menschen über die Grenze der Blasphemie." Im philosophischen Sinn würde man den Himmel auf die Erde fallen lassen, wenn er in den Einflussbereich der Menschen gerät.

Aber für philosophische oder religiöse Grübeleien, so erklären die Befürworter des Geoengineering, ist es zu spät. Mit unserem Handeln haben wir die Unversehrtheit und Unabhängigkeit der Atmosphäre schon längst beeinträchtigt. Wenn wir die Dinge wieder in Form bringen wollen, gibt es für uns nur eine Hoffnung: Wir müssen den Weg weitergehen und die Atmosphäre mit technischen Mitteln zurückbauen.

Eine solche Reaktion hat durchaus ihren Reiz. Wir haben in der Atmosphäre schon beträchtliches Chaos angerichtet. Sollten wir nicht alles tun, was in unserer Macht steht, um wieder aufzuräumen?

Aber die extreme Form der Bewirtschaftung unseres Planeten, die sich mit dem Geoengineering verbindet, hat einen hohen Preis, und auch das ist nicht unbemerkt geblieben. Der Umweltschützer und Autor Jason Mark hat die Ansicht geäußert, die Anwendung des Geoengineering werde in uns eine Art „Existenzangst" hervorrufen. Die Menschheit hätte dann jeden Tag und in jeder Stunde die Verantwortung für alles, was im Klima vor sich geht. Diese Verantwortung, so Marks Vermutung, würde uns ständig vor Angst zittern lassen, weil wir fürchten, wir könnten „unseren Griff an dem Faden lockern, der den Planeten in so etwas Ähnlichem wie Gleichgewicht hält".[9] Ein Leben in einer Epoche, in der wir mit dem Klima jonglieren, wäre ein ständiges Leben auf des Messers Schneide.

Ähnliche Ansichten vertritt auch der Journalist Andy Revkin, der in der *New York Times* regelmäßig über die Klimakrise schreibt. Nach seiner Vermutung schafft die Aussicht auf das Geoengineering eine „unbehagliche Mischung aus Aufregung und Unwohlsein". Sie verspricht eine berauschende Macht, verbindet sich aber auch mit einer atemberaubenden Verantwortung. Erst kommt der Adrenalinschub, dann der Brechreiz.

Manchmal lässt sich nur schwer beurteilen, ob das Geoengineering für Befürworter des Plastozäns der schönste Traum oder der größte Albtraum ist. Vermutlich ist es eine Mischung aus beiden. Wenn Menschen sorgfältig, gezielt und mithilfe einer hochentwickelten Technologie eine riesige, unbeabsichtigte Folge einer bestimmten Lebensweise rückgängig machen können, könnte unsere Spezies dies als Erlösung aus dem Griff der Klimakrise feiern und einen langen, globalen Seufzer der Erleichterung ausstoßen. Gleichzeitig könnten die Menschen sich auch auf die Schulter klopfen, weil sie einen Erfindungsreichtum besitzen, an den keine andere Spezies heranreicht.

In dieser Phase des Überganges, in der unsere Spezies das Plastozän bereits vor sich sieht, stehen wir vor echten Alternativen: Wie weit wollen wir gehen, wenn wir die natürliche Ordnung verändern können? Die Erde ist in Schwierigkeiten. Irgendetwas müssen wir tun. Aber die Entscheidung, wie stark wir eingreifen wollen, ist quälend schwierig. Was den Ausdruck unserer Macht angeht, stehen wir vor großen Alternativen. Und eine der größten von allen ist die Frage, ob wir die Zügel in die Hand nehmen und das Klima vorsorglich verändern sollen.

Damit befinden wir uns in einer unangenehmen Lage. Als wir noch an der Leitidee von einer unberührten Natur hingen, die man schützen und in Ruhe lassen muss, war das Leben einfacher. Während wir früher nur dafür sorgen mussten, dass unsere Erfindungen und Gerätschaften innerhalb unserer Kultur funktionierten, werden wir jetzt schon bald gewährleisten müssen, dass die biologischen, ökologischen und atmosphärischen Prozesse auf dem gesamten Planeten funktionieren. Genau das nennt Morton, der generell ein Befürworter des Geoengineering ist, als unvermeidlichen Preis, wenn wir die ehemalige Domäne des Göttlichen in den Verantwortungsbereich der Menschen verschieben.

Dass dies einen dramatischen Wandel darstellt, steht außer Zweifel. Wir würden damit eine viel größere Aufgabe übernehmen als je zuvor. Die zunehmend schmale Grenzlinie zwischen der Welt der Menschen und der Welt der Natur würde endgültig verschwinden. Menschheitsgeschichte und Naturgeschichte würden verschmelzen.[10]

Und je mehr wir diese gewaltigen Aufgaben übernehmen, die Systeme der Erde zu steuern, desto stärker werden wir auch unser eigenes Ich unwiderruflich verändern.

10

Die synthetische Menschheit

Das synthetische Zeitalter wird sich von allen anderen Epochen der Erdgeschichte dadurch unterscheiden, dass Planung und Bestrebungen der Menschen über viele Grundfunktionen unseres Planeten bestimmen. Hier und da werden sich solche Planungen locker davon leiten lassen, wie die Erde selbst die Dinge während des Holozäns und in früheren Epochen bewerkstelligt hat. In anderen Fällen wird die Menschheit sich auf einen ganz neuen Weg begeben, weil sie entschlossen ist, die Welt so umzugestalten, dass die Vorgaben der Natur verbessert werden. „Herauszufinden, ob wir die Evolution in der Gestaltung überflügeln können, ist eine großartige Herausforderung", sagt George Whitesides im Zusammenhang mit den Aussichten der synthetischen Biologie.[1] Das Bestreben, die Natur von der Ebene der Atome bis hinauf in die Atmosphäre zu „überflügeln", wird zu einem Planeten führen, der uns immer weniger vertraut ist.

© Springer-Verlag GmbH Deutschland, ein Teil von
Springer Nature 2019
C. J. Preston, *Sind wir noch zu retten?*,
https://doi.org/10.1007/978-3-662-58190-2_10

Wenn das Plastozän in vollem Gang ist, wird unsere Spezies eine Rolle spielen, die in früheren Generationen unvorstellbar gewesen wäre. Weiter reichende technische Möglichkeiten versprechen eine Neuabstimmung grundlegender Eigenschaften unseres Planeten, darunter das Wesen der Materie, die Anordnung der DNA, die Zusammensetzung von Ökosystemen und die Menge der Sonnenstrahlung, die uns erreicht. Die Welt, in die unsere Nachkommen hineingeboren werden, wurde von vorausgegangenen Generationen gestaltet, die sich gezielt entschlossen hatten, selbst etwas zu konstruieren, statt es aus der Erdgeschichte zu übernehmen. Das wäre ein bemerkenswerter Wandel in der Beziehung zwischen Mensch und Erde. In der Frage, wer wir sind und was wir tun, käme es zu einer tektonischen Verschiebung.

Manche eifrigen Zukunftsforscher, die in solchen unglaublichen neuen Möglichkeiten schwelgen, fragen sich vielleicht, warum die Aussicht, eine solche Rolle zu übernehmen, überhaupt ein Anlass zum Zögern sein soll. Für viele von ihnen ist die Umgestaltung der Erde ein vollkommen vernünftiger nächster Schritt in der Geschichte des *Homo sapiens*. Wenn wir über die Kenntnisse und Fähigkeiten verfügen – warum sollen wir dann unsere Umgebung nicht in immer größerem Umfang gestalten? Schließlich tun auch alle Tiere nichts anderes. Keine Spezies nimmt die Welt hin, wie sie ist, und lässt sie unberührt. Die Manipulation der Umwelt ist ein notwendiges Merkmal des Lebens. Menschen mit ihren Satelliten und hochentwickelten Computermodellen sind eine besondere Form von Aufsehern. Wenn wir herausfinden können, wie sich die Erde durchdacht und geschickt steuern lässt, können wir sowohl für uns selbst als auch für die Lebewesen, die den Planeten mit uns teilen, eine bessere Zukunft sichern.

Eine solche Haltung wirkt häufig realistisch, begründet und praktikabel. Bedenken wegen der veränderten Beziehung zwischen Mensch und Erde hören sich dagegen oftmals ein wenig zu abstrakt und philosophisch an. Eigentlich geht es nicht um einen Wandel in uns, sondern nur um eine Veränderung bei den Dingen, die wir tun wollen. Wenn wir die neue Rolle übernehmen, heißt das nicht, dass uns zwei Köpfe oder Flügel wachsen würden. Ein Plastozän-Begeisterter könnte sagen: Auch wenn wir die neue Funktion übernehmen und viele Abläufe auf der Erde künstlich verändern, bleiben wir voll und ganz Menschen. Wir gehen einfach nur auf dem gleichen Weg, den wir schon immer beschritten haben, einen Schritt weiter.

Aber je weiter wir ins synthetische Zeitalter vordringen, desto weniger sind solche beruhigenden Aussagen gültig. Selbst die einfache Behauptung, wir würden voll und ganz Menschen bleiben, muss nicht immer stimmen. Die weitreichenden Technologien, die wir für unsere Umgebung entwickeln, können wir über kurz oder lang auch auf uns selbst anwenden. Wenn das geschieht, wird das Vertrauen, dass unser grundlegendes menschliches Wesen das Gleiche bleibt, zunehmend ins Wanken geraten.

***

Im Mai 2016 fand an der Harvard Medical School hinter verschlossenen Türen eine Konferenz statt. Den Teilnehmern war es verboten, über den Inhalt der Gespräche zu twittern oder mit der Presse zu reden. Insgesamt 150 Wissenschaftler sollten darüber diskutieren, ob man ein Genomprojekt in Angriff nehmen sollte, wie es noch keines gegeben hatte. Nach Angaben der Organisatoren war die Geheimhaltung notwendig, weil ein begutachteter Artikel über das Thema der Tagung auf die Veröffentlichung in einer angesehenen Fachzeitschrift wartete. Das könnte gestimmt haben. Andererseits hatte die Geheimhaltung aber vielleicht auch mit dem beunruhigenden, provokativen Tagungsthema zu tun.

In den Monaten vor der Konferenz hatten Verfahren, mit denen man Genome aus ihren chemischen Bestandteilen synthetisieren kann, in der Molekularbiologie zunehmend Verbreitung gefunden. Bis dahin hatte man die Technologie nur zur Synthese sehr einfacher Genome verwendet, darunter jene, die zu Bakterien und Hefezellen gehörten. Aber als die Methodik zur Synthese von Genen sich immer weiter verbesserte, konnte man auch daran denken, die längeren Genome höher entwickelter Lebewesen zu konstruieren. Bei der Tagung an der Harvard Medical School ging es um die Frage, ob man erste Schritte des bis dahin kompliziertesten Genom-Syntheseprojekts überhaupt in Angriff nehmen sollte – der Synthese des gesamten Genoms eines Menschen. Die Teilnehmer überlegten, wie Menschen sich innerhalb von zehn Jahren selbst im Labor von Grund auf – Gen für Gen – neu aufbauen könnten.

Die Methoden der synthetischen Biologie, die diese Tagung erst ermöglichten, waren die gleichen, mit denen Craig Venter, Jay Keasling und Svante Pääbo bereits Gene von Bakterien, Hefezellen und Neandertalern synthetisiert und redigiert hatten. Zum Zeitpunkt der Tagung war man mit den aktuellsten Methoden noch bei Weitem nicht in der Lage, alle 3 Milliarden Basenpaare des menschlichen Genoms zusammenzufügen. Die längsten bis dahin synthetisierten Genome enthielten ungefähr eine halbe Million Basenpaare. Selbst die 12 Millionen Basenpaare der Hefe – des ersten Lebewesens mit Zellkern und Chromosomen, das als Kandidat für die Genomsynthese infrage kam – waren noch Zukunftsmusik. Das menschliche Genom ist 250-mal so lang wie das der Hefe und fast

6000-mal länger als alles aus der Welt der Bakterien, was man bis dahin synthetisiert hatte.

Die Organisatoren der Tagung wussten, dass sie zu diesem Zeitpunkt ein höchst ehrgeiziges Ziel formuliert hatten. Selbst wenn die Verfahren zum Zusammenbau von 3 Milliarden Basenpaaren bereits zur Verfügung gestanden hätten, wäre es zweifelhaft gewesen, ob irgendjemand es für ethisch vertretbar gehalten hätte, ein synthetisiertes menschliches Genom in die entkernte Eizelle einer menschlichen Ersatzmutter einzuschleusen. Angesichts der Fehlbildungen bei der Geburt des ausgestorbenen Pyrenäensteinbocks, den Wissenschaftler 2003 wieder zum Leben erwecken wollten, lag die Vermutung nahe, dass der Versuch, ein vollständiges menschliches Genom in eine entkernte Eizelle einzubringen, von gewissenloser Grausamkeit wäre. Aber trotz solcher ethischer Zweifel hielt man das Ziel für so wichtig, dass es gerechtfertigt war, die Tagung abzuhalten und erstmals darüber nachzudenken, welche Schritte auf dem zukünftigen Weg lagen.

Als verschiedene Medien über die Tagung berichteten, reagierte die Öffentlichkeit vorwiegend mit Abscheu. Nach der Konferenz distanzierten sich die Veranstalter von dem Ehrgeiz, tatsächlich einen Menschen zu schaffen, dessen genetisches Erbe ausschließlich aus Chemikalienflaschen stammte und nicht aus den Geschlechtszellen lebender, atmender Menschen. Sie erklärten, der wichtigste Zweck des Projekts – dass man anfangs als Human-Genomprojekt 2 bezeichnet hatte – sei es nur gewesen, die Gensynthese zu verbessern.[2] Sie äußerten die Vermutung, die weitere Erforschung der Technologie könne in Zukunft die Entwicklung von Zellen ermöglichen, die gegen Viren resistent seien, oder man könne sogar Zellvorläufer schaffen, die zu transplantationsgeeigneten menschlichen Organen heranwachsen könnten. Außerdem legten Sprecher bei der Tagung die

Vermutung nahe, komplexe synthetische Genotypen von Krebszellen könnten bessere Krankheitsmodelle abgeben und eine gezieltere genetische Therapie möglich machen.

Immer noch in der Defensive, erklärten sie außerdem, das Projekt konzentriere sich nicht ausschließlich auf Menschen. Es werde auch die Synthese der Genome anderer Tiere umfassen, und anfangs werde man damit die Absicht verfolgen, nicht ganze Embryonen zu schaffen, sondern funktionsfähige Zellen. Wenn man die Schwierigkeiten beim Zusammenbau von Genomen gemeistert hätte, werde sich ein breites Spektrum verschiedener Nutzeffekte für die Menschen ergeben, aber das Ganze sei auch von beträchtlichem wissenschaftlichem Interesse. Insgesamt stand der Tenor der Versuche, mit denen die Veranstaltungen den Schaden begrenzen wollten, im Einklang mit der berühmten Bemerkung, die Richard Feynman einige Jahrzehnte zuvor gemacht hatte. Um etwas vollständig zu verstehen, muss man zunächst einmal wissen, wie man es zusammenbaut.

Trotz solcher Bemühungen, die Beunruhigung zu dämpfen, legte die Reaktion der Medien und anderer synthetischer Biologen die Vermutung nahe, dass man mit der Idee, das Genom des Menschen zu synthetisieren, eine Art moralische Grenze überschritten hatte. Der Biologe Drew Endy von der Stanford University, der an der Gründung der Biobricks Foundation mitgearbeitet hatte und normalerweise ein begeisterter Fürsprecher der synthetischen Biologie ist, forderte die Beteiligten zum Innehalten auf. „Sie reden über die Verwirklichung der Möglichkeit, das herzustellen, was das Menschsein definiert – das menschliche Genom", betonte er. In einem offenen Brief an die Organisatoren der Tagung machten Endy und seine Kollegin Laurie Zoloth den Vorschlag, lieber die Synthese weniger umstrittener und unmittelbar nützlicher Genome weiterzuverfolgen.[3] Francis Collins, der Leiter des ursprünglichen Humangenomprojekts, fügte außerdem die

Warnung hinzu, ein solches Projekt zur Genomsynthese werde „unmittelbar zahlreiche ethische und philosophische Warnlampen angehen lassen".[4] Ein menschliches Genom zu synthetisieren, erschien vielen Menschen als unverantwortliche Nutzung der Wissenschaft.

Zwar mag es stimmen, dass die Synthese des eigenen Genoms durch unsere Spezies die ganze Angelegenheit auf eine neue Ebene hebt, aber die Praxis, unsere angeborenen Fähigkeiten mit technischen Mitteln zu verbessern, ist sicher nicht neu. Schon seit Jahrtausenden bedienen sich die Menschen verschiedener Vorrichtungen, um ihre biologischen und physiologischen Fähigkeiten zu stärken. Wenn wir mit einer Technologie oder einem konstruierten Gegenstand einer bestimmten Herausforderung begegnen, warum sollen wir dann nicht auch die Gelegenheit ergreifen, unsere Lebensqualität insgesamt zu verbessern? Von den ersten hölzernen Beinen, die in Persien vor 2500 Jahren an Menschen angebracht wurden, bis zu den Gehirnimplantaten zur Anregung ganz bestimmter Neuronen, wie sie heute entwickelt werden, haben wir uns daran gewöhnt, technische Mittel auf immer raffiniertere Weise mit dem Körper zu verschmelzen.

Für stärker philosophisch geneigte Menschen schafft die immer engere Verbindung unseres physischen Ich mit Hilfsvorrichtungen eine neue Art des Daseins. Heute ist der Gedanke, dass der menschliche Körper ein Ort für die Vermischung von Natürlichem und Künstlichem sein kann, nichts Ungewöhnliches mehr. Wenn unser Körper mit der Technologie verschmilzt, werden wir zu einer Art Mischlingen aus biologischen und künstlichen Teilen.

Die Idee der Integration von Mensch und Maschine ließ das neue Fachgebiet der *Cyborgwissenschaft* entstehen. In vielen Fällen ist allgemein anerkannt, dass sich unsere Lebensqualität verbessert, wenn wir uns von maschinellen Teilen helfen lassen. Dabei kann es sich um Herzschrittmacher, computergesteuerte Robotergliedmaßen oder neuronale Implantate handeln. Ein Cyborg muss aber noch nicht einmal sonderlich kompliziert sein. Es gibt auch ganz einfache Mischungen von Biologie und Kunstprodukt, beispielsweise wenn wir eine Lesebrille oder einen Rollator verwenden. Je nahtloser die Schnittstelle zwischen Mensch und Maschine gestaltet ist, desto besser ist es in der Regel für den Menschen, der sie benutzt. Wenn die Komplexität der Assistenzsysteme im Laufe der Zeit immer weiter steigt, verschwimmt die Grenze zwischen dem Menschen und seinen maschinellen Ergänzungen. Viele Vertreter der Cyborgwissenschaft halten das für etwas Gutes. Charles Lieber, ein Experte für neuronale Stimulation, hat es ausdrücklich zum Ziel seiner Arbeit erklärt, „die Unterscheidung zwischen der Elektronik, wie wir sie kennen, und dem Computer in unserem Kopf immer unschärfer werden zu lassen".[5]

Aber das Genom des Menschen von Grund auf neu zu synthetisieren, ist ein Projekt völlig anderer Art. Es geht weit über die einfache Schaffung eines Cyborg hinaus. Mit der Synthese eines menschlichen Genoms will man nicht eine Mischung aus Menschlichem und Künstlichem schaffen, sondern den Menschen von innen heraus neu aufbauen. Bill Clinton und Tony Blair wiesen im Jahr 2000 zum Abschluss des ersten Humangenomprojekts darauf hin, dass unser Genom etwas Besonderes ist. Im Verständnis vieler Experten ist es unser innerstes Wesen. Wie Endy und Zoloth in ihrem Einwand gegen die Geheimkonferenz an der Harvard Medical School erklärten, könnte man die Synthese des menschlichen Genoms dazu nutzen, „den Kern dessen, was heute die gesamte Menschheit als Spezies zusammenhält, vollkommen neu zu definieren".[6] Angesichts eines solchen Niveaus der genetischen Umgestaltung würde unsere Spezies selbst dann, wenn wir genetisch alle Gene konstruieren, die zur Karte des menschlichen Genoms gehören, von ihrem Wesen her zu etwas anderem. Wir wären kein Produkt der Evolution mehr, sondern ein Produkt der Technologie. Wir wären „selbstverdoppelnd" in einem bedeutsameren Sinn als alles, was es früher gab. Zum ersten Mal würden wir Genome besitzen, die von Wissenschaftlern gebaut wurden. Wir würden uns nicht mehr biologisch, sondern technisch fortpflanzen. Es wäre nicht nur In-vitro-Befruchtung. Es wäre In-vitro-Schöpfung.

Ob es klug ist, einen solchen Schritt zu vollziehen, ist, gelinde gesagt, fragwürdig. Als es Craig Venter 2016 gelang, ein bakterielles Minimalgenom zu synthetisieren, musste er einräumen, dass ein volles Drittel der von seiner Arbeitsgruppe zusammengefügten Gene unbekannte Funktionen hatte, und das, obwohl er und seine Kollegen das Ding selbst im Labor aufgebaut hatten. Dieses Drittel war zwar offensichtlich für das Überleben des Bakteriums unentbehrlich, die Wissenschaftler gestanden aber, dass sie keine Ahnung hatten, was diese Gene tun. Der normalerweise sehr selbstbewusste Genomforscher räumte ein, er habe im Laufe dieses Prozesses gelernt, „dass wir, was grundlegende Kenntnisse in der Biologie angeht, viel demütiger sein müssen".[7] Ein synthetisches menschliches Genom, das 6000-mal länger ist als das von Venters Arbeitsgruppe konstruierte Bakteriengenom, würde eine Menge DNA mit vollkommen rätselhafter Funktion enthalten. Die Menschen würden sich selbst vom Gen an neu aufbauen, ohne genau zu wissen, was sie da eigentlich konstruieren. Der *Homo Faber* würde im Zusammenhang mit seiner eigenen genetischen Identität einen ungeheuer großen Schuss ins Dunkle abfeuern.

***

Selbst gebaute Genome sind nicht die einzige Form der Selbstsynthese von Menschen, die am Horizont des Plastozäns lauert. Wenn die DNA das innerste Wesen jedes

Menschen repräsentiert, so steht daneben noch ein weiterer, ebenso plausibler Kandidat: der Geist. Er ist ein vielleicht noch rätselhafterer und schwerer fassbarer Aspekt der Identität als die DNA. Welche Rolle der Geist für die Schaffung unseres Ichgefühls spielt, lässt sich nicht ermessen. Versuche, den Geist des Menschen synthetisch nachzubauen, führen uns weit auf unbekanntes Terrain. Die Arbeit mit Genomen gewährleistet, dass wir mit allen Veränderungen, die wir an unserem innersten Kern vornehmen, zumindest im Bereich der Biologie bleiben; eine solche Garantie gibt es bei der Erforschung des Bewusstseins nicht.

Vor zehn Jahren schrieb Ray Kurzweil, ein Experte für Nanotechnologie und Künstliche Intelligenz, ein Buch mit dem Titel *The Singularity Is Near* (dt. *Menschheit 2.0: die Singularität naht*). In dem Werk von 650 Seiten beschäftigt sich Kurzweil mit einer Zukunftsvision, die nach seiner Prophezeiung durch die schnell wachsende Leistungsfähigkeit der Computer Wirklichkeit werden wird. Der englische Untertitel des Buches *When Humans Transcend Biology* (etwa „wenn Menschen über die Biologie hinausgehen") macht deutlich, was der höchst angesehene Zukunftsforscher für eine unvermeidliche Folge dieser wachsenden Leistungsfähigkeit hält: Wir lassen letztlich die Biologie des Menschen hinter uns.

Kurzweil selbst kann sich eine eindrucksvolle Reihe technologischer Entwicklungen auf sein Konto schreiben. In den 1970er-Jahren stand er an vorderster Front bei der Entwicklung optischer Scanner, mit denen sich gedruckter Text in digitale Information umsetzen lässt. Wenig später baute er den ersten Stimmsynthesizer für die Umsetzung von Text in gesprochene Sprache. In einer Partnerschaft mit Stevie Wonder erfand er auch den ersten Musiksynthesizer, was ihm die National Medal of Technology einbrachte, verliehen vom Präsidenten Bill Clinton für

Erfindungen, die Leben und Kultur der Vereinigten Staaten verändert haben.

In *Menschheit 2.0* prophezeit Kurzweil eine Zukunft, in der Maschinen mit künstlicher Intelligenz intellektuelle Fähigkeiten erlangen, die über alles hinausgehen, was das menschliche Gehirn ihnen entgegensetzen kann. Diese Zeit bezeichnet er als „Singularität" – der Begriff bezeichnet in der Physik den Punkt in einem schwarzen Loch, an dem alle bekannten Gesetze der Physik nicht mehr gelten. Jenseits der Singularität werden alle Voraussagen gegenstandslos. Sie repräsentiert nach Kurzweils Worten einen Ereignishorizont, über den man kaum hinausblicken kann. Eine solche außer Rand und Band geratene Intelligenz wäre für uns vollkommen unbegreiflich und würde das Tor zu einer ganz anderen Welt öffnen.

Ein erster Schritt auf dem Weg zur Singularität wäre die Konstruktion einer Maschine, die über die gleiche Rechenleistung verfügt wie das menschliche Gehirn. Kurzweil prophezeit, dies werde um 2020 geschehen. Da das menschliche Gehirn die leistungsfähigste Maschine in der Welt der Biologie ist, hätte das Überschreiten dieser Schwelle ungeheure Bedeutung für die Evolution. Nach Kurzweils Ansicht ist sie in ihrer Bedeutung mit der Entwicklung der Biologie als solcher vergleichbar.[8] Auch wenn die Biologie im Laufe von dreieinhalb Milliarden Jahren der Evolution eine große Fähigkeit zur Informationsverarbeitung erlangt hat, wäre diese damit in der technologischen Gesellschaft übertroffen worden.[9]

Darüber hinaus erkennt Kurzweil eine immer stärkere Verschmelzung der biologischen Gehirnleistung mit nichtbiologischer Rechenleistung. Bis 2029, so seine Prophezeiung, wird man alle Funktionen des menschlichen Gehirns einschließlich der emotionalen Dimensionen präzise im Modell nachbilden können. Wenn man weiß, wie man solche Modelle erzeugt, wird es nicht mehr lange dauern, bis man die gleichen Funktionen auch auf Maschinen nachvollziehen kann, die sich außerhalb des Gehirns befinden. Bis 2045, so Kurzweil weiter, wird die Verbindung aus menschlicher Intelligenz und der immer noch wachsenden Computerleistung über die Möglichkeiten unseres kollektiven Geistes um den Faktor von einer Milliarde hinausgehen. Damit wäre die Singularität eingetreten.

Wie die Zukunft der Menschen nach der Singularität aussieht, kann man nicht wissen. Kurzweil glaubt, wir würden dann in einer „Mensch-Maschine-Zivilisation" leben, die unser Begriffsvermögen übersteigt. Unter anderem würde dann die Möglichkeit bestehen, alle mentalen Vorgänge, die sich in einem bestimmten Gehirn abspielen, auf ein eigenes „Computersubstrat" hochzuladen. Demnach wäre unser *Geist* in der Lage, unser *Gehirn* zu verlassen. Die natürlichen biologischen Beschränkungen für das Denken würden nicht mehr gelten. Wo die Grenzen liegen, wird nicht mehr durch die Biochemie, sondern ausschließlich durch die Technologie definiert. Der Mensch wird zu einem vollkommen anderen Tier werden. Aber eigentlich ist *Tier* an dieser Stelle vielleicht nicht mehr der zutreffende Begriff.

Wenn sich der Geist aus dem Gehirn exportieren lässt, treten wir nach den Worten des Dokumentarfilmers James Barrett „über die Ära der Menschen hinaus". Wenn wir zu einer „postbiologischen" Spezies werden, ist die Idee von einem Cyborg – einem Gebilde, in dem sowohl das Menschliche als auch das Künstliche unverzichtbare Funktionen haben – obsolet. Jenseits der Singularität wird der biologische Mensch zunehmend entbehrlich. Was es angesichts einer solchen Verschiebung dann eigentlich noch bedeutet, ein Mensch zu sein, wäre unsicher. Kurzweil erkennt, wie verwirrend die ganze Vision ist, und versucht unsere Nerven mit der Versicherung zu beruhigen, zukünftige Maschinen würden auch dann, wenn sie nicht biologisch sind, Menschen sein. Aber bisher ist nicht klar, ob dann von unserem Menschsein noch irgendetwas in einem erkennbaren Sinn übrig wäre, und wenn ja, was. Die Technologie hätte uns nicht nur die Möglichkeit eröffnet, die materiellen Grenzen der physischen Welt um uns herum durch Verfahren der weitreichenden Manipulation wie Nanotechnologie und synthetische Biologie zu überschreiten. Sie hätte uns auch in die Lage versetzt, über unser körperliches Ich hinauszugehen.

Wenn Kurzweil recht hat, wird die Weiterentwicklung von Genetik, Nanotechnologie und Informatik uns unausweichlich an einen Punkt führen, an dem nicht nur die Welt neu erschaffen wird. Auch wir selbst würden neu erschaffen. Seine Vorhersagen zeigen deutlich, dass die Anwendung solcher Technologien zur Umgestaltung der Welt zwangsläufig zur Neuerschaffung unserer selbst führt.

Das Motiv für Bil McKibbens verzweifeltes Plädoyer, bei den genetischen Verfahren eine Grenze zu ziehen und „Genug!" zu rufen, war der Gedanke, wir müssten alles Notwendige tun, um Menschen zu bleiben. Nach Ansicht mancher Experten besteht zweifellos der starke Wunsch, McKibbens Grenze zu einer „posthumanen" – oder „transhumanen" – Welt zu überschreiten. Kurzweil selbst hat keine Skrupel, diesen Schritt zu vollziehen. Andere stellen sich hinter McKibben und fühlen sich nach wie vor von der ganzen Idee abgestoßen.

Mit seiner Idee von der Singularität wollte Kurzweil eine Zukunft zeichnen, die sich von der Gegenwart so stark unterscheidet, dass sie aus unserer heutigen Sicht buchstäblich unvorstellbar ist. Nach seiner Definition kann man unmöglich wissen, was diese Zukunft nach dem Eintreten der Singularität für uns bereithält. Aber auch wenn wir sicher nicht alles vorhersagen können, was wir durch die Verschmelzung von menschlicher Intelligenz und Computerleistung gewinnen könnten, kann man sich doch einen begrenzten Eindruck davon verschaffen, was wir aufgeben würden.

Vor vier Jahrhunderten äußerte der französische Philosoph René Descartes die seltsam unwissenschaftliche Vermutung, Menschen würden aus zwei unentbehrlichen Teilen bestehen. Diese Teile bezeichnete er als geistige und körperliche Substanz. Der „cartesianische Dualismus"[10], wie die Vorstellung von den zwei Substanzen genannt wurde, war eine jener Ideen, die tief in das allgemeine Wissen einflossen. Deshalb vermuten heute nur die wenigsten, dass die ganze Idee ihre Existenz in Wirklichkeit bestimmten einflussreichen Formulierungen zu bestimmten Zeitpunkten der Geistesgeschichte verdankt.

Descartes' Annahme fasste Fuß, weil sie so gut mit unserem Gefühl, ein Mensch zu sein, zusammenpasst. Unser Geist erscheint uns wie eine Art immaterielle Essenz, die in unserem physischen und biologischen Körper vorhanden ist. Zusätzlich zu diesem äußeren Anschein war Descartes sich auch durchaus bewusst, dass seine Ansicht sich mit dem christlichen Glauben vertrug. Gerade der Glaube an die Trennung von Seele und Körper ermöglicht den Christen und auch den Anhängern anderer religiöser Glaubensrichtungen ein plausible Vorstellung von einem Jenseits.

Solche Vorstellungen stehen aber in krassem Widerspruch zu allem, was Darwin uns später über die Evolutionstheorie lehrte. Die von Descartes formulierte Ansicht über die zwei Substanzen gerät in einen seltsamen Konflikt mit Darwins Überzeugung, dass die Menschen ausschließlich die Produkte eines langen, natürlichen Evolutionsprozesses sind und wie die gesamte übrige biologische Welt von einem gemeinsamen Vorfahren abstammen. Und da nun eine klare philosophische Trennung von Geist und Körper fehlte, vermuten heute die meisten Atheisten und Agnostiker, dass der Geist mit dem Körper nach dem Tod untergeht.

Die technischen Mittel, die nach Kurzweils Ansicht bereits am Horizont stehen, könnten Descartes' populärer, intuitiver Vorstellung neues Leben eintauchen. Wenn wir als Geist außerhalb des Körpers überleben können, wird die darwinistische Einheit von mentaler und physischer Welt, zwischen unserem bewussten und unserem biologischen Ich, überflüssig. In Kurzweils Welt muss man keine religiösen Neigungen haben, um zu glauben, dass ein Geist den Tod des Körpers überleben kann. Wenn wir aber das religiöse Engagement beibehalten wollen, liefert der Transhumanismus vielleicht eine dem 21. Jahrhundert entsprechende Aktualisierung eines uralten Glaubenssatzes.[11] Wenn wir das Bewusstsein auf einen Computernährboden herunterladen können, besteht die Möglichkeit, dass Geist und Körper sich trennen. Das könnte auch vor dem Tod geschehen, und zwar eigentlich immer, wenn der Besitzer eines Geistes sich entschließt, beide durch Herunterladen des Bewusstseins zu trennen. Die alte, intuitive cartesianische Vorstellung vom wahren, körperlosen Wesen des Menschen könnte dann eine neue, zeitgemäße Bedeutung erlangen.

***

Unter eher nachdenklichen Wissenschaftlern, die in den Bereichen von molekularer Produktion, synthetischer Biologie und künstlicher Intelligenz arbeiten, setzt sich zunehmend der Eindruck durch, dass es heute um etwas grundsätzlich Neues geht. Die Technologien, die vor der Tür stehen, kennzeichnen einen andersartigen Wandel in der Welt. Wir verändern nicht mehr nur Dinge an der Oberfläche, um das Leben besser auf uns zu zuschneiden. Vielmehr verändern wir tief verwurzelte Elemente unserer selbst und unserer Umgebung.

Kevin Esvelt, ein Wissenschaftler im Labor für die Gestaltung der Evolution am MIT ist mittlerweile überzeugt, dass sich wegen dieses hohen Einsatzes auch die Art der Erforschung leistungsfähiger neuer Technologien verändern muss. Nach Ansicht des synthetischen Biologen stellt das Spektrum der Methoden, die uns jetzt in den verschiedenen Wissenschaftsfeldern zur Verfügung stehen, eine so grundlegende Umwälzung dar, dass wir für die Beschäftigung mit ihnen einen vollkommen neuen Prozess brauchen. Im Rahmen dieser neuen Vorgehensweise würde man der Öffentlichkeit ständig und eindeutig darüber Bericht erstatten, was auf dem Spiel steht, und man würde eine sinnvolle Gelegenheit schaffen, um nein zu sagen. Wissenschaft müsste sich viel selbstbewusster an das Interesse der Öffentlichkeit wenden. Ihre Triebkräfte wären dann nicht mehr unterschwellige kommerzielle Interessen, und sie würde jeden Versuch der Geheimnistuerei zurückweisen, der durch Patente oder Bündnisse mit Großunternehmen und ihren Marktabsichten erzwungen wird.

Für Esvelt gelten solche Ansichten nicht nur für die Forschung, mit der er selbst sich beschäftigt. Wenn er über die mögliche Freisetzung eines *gene drive* spricht, der in einer Wildpopulation krankheitsübertragender Mäuse ein tödliches Merkmal verbreiten könnte, erklärt er: „Der einzige Weg, um ein Experiment anzustellen, das eine ganze Spezies von der Erde verschwinden lässt, ist völlige Transparenz." Die Wissenschaft, für die er sich einsetzt, ist für die Öffentlichkeit vollkommen durchsichtig („und zwar alles").[12] An jeder Stelle des Projekts sollte die Öffentlichkeit die Möglichkeit haben, nein zu sagen. Diese Forderung nach einer offeneren Wissenschaft ist für Esvelt zu einer persönlichen Mission geworden, über die er mit jedem spricht, der ihm zuhört. Mit seinen Vorstellungen gerät er allerdings häufig in Widerspruch zu anderen, die auf ähnlichen Fachgebieten arbeiten.

Keekok Lee bezeichnete sie als „tiefe Technologien". Diane Ackerman sprach von „Erfindungen, die uns neu erfinden". Welche Begriffe oder Formulierungen man auch verwendet: Wenn wir mit den verschiedenen Elementen des synthetischen Zeitalters liebäugeln, wartet eine grundlegend andere Zukunft auf uns, eine Zukunft voller großer Verschiebungen in der Realität, die wir erleben. Angesichts der Größenordnung dieser Veränderungen ist es offensichtlich entscheidend, sie sich genau anzusehen und kollektiv zu entscheiden, ob und in welcher Weise wir sie uns zu eigen machen wollen. Die Veränderungen der Zukunft reichen viel zu weit, als dass man sie ausschließlich technologischen Visionären und den geballten wirtschaftlichen Interessen überlassen könnte, die ihnen ständig auf der Spur sind. Wenn wir nicht bewusste Entscheidungen treffen, welche Wege wir weiter verfolgen und welche wir meiden wollen, wird das vor uns liegende synthetische Zeitalter nicht nur eine radikale Neugestaltung der Welt beinhalten, die uns umgibt. Auch wir selbst werden auf dramatische Weise neu gestaltet werden.

Manch einer findet eine solche Zukunft ungeheuer spannend. Schließlich bleibt nie alles, wie es war. Aber die Veränderungen könnten auch so verwirrend sein, dass wir uns isoliert und völlig orientierungslos fühlen, während wir hilflos durch eine unbekannte, undurchsichtige neue Realität treiben. Es ist ein Weg, auf den wir uns zumindest nicht unwissentlich zerren lassen sollten.

Wie sich durch die Arbeiten von Kurzweil, Esvelt und anderen herausstellt, ist die Technologie schon zu Beginn des Plastozäns so leistungsfähig, dass sie von uns eine beispiellose ethische Prüfung verlangt. Wenn es jemals eine Zeit gab, in der es wichtig war, eingehend über die Natur und ihre Beziehung zur Technologie nachzudenken, dann heute. Wenn es jemals eine Zeit gab, um ausführliche Überlegungen darüber anzustellen, wer die Entscheidungen über die Umsetzung solcher Veränderungen treffen soll, dann ist es unsere Zeit. Das Plädoyer für eine demokratischere Vorgehensweise, wenn wir darüber entscheiden, in was für einer Zukunft wir leben werden, ist am Ende eine der wichtigsten Notwendigkeiten des synthetischen Zeitalters.

11

Der Augenblick des Übergangs

Dass das Interesse an einer Vorstellung vom Epochenwechsel in jüngster Zeit so explosionsartig zugenommen hat, lässt sich recht exakt mit dem Erscheinen eines einzigen Aufsatzes festmachen. Mit dem Namen Paul Crutzen verband man bereits den Nobelpreis, als er im Jahr 2000 zusammen mit dem Meeresökologen Eugene Stoermer erstmals die Behauptung aufstellte, der Einfluss der Menschen führe insgesamt zu einem Ende des Holozän. Crutzen und Stoermer gingen der Frage nach, in welchem Ausmaß Menschen die Erde mit ihren biologischen und geophysikalischen Systemen verändert haben, und gelangten zu dem Schluss: „Uns erscheint es mehr als angemessen, auf die zentrale Rolle der Menschheit in Geologie und Ökologie hinzuweisen, indem wir vorschlagen, für die derzeitige geologische Epoche den Begriff ‚Anthropozän' zu verwenden."[1]

Der kurze Artikel für einen unbekannten wissenschaftlichen Newsletter, in dem sie ihre Ideen veröffentlichen,

© Springer-Verlag GmbH Deutschland, ein Teil von
Springer Nature 2019
C. J. Preston, *Sind wir noch zu retten?*,
https://doi.org/10.1007/978-3-662-58190-2_11

kennzeichnete den Beginn eines radikalen Wandels im Selbstbild unserer Spezies. Unser Planet erschien jetzt nicht mehr so riesig, wie wir ursprünglich geglaubt hatten. Er ließ sich durch unsere Tätigkeit vollständig verändern.

Dass der Aufsatz von Crutzen und Stoermer so starke Spuren hinterließ, lag unter anderem daran, dass die Öffentlichkeit sich um die Jahrtausendwende zunehmend auf das Phänomen des von Menschen verursachten, weltweiten Wandels eingestellt hatte. Nachdem schon seit einigen Jahrzehnten ständig von der Umwelt die Rede gewesen war, hatte der Gedanke, dass unsere Spezies in ihrer Heimat ein unglaubliches Chaos anrichtet, Fuß gefasst. Der Klimawandel war zu einer wachsenden globalen Sorge geworden. Die Vermutung, dass die Erde ein sechstes Massenaussterben erlebt, war in den Schuldgefühlswinkeln der öffentlichen Meinung gut verankert. Und nachdem man im Internet erschütternde Bilder ausgestorbener Arten wie des Java-Tigers und der Wandertaube finden konnte, war die Endgültigkeit der Umweltzerstörung für die meisten Menschen mit Händen zu greifen. Die Bedrohung für noch lebender Arten wie Nashörner und Eisbären hatte eine ganze Generation von Schulkindern heranwachsen lassen, die Slogans über die Rettung der Wale und den Schutz des Regenwaldes buchstäblich mit der Muttermilch eingesogen hatten.

Crutzen und Stoermer wollten mit ihrem Meinungsartikel ein Gefühl dafür vermitteln, wie groß die Spuren des Menschen auf der Erde und in ihren Systemen bereits geworden waren. Sie lenkten die Aufmerksamkeit auf eine vertraute Liste von Auswirkungen auf die Biosphäre. Zu ihrer Litanei gehörte das Ausmaß der Umleitung von Süßwasser für den menschlichen Gebrauch, die exponentielle Zunahme der Weltbevölkerung, die Menge des atmosphärischen Stickstoffs, der für die Landwirtschaft fixiert wurde, das Ausmaß der Zerstörung küstennaher

Mangrovenwälder, die explosionsartige Zunahme der Zahl der Nutztiere auf den Weideflächen der Erde und die Mengen an Kohlendioxid und Schwefeldioxid, die durch das Verfeuern fossiler Brennstoffe in die Atmosphäre geblasen wurden. Außerdem machten sie darauf aufmerksam, welcher schierer Anteil der Erdoberfläche – weit über 50 % – mittlerweile vorwiegend dazu diente, die Bedürfnisse der Menschen zu befriedigen.

Für besonders bedeutsam hielten diese beiden führenden Wissenschaftler, dass die Wirkungen der Menschen ein Ausmaß erreicht hatten, das vergleichbare natürliche Prozesse in den Schatten stellte. Auch in der Natur entziehen beispielsweise Pflanzen aus der Gruppe der Leguminosen wie Erbsen und Bohnen mithilfe von Billionen Bakterien der Luft ständig Stickstoff. Aber der Stickstoff, der industriellen durch das Haber-Bosch-Verfahren gebunden wird – mehr als 100 Millionen Tonnen im Jahr –, entfernt jedes Jahr eine größere Menge des Elements aus Atmosphäre und Boden als alle natürlichen bakteriellen Prozesse zusammen.

Ähnlich verhält es sich auch mit der Bewegung von Boden und Gestein: Sie ist aufgrund der mechanischen Kräfte aus Landwirtschaft, Industrie und Urbanisierung heute umfangreicher als die Bewegung von Boden und Gestein durch Erosion. Die Gesamtmasse des Wassers, das an den Flüssen und Bächen der Welt hinter Dämmen gespeichert ist, hat ganz buchstäblich die Rotation unseres Planeten verändert. Arten sterben durch Tätigkeiten der Menschen tausendmal häufiger aus, als es dem „Hintergrund-Aussterben" entspricht, das man an den Fossilfunden ablesen kann. Und schließlich ist da eine der aufsehenerregenderen Visitenkarten des weltweiten Wandels: Menschen haben mehr Kohlenstoff in die Atmosphäre entlassen als die natürlichen Prozesse während der letzten mindestens 800.000, vielleicht auch 3 Millionen

Jahre. Die bisherige Wirkungsweise der Natur sah jetzt zunehmend eigenwillig und belanglos aus, wenn man sie mit den Errungenschaften der weltweiten Technik verglich, die durch die umtriebigen Hominiden bewerkstelligt wurden.

Um ihr Anliegen in eine Sprache zu bringen, die der Benennung einer Epoche angemessen war, malten Crutzen und Stoermer sich einen Geologen der Zukunft aus, der zurückblickte und unsere Phase der Erdgeschichte erforschte. An Befunden in Sedimenten und Gestein können die Stratigraphen ablesen, welche wichtigen Veränderungen sich auf der Erde zu verschiedenen Zeiten abgespielt haben. Schnelle Schwankungen der Temperatur oder der Konzentration verschiedener Gase in der Atmosphäre, eine explosionsartige Vermehrung bestimmter Pflanzen- oder Pollenarten, Veränderungen in den Lebensräumen der Ozeane und selbst die charakteristischen Ablagerungen, die nach Asteroideneinschläge zurückbleiben – all das kann man identifizieren und datieren, wenn man sich vorsichtig durch die Schichten gräbt, die unter unseren Füßen liegen.

Crutzen und Stoermer stellten sich vor, ein Wissenschaftler der Zukunft werde in den Sedimenten graben, die in unserer Zeit abgelagert wurden, und dann zu dem Schluss gelangen, die durch die Tätigkeit der Menschen hinterlassenen Spuren seien die charakteristischsten Merkmale, die man finden könne. Die Sedimente würden von einer weltweiten Umgestaltung von Erde und Wasser erzählen. Fossilfunde würden auf ein verblüffendes Tempo des Artensterbens hinweisen. Bei der Untersuchung des Gesteins würde man ein ganzes Spektrum vollkommen neuer „Technofossilien" aus Kunststoff und anderen von Menschen hergestellten Substanzen finden. In Eisbohrkernen würde sich zeigen, dass der Kohlendioxidgehalt in der Umgebungsluft rapide zugenommen hat. Alle empirischen

Signale würden bestätigen, dass dieser Abschnitt der Vergangenheit einen Planeten repräsentiert, der von Menschen geprägt wurde.

Als Crutzen und Stoermer vom epochalen Wandel sprachen, sagten sie nichts völlig Neues. Schon zuvor hatte es mehrere Versuche gegeben, mehr oder weniger die gleiche Idee zu formulieren. Der italienische Priester Antonio Stoppani, der sich für Fossilien interessierte und später Professor für Geologie an der Universität Mailand wurde, wollte mit der Formulierung „anthropozoische Ära" dem Ausmaß der von Menschen verursachten Veränderungen, die er um sich herum beobachtete, gerecht werden. Stoppani zeichnete ein poetisches Bild von der Menschheit als „neuer tellurischer Kraft, die mit ihrer Stärke und Vielseitigkeit auch im Angesicht der größten Kräfte der Erde nicht verblasst".[2]

Der Amerikaner Thomas Chrowder Chamberlin bezeichnete ungefähr zur gleichen Zeit einen ähnlichen Gedanken mit dem Begriff „psychozoische Ära". „Der Mensch ist die wichtigste organische Handlungsmacht, die bisher in der geologischen Geschichte aufgetreten ist", schwärmte Chamberlin und zeigte dabei nur unwesentlich weniger Poesie als sein italienischer Kollege: „Sowohl die organischen als auch die anorganischen Triebkräfte des geologischen Fortschritts werden von ihm machtvoll beeinflusst."[3] Den Begriff *Anthropozän* prägte vielleicht als Erster der russische Geologe Alexeij Pawlow – nicht zu verwechseln mit dem Verhaltensforscher Pawlow mit seinen berühmten speichelnden Hunden – im Jahr 1922. Aber da es kein Publikum mit ökologischem Bewusstsein gab und die Erde immer noch unvorstellbar groß erschien, konnte keiner dieser frühen Vertreter sein Anliegen so darstellen, dass die Vorstellung einer von Menschen gelenkten Epoche sich in der öffentlichen Wahrnehmung wirklich durchgesetzt hätte.

Ein paar Generationen später setzte sich ein Autor wiederum für eine moderne Version des gleichen Gedankens ein. Mitte der 1990er-Jahre, als die Umweltbewegung und das Kyoto-Protokoll der Vereinten Nationen über den Klimawandel in aller Munde waren, fing Andy Revkin[4], ein Kolumnist der *New York Times,* mit dem Begriff *Anthrozän* den neuen Zeitgeist ein. Wie McKibben mit seiner Idee vom „Ende der Natur", so wusste auch Revkin, dass etwas Großes im Gange war. Aber da der von Revkin gewählte Begriff weniger melodisch klang – und vielleicht auch weil seinem Namen der Zusatz „Nobelpreisträger" fehlte –, konnte auch er seine radikale geologische These nicht populär machen.

Vielleicht lag es an der Unterstützung durch das von der Jahrtausendwende motivierte Nachdenken über die Geschichte, dass es Crutzen und Stoermer mit ihrem Aufsatz endlich gelang, den Gedanken an eine von Menschen dominierte Epoche durchzusetzen. Ihre These vom Anthropozän fasste nicht deshalb Fuß, weil die Menschen sich plötzlich besonders für Geologie interessiert hätten, sondern weil sie sich die Frage stellten, was ein „Menschenzeitalter" eigentlich bedeutete. Sie war eine nachdrückliche Aussage über die Macht der Menschen, der man sich kaum entziehen kann – ob man sie nun mag oder nicht. Die Idee, unsere Spezies könne geologisch – oder vielleicht sogar im Hinblick auf die Sterne – etwas bedeuten, sprach eine tief sitzende psychologische Neigung an. Der Begriff verbreitete sich schnell über die Grenzen wissenschaftlicher Tagungen und Zeitschriften mit Namen wie *Nature Geoscience* oder *Journal of Geophysical Research* hinaus und begann ein energisches, populäres Eigenleben zu führen. Artikel in *Time, National Geographic* und *The Economist* übertrugen den Begriff aus dem Hochschulmilieu in die allgemeine Kultur. Die Menschen interessierten sich vielleicht immer noch nicht sonderlich für Gestein. Aber ihnen lag etwas an der Aussicht, einen ganzen Planeten gestalten zu können.

Nachdem der Begriff auf diese Weise populär geworden war, berieten die führenden Geologen der Welt darüber, ob sie die Wortschöpfung von Crutzen und Stoermer offiziell einführen sollten. Zuständig für eine solche formelle Neubenennung sind die Männer und Frauen der International Union of Geological Sciences, Personen, die der Umweltautor Robert MacFarlane als „die Mönche und Philosophen der Geowissenschaften" bezeichnete, weil sie so gewichtige Arbeit leisten. Die Union stützt sich mit ihren Entscheidungen im Wesentlichen auf die Beratung durch eine Untergruppe namens International Commission on Stratigraphy („Internationale Kommission für Stratigraphie").

Die International Commission erteilte einigen Dutzend entsprechend qualifizierten Wissenschaftlern den Auftrag, innerhalb von zwei Jahren eine Übersicht über Belege aus Klimaforschung, Biologie, Gewässerforschung, Geowissenschaften, Paläontologie und anderen Fachgebieten zusammenzutragen und zu beurteilen, ob die Benennung einer neuen Epoche gerechtfertigt war. In einem Artikel, der im Januar 2016 in dem Wissenschaftsblatt *Science* erschienen, zogen diese Forscher den vorläufigen Schluss, die Erde habe sowohl „funktionell" als auch „stratigraphisch" das Holozän verlassen und sei ins Anthropozän eingetreten. Im Laufe der nächsten Jahre wird die Kommission entscheiden, ob sie sich den Empfehlungen der Arbeitsgruppe anschließt und den nächsten Schritt in Angriff nimmt: Dann muss die International Union of Geological Sciences entscheiden, ob sie der Bezeichnung ihren Segen verleiht.

Das kann einige Zeit dauern. Wenn man Dinge in geologischen Zeitmaßstäben misst, kann man kaum eine offizielle Angelegenheit als besonders dringend betrachten.

Aber die Räder, die der Umbenennung einen formellen Rahmen geben würden, sind in Bewegung. Wenn man bedenkt, wie selten so etwas geschieht, ist der Übergang in eine neue erdgeschichtliche Epoche ein monumentales Ereignis, das die Bedeutung des kürzlich begonnenen neuen Jahrtausends in den Schatten stellt. Dieser historische Meilenstein wiederholt sich berechenbar alle 1000 Jahre. Neue Epochen beginnen in höchst unregelmäßigen Abständen von jeweils einigen Millionen Jahren.

Eine solche Benennung wäre aber auch ein wenig seltsam. Noch nie wurde eine Epoche im Augenblick ihres Beginns mit einem Namen versehen. Und unter allen früheren Epochen erhielt auch nur das Holozän seinen Namen, während es noch im Gang war. Zur Zeit seiner Benennung war die Epoche des Holozän bereits mehr als 11.500 Jahre alt. Die Arbeitsgruppe der International Commission on Stratigraphy legte zwar überzeugend dar, dass eine Schwelle überschritten wurde und dass das Holozän jetzt hinter uns liegt, derzeit herrscht aber viel Verwirrung in der Frage, wie man am besten weiterkommt. Die neu entstehende Epoche mit unserem eigenen Namen zu versehen, wo sie doch gerade erst begonnen hat, erscheint manch einem als Akt einer großen geologischen Anmaßung. Andere sind besser an die Praxis der Epochenbenennung gewöhnt und fragen, warum überhaupt eine solche Eile besteht, so etwas zu entscheiden.

Die ganze Diskussion über den Epochenwechsel ist anscheinend ein wenig aus dem Ruder gelaufen. Die Tatsache, dass unsere Spezies ihre Spuren unabsichtlich in jeder abgelegenen Bucht, auf jedem Berggipfel und quer durch alle Kontinente hinterlassen hat, ist sicher ein stichhaltiger Grund zur Selbstbetrachtung. Es scheint aber nicht die richtige Gelegenheit zu sein, um unsere Schlamperei dadurch zu feiern, dass wir die nächste Epoche zu unseren Ehren benennen. Was die Konturen der vor uns liegenden Jahrtausende angeht, bleibt noch vieles im Ungewissen. Wir stehen erst ganz am Anfang der neuen Epoche und wissen noch wenig darüber, welche Form sie annehmen wird oder annehmen sollte.

Eines aber können wir von jetzt an wissen: Ein bestimmter Teil der Bevölkerung wird über außergewöhnliche Kräfte zur Umgestaltung der Natur verfügen. Zum ersten Mal werden Menschen in der Lage sein, sich anzusehen, was die Natur ganz allein seit Milliarden Jahren getan hat, und es anschließend selbst tun. Klima, Ökologie und Molekularbiologie werden möglicherweise zunehmend durch synthetische Versionen ihrer selbst verdrängt werden. Die am stärksten prägenden Prozesse der Erde könnten mehr und mehr von Menschen gelenkt werden.

Der Geoingenieur David Keith grübelte vielleicht gerade über die Heidegger'sche Philosophie nach, die er von Albert Borgmann in Montana gelernt hatte, als er über den Zeitpunkt der Geschichte, den wir heute erleben, leidenschaftslos feststellte: „Ungefähr eine Million Jahre nach der Erfindung von Steinwerkzeugen, zehntausend Jahre nach Beginn der Landwirtschaft, ein Jahrhundert nach dem Erstflug der Gebrüder Wright hat uns der Instinkt der Menschheit für den gemeinsamen Bau von Werkzeugen die Fähigkeit verschafft, unser eigenes Genom und das Klima unseres Planeten zu manipulieren."[5]

Keith spürt nur allzu genau, welche gewichtigen Kräfte durch synthetische Biologie, Geoengineering und ähnliche technische Fortschritte freigesetzt werden. Die Frage, die er unbeantwortet lässt, lautet: Sollten wir die neue Macht aggressiv ergreifen und uns immer weiter in die Umgestaltung unserer selbst und unserer Welt vertiefen? Zwar sieht es so aus, als würde sich Keith als Befürworter der Geoengineering-Forschung für eine hemdsärmelige

Form der Planetenbewirtschaftung einsetzen, in Wirklichkeit tut er es aber nur widerwillig. Seine Skiausflüge in die arktische Wildnis bedeuten ihm noch heute sehr viel. Der zögernde Klimaingenieur räumt ein, dass er sich immer noch nach der Idee einer Natur sehnt, die außerhalb der Reichweite der Menschen liegt.

Warum man versucht sein könnte, sich den pragmatischen Ansatz zu eigen zu machen, für den Crutzen und seine Anhänger sich einsetzen, ist leicht zu erkennen. Der *Homo sapiens* ist von seinem Wesen her ein Macher und Reparierer. Wir sind dabei, in den Systemen unseres Planeten eine Menge Unordnung anzurichten. Mit einer ganzen Reihe neuer Methoden haben wir jetzt die Möglichkeit, einen Teil des Schadens zu beheben, auch wenn das bedeutet, dass einige der unentbehrlichen Stoffwechselfunktionen der Erde neu geeicht werden müssen. Wenn Ingenieure und Ökosystem-Manager es geschickt anstellen, können sie den Planeten unauffällig neu verdrahten, sodass er unsere Übertreibungen flexibler hinnimmt. Dabei könnten wir mit technischen Mitteln einstmals festgefügt ökologische Grenzen umgehen und Schäden, die wir für dauerhaft hielten, rückgängig machen. Wenn die Systeme der Erde verjüngt wurden und flexibler sind, können wir möglicherweise optimistischer sein, was die Zukunft angeht. Die Umwelt wäre dann vielleicht weniger verletzlich. Das Wirtschaftswachstum würde weniger strengen Grenzen unterliegen. Ein paar Jahrzehnte mit dieser neuen Realität, so sagt Jane Long, eine ökologische Modernisiererin und Anhängerin der Geoengineering-Forschung, und wir werden gelernt haben, Schönheit in der von uns geschaffenen, bewirtschafteten und kultivierten Welt zu finden. So ist es oft: Irgendwann lieben wir die Objekte, denen wir echte Fürsorge angedeihen lassen.

Long, Crutzen und andere ökologische Modernisierer sind überzeugt, dass diese Schritte nicht nur angemessen, sondern auch unvermeidlich sind. Wir leben heute auf einem anderen Planeten mit anderen Regeln für unsere Mitwirkung. Es ist unbedingt notwendig, dass wir in dieser Hinsicht aufwachen. Crutzen hält es für bedauerlich, dass wir so schläfrig unsere alten Denkweisen beibehalten. „Dass wir offiziell immer noch in einem Zeitalter namens Holozän leben, ist schade", schrieb er.[6] Es sei besser für die Menschheit, wenn sie den Epochenwechsel anerkennt und von nun an nach anderen Regeln spielt.

In der Behauptung, wir würden ein anderes, stärker von Selbstwahrnehmung geprägtes Spiel brauchen, steckt zweifellos eine gewisse Wahrheit. Die Verhältnisse sind heute tatsächlich anders. Aber zahlreiche Stimmen teilen wie McKibben nicht ausgerechnet Crutzens Vorstellung davon, was alles zu diesem Spiel und unserer stärkeren Selbstwahrnehmung gehört. Gerade jetzt, da wir endlich die Auswirkungen unseres Handelns anerkennen, halten sie es für einen großen Fehler, unsere Eingriffe in die natürliche Ordnung noch weiter zu verstärken.

„Der Zerfall des Natürlichen zum Künstlichen und die Folgen dieser Erosion sind mehr als nur ernüchternd", sagt der Naturfreund und Autor Rick Bass aus Montana.[7] Wenn wir einen aggressiven, von Eingriffen geprägten Ansatz wählen, wird es um uns herum immer weniger geben, was wir so nehmen müssen, wie es ist. Die physikalische und biologische Welt wird mehr oder weniger zu einem Zufallsprodukt, das bereitsteht, damit wir es je nach unseren Launen umbauen können. Mehr als je zuvor wird es *unsere Welt,* und wir übernehmen die völlige Verantwortung dafür, ihre Zukunft und in ihr auch unsere Zukunft zu gestalten.

Das ist zweifellos ein Teil dessen, was Bass so ernüchternd findet: Wir können uns nirgendwo anders umsehen und keinem anderen die Schuld geben als nur unseren eigenen unvollkommenen Entscheidungen darüber, was das Beste ist. Jason Mark macht sich Sorgen, dass eine Welt, die immer stärker durch Technologie verändert wird, sich mehr und mehr in eine Art Spiegelkabinett verwandelt, in der wir immer nur uns selbst sehen, ganz gleich, wohin wir blicken. Diesen Drang, alles zu verändern, bezeichnet er als „Spezies-narzissmus in planetarem Maßstab". Ohne das Gegengewicht einer unabhängigen Natur, die unseren Wünschen ihren Widerstand entgegengesetzt, laufen wir Gefahr, uns selbst in den Wahnsinn zu treiben.

Bass, Mark und andere, die das Drängen auf eine Verstärkung unserer Eingriffe zurückweisen, machen sich auch aus einem anderen Grund Sorgen: Möglicherweise unterliegen wir in der Frage, wie viel Gewissheit und Kontrolle wir über die von uns geschaffene Welt haben können, einer Fehleinschätzung. Auch wenn wir annehmen, wir hätten gottähnliche Kräfte, sollten wir anerkennen, dass Allmacht und Allwissenheit nie unsere besondere Stärke waren. Immer noch lauern launische Kräfte tief in der Biologie, der Geologie und dem langsamen Ablauf der Erdgeschichte. Möglicherweise lassen wir uns einholen und vergessen, welche Wildheit nach wie vor in einem dynamischen, lebendigen Planeten steckt. Lange Zeit sind wir solchen Kräften auf zweierlei Weise begegnet. Es sind nicht nur Kräfte, die wir mit Vorsicht anpacken sollten. Es sind auch Kräfte, die unsere tiefe Bewunderung verdienen.

Anfang der 1990er-Jahre stellte eine private Stiftung ein kühnes Experiment an: Man wollte ein vollständiges, funktionierendes ökologisches System simulieren und konstruierte zu diesem Zweck in der Wüste von Arizona eine Einrichtung mit der Bezeichnung „Biosphäre 2". Dahinter steckte die Absicht, ein vollständig abgeschlossenes, biologisches Lebenserhaltungssystem zu schaffen, das eine kleine Zahl von Menschen über zwei

Jahre versorgen konnte. In dem Namen spiegelte sich der Versuch wider, ein ökologisches System nachzubauen, das sich eng an das System der Erde anlehnte. Zum Bau der Einrichtung verwendete man die besten verfügbaren technischen und wissenschaftlichen Errungenschaften. Das Experiment war in sehr kleinem Maßstab vielleicht am ehesten ein früher Versuch, diesen Planeten synthetisch aufzubauen.

Zwar konnte man aus Biosphäre 2 einige interessante Lehren ziehen, insgesamt gilt das Projekt jedoch heute als peinlicher Fehlschlag. Dass die angehenden „Bionauten" keine bewohnbare Welt schaffen konnten, war ebenso eine Folge menschlicher Fehlfunktionen wie beträchtlicher Fehler in der baulichen und ökologischen Planung. Den Konstrukteuren der Biosphäre 2 fehlten einfach zu viele Kenntnisse über die von ihnen aufgebaute Ökologie. Und auch was die soziale Dynamik der Besatzung anging, die von einer vollkommen konstruierten Umwelt umgeben war, hatten sie zu vieles nicht vorausgesehen.

Für das synthetische Zeitalter könnte man die Biosphäre 2 als warnendes Lehrstück betrachten. Dass Menschen beträchtlichen Einfluss auf die Zukunft der Erde nehmen, ist heute zwar unvermeidlich, aber nichts garantiert, dass selbst die gewissenhaftesten und am besten durchdachten Versuche einer Synthese der Erde so ausgehen werden, wie man es sich vorgestellt hatte. Dass es eine solche Garantie nicht geben kann, liegt an der immer noch verbleibenden Unvorhersehbarkeit in den natürlichen wie auch in den kulturellen Systemen. Weder die Biologie noch die Gesellschaft wird sich wahrscheinlich auf lange Sicht unserer Planung unterordnen.

Schon bei den Projekten, die man derzeit in Erwägung zieht, sind manche Warnlampen nicht zu übersehen. Sich selbst ernährende und selbstverdoppelnde Maschinen oder Organismen in die Umwelt zu entlassen, damit sie für uns arbeiten, scheint nicht ratsam zu sein. Die Konstruktion von Genomen, die auf und in unserem Organismus mutieren können, ist ein gewaltiges Glücksspiel, insbesondere wenn man einräumt, dass wir über die Beziehung zwischen Genom und Mikrobiom immer noch sehr wenig wissen. Der Versuch, so große, chaotische physikalische Systeme wie das Weltklima zu lenken, ist nicht nur von sich aus gefährlich, sondern er riecht auch nach Überheblichkeit. Eine Abfolge schwer umkehrbarer biologischer und ökologischer Prozesse in Gang zu setzen, die sich unseren aufmerksamen Blicken entziehen, schafft eindeutig die Möglichkeit, dass ein synthetisches Zeitalter sich auf heimtückische Weise gegen uns wendet.

Auch wichtige Fragen nach der Großartigkeit der Natur und unserem Staunen darüber sollten uns innehalten lassen. Die Komplexität und Schönheit der Welt, die von Muir, Leopold und unzähligen anderen umweltbewussten Denkern bewundert wurde, ist die unmittelbare Folge einer langen, unberechenbaren Evolutionsodyssee. Diese evolutionäre Reise wurde weder geplant noch gelenkt. Sie spielte sich einfach ab, entfaltete sich durch eine bemerkenswerte Verkettung von Ereignissen, die vorwiegend von Glück und Zufall gelenkt wurden. Im Rahmen dieses historischen Ablaufes spielten sich auch katastrophale Ereignisse ab. Viele davon waren schmerzhaft und richteten große Verheerungen an. Einige werden wahrscheinlich auch in Zukunft geschehen, selbst wenn Genome, Ökosysteme und Klima von wohlmeinenden Technikern synthetisiert werden.

Wegen solcher biologischer und geologischer Realitäten müssen wir genau darüber nachdenken, in welche Richtung wir uns in dieser Zeit des Überganges wenden wollen. Mit den übergroßen Auswirkungen der Menschheit ist auch unsere Verantwortung für die Erde gewachsen. Zweifellos werden wir Entscheidungen treffen, welche die Erde und ihre Ökologie in der kommenden Epoche prägen werden. Aber große Richtungsentscheidungen sind noch nicht gefallen. Eine mögliche Zukunft liegt in einem synthetischen Zeitalter, das beeinträchtigte Prozesse auf der Erde am Kragen packt und entsprechend den Vorstellungen, die nach Ansicht unserer Ingenieure besser funktionieren werden, vollkommen neu gestaltet. Eine andere zeigt eine demütigere Epoche, in der sich vorsichtige Neuerungen in manchen Bereichen mit der Reparatur der Grundlagen des Holozäns in anderen mischen. Beide Vorstellungen haben ihre Vorteile, aber wir sollten argwöhnisch gegenüber den Verlockungen sein, die uns allzu schnell in die eine oder andere Richtung ziehen könnten. Wir sollten uns bewusst sein, wer die Entscheidungen für uns trifft und wo die Interessen liegen.

Die politische Geschichte zeigt, wie stark Menschen sich darüber ärgern können, wenn weit entfernte Eliten über ihre Zukunft entscheiden. So sehr sowohl das Brexit-Referendum als auch der Präsidentschaftswahlkampf von Donald Trump 2016 von kaltschnäuziger Faktenmanipulation und bedauerlichen Verzerrungen der Wahrheit gekennzeichnet waren, eines ist klar: Beide politischen Bewegungen hatten Erfolg, weil sie unterstellten, dass die Menschen ganz weit weg, in Brüssel oder in den Großbanken von New York, über die Zukunft so entscheiden, wie es ihren eigenen Interessen und nicht unseren dient. Eine Mehrheit der Wähler entschied, dass hier eine grundlegende Ungerechtigkeit vorliegt, die korrigiert werden muss.

Da mit einem synthetischen Zeitalter so viel auf dem Spiel steht, könnten hier ähnliche Bedenken ins Spiel kommen. Der von Esvelt empfohlene wissenschaftliche Ansatz gesteht zu, dass Menschen angesichts hoher Einsätze nicht andere über ihre Zukunft – und über die Zukunft ihrer Umwelt – entscheiden lassen sollten. Alle

Beteiligten sollten wissen dürfen, was auf sie zukommt, und man sollte ihnen eine sinnvolle Entscheidungsgrundlage dafür liefern, ob sie eine solche Zukunft wirklich wollen. Wenn sich solche Informationen darauf beschränken, dass wir im Nachhinein entscheiden können, ob wir ein bestimmtes Produkt kaufen wollen oder nicht, wurden bereits zu viele vollendete Tatsachen geschaffen. Wir haben zu wenig darüber erfahren, was mit unserer Welt geschieht.

Wenn ein synthetisches Zeitalter heraufdämmert, sollte die Zukunft der Natur nicht einfach davon abhängen, was möglich ist. Ein *Kann* hat bisher nie automatisch ein *Sollte* nach sich gezogen. Die Gestaltung der Zukunft muss die Absichten und Diskussionen möglichst vieler Menschen einbeziehen. Bei manchen davon wird es sich um hochqualifizierte Experten mit einschlägigem technischem Wissen handeln. Viele andere werden Lehrer und Eltern sein, Arbeiter und Pensionäre, junge Menschen und Vertreter der Interessen von Generationen, die in die so gestaltete Zukunft hineingeboren werden. Jedediah Purdy warnte, man solle besser nicht durch unabsichtliches Treibenlassen in die Zukunft hineinstürzen. Wir müssen über die Technologie, die den vor uns liegenden Weg begleitet, so viel wie möglich in Erfahrung bringen und uns energisch an den Diskussionen darüber beteiligen, welche Form sie annehmen soll. Die Zukunft muss – soweit es möglich ist – eine Angelegenheit der bewussten, durchdachten Entscheidungen sein.

Große Entscheidungen zu treffen, ist immer schwierig. Und unwiderrufliche Entscheidungen über einen ganzen Planeten zu treffen, ist ohne Beispiel. Aber schon heute haben wir so viel verändert, dass wir uns nicht mehr zurücklehnen und untätig bleiben können. Wir müssen möglichst viele Handlungsalternativen betrachten, darüber sprechen, darüber streiten und sie so gründlich wie möglich untersuchen und erforschen. Diese Diskussion nachdenklich, fair und umfassend zu führen, ist vielleicht die lohnendste und sicherlich die wichtigste politische Aufgabe unserer Zeit. Und es ist auch eine Aufgabe, vor der wir uns nicht mehr drücken können.

Eine derart komplizierte Diskussion über die Gestaltung des synthetischen Zeitalters führen zu müssen, ist sicher eine beängstigende Aussicht, aber sie sollte kein Anlass zur Verzweiflung sein. Schließlich ist die Fähigkeit, die vor uns liegenden Möglichkeiten zu durchdenken und mit unseren Mitmenschen darüber zu diskutieren, unsere einzigartige Begabung. Sie ist gleichermaßen Teil der Last und der Freude, der *Homo sapiens* zu sein – die weise Spezies.

Nachwort: Die Wildnis – ein Postskriptum

Am 7. August 2015 wurde im Yellowstone-Nationalpark, etwa 800 Meter entfernt vom Elephant Back Loop Trail, die Leiche eines Wanderers gefunden. Die Parkverwaltung gab bekannt, der Mann sei von einem Grizzlybär zerrissen und teilweise aufgefressen worden. Die Suche nach dem Bären, der dafür verantwortlich war, führte schnell zu einer Mutter und zwei Jungtieren, die sich in der Region herumtrieben. Die Mutter wurde eingefangen, und nachdem die DNA-Analyse gezeigt hatte, dass sie tatsächlich den Wanderer getötet hatte, wurde sie eingeschläfert. Die beiden Jungtiere wurden aus dem Nationalpark herausgenommen und werden den Rest ihres Lebens in einem Zoo in Ohio verbringen.

Der Wanderer, den das Bärenweibchen angegriffen hatte, hieß Lance Crosby und war Mitarbeiter in einer der medizinischen Stationen in dem Park. Er hatte bereits den fünften Sommer dort gearbeitet und war mit der

© Springer-Verlag GmbH Deutschland, ein Teil von
Springer Nature 2019
C. J. Preston, *Sind wir noch zu retten?*,
https://doi.org/10.1007/978-3-662-58190-2

Gegend einschließlich ihrer Gefahren vertraut. Bei seinen Kolleginnen und Kollegen war Crosby beliebt. Zur Zeit des Angriffs hatte er nur eine kurze Wanderung unternommen, um die Kraft seines Fußgelenks zu erproben, das er sich eine Woche zuvor verletzt hatte. Freunde sagten der Nationalparkbehörde, Crosby sei oft allein gewandert und habe nie Bärenspray mitgenommen. Einerseits hatte er gewusst, dass so etwas in dem Park nicht empfohlen wurde, andererseits verfügte Crosby aber über viel Erfahrung und glaubte zu wissen, worauf er achten musste.

Crosbys Ehefrau berichtete, ihr Mann habe die Landschaft im Yellowstone-Park geliebt und stets ein großes Interesse an Bären gezeigt. Wegen seiner Vorliebe für die Naturgeschichte war er zweifellos auch über die Anhaltspunkte im Bilde, die darauf hindeuteten, dass der Nationalpark im Begriff stand, zu einer anderen Landschaft zu werden. Er wusste, dass der Klimawandel die jahreszeitlichen Rhythmen im Park verändert hatte und immer stärker auch für Verschiebungen in Teilen der Vegetation sorgte. Er hatte den ungewöhnlich frühen Beginn der sommerlichen Touristensaison miterlebt und sich im Spätsommer und Herbst Sorgen wegen der zunehmenden Waldbrandgefahr gemacht.

Ebenso war sich Crosby bewusst, dass man die Landschaft des Parks in vielerlei Hinsicht sorgfältig konstruiert hatte, nachdem man 1872 die Bannock- und Shoshone-Indianer vertrieben hatte, um ihn gründen zu können. Er wusste, dass die Biologen im Park eifrig damit beschäftigt waren, die eingeschleppten Forellen aus dem Yellowstone Lake zu beseitigen. Ihm war bekannt, dass man die Bisons während der Wintermonate intensiv durch Jagd und Dezimierung der Bestände bewirtschaftete, weil man die Gefahr, dass die Brucellose auf die Rinderherden in

Montana übertragen wurde, vermindern wollte. Er hatte im Park Wölfe gesehen, die klobige Funkhalsbänder trugen, damit eine endlose Folge von Ökologen und Naturschutzbiologen sie studieren konnte. Ebenso hatte er zweifellos zugesehen, wie Mitarbeitende der Parkverwaltung auf ihren Anhängern die riesigen Röhrenfallen transportiert hatten, mit denen man problematische Bären in verschiedenen stark besuchten Regionen einfing und umsiedelte.

Damit der Yellowstone-Park das Aussehen behält, das seine Besucher mittlerweile erwarten, ist eine Menge aktive Bewirtschaftung notwendig – „Gärtnerei", wie Marris es nennt. Hätte Crosby irgendetwas von Emma Marris oder Gaia Vince gelesen, er wäre vielleicht versucht gewesen, die wunderschöne Landschaft, in der er seine letzten fünf Sommer verbracht hatte, für postnatürlich oder postwild zu halten. Er hätte sicher gewusst, dass dem Park in seiner häufigen, stark manipulierten Form die Natürlichkeit fehlt, die er vor 10.000 oder sogar noch vor 150 Jahren besaß.

Als aber dann das Bärenweibchen einen Meter an ihn herankam, begriff Crosby vermutlich während einiger entsetzlicher Sekunden, dass der Yellowstone-Park alles andere als postwild war – er war es nicht und ist es nie gewesen. Viele Prozesse, die der uralten Hochebene und ihrer Ökologie ihre Gestalt verliehen haben, sind auch heute noch vorhanden und wirksam. Noch heute fegen Schneestürme im Winter über die Landschaft. Noch heute wüten im Sommer heftige Waldbrände. Noch heute ist der Evolutionsdruck in den Lebensgemeinschaften wirksam. Photosynthese und Atmung setzen sich ohne Pause fort. Nach wie vor gibt es Raubtiere, und nach wie vor werden defensive Verhaltensweisen unter den Tieren des Parks von Generation zu Generation weitergegeben. Der Bär, der Crosby angriff, wurde von dem machtvollen

Drang angetrieben, der in den 50.000 Jahren, seit seine Spezies auf dem nordamerikanischen Kontinent heimisch ist, fein abgestimmt wurde. Ein solcher Drang kann durch keine Tätigkeit und keine Eingriffe von Naturschutzbiologen oder Parkverwaltungen jemals gestillt werden. Mit anderen Worten: Die Wildnis hat im Yellowstone-Park immer noch ihren Platz und lauert in den Winkeln eines zunehmend bewirtschafteten Systems.

Tatsächlich ist die Wildnis das Rätsel, das jedem Element einer synthetischen Zukunft innewohnen wird. Sie wird weiterhin nicht nur in ökologischen Landschaften und den darin enthaltenen Raubtieren angesiedelt sein, sondern auch in jeder Handlungsweise und Technologie, um deren Entwicklung wir uns bemühen. Sie wird sich in den Nanobots finden, von denen Drexler fürchtete, sie könnten außer Kontrolle geraten und die Erde in grauen Schleim verwandeln. Sie wird in den synthetischen Organismen vorhanden sein, von denen selbst Venter anerkennt, dass man sie daran hindern muss, aus dem Labor zu entkommen oder zu Krankheitserregern zu werden. Sie wird weiterhin durch die Adern der Arten kreisen, die man optimistisch umgesiedelt hat und deren Zahl in dem ökologischen Roulettespiel gezogen wird, das die Manager der Ökosysteme spielen. Sie wird sich in Form heftiger Monsunregen Bahn brechen, die sich als Folge einer gut gemeinten, aber fehlgeleiteten Bemühung zur Bewirtschaftung der Sonnenstrahlung unerwartet 800 Kilometer weiter nach Osten verlagern und einen Monat später eintreffen als vorausberechnet. Sie wird sich in jedem menschlichen Genom herumtreiben, das im Labor synthetisiert wird. Jede Technologie und jede Handlungsweise wird wichtige Spuren einer Wildheit enthalten, die unseren Plänen und Wünschen gegenüber von kaltschnäuziger Gleichgültigkeit ist.

Die Wildheit wird nicht nur als Eigenschaft der Technologie fortbestehen, die wir aufbauen; sie wird auch als Eigenschaft der Baumeister selbst erhalten bleiben. Als spontane soziale und biologische Wesen, die als Antwort auf wechselnde Umstände ständig neue Verhaltensmuster entwickeln, werden sowohl die Einzelnen als auch die Gesellschaften ewig im Griff der Wildheit bleiben. Rund um charismatische Personen werden sich wirbelnde, unberechenbare Menschenmassen sammeln. Umfangreiche kulturelle Verhaltensweisen werden unerwartete Wendungen nehmen, sei es in Form radikaler politischer Bewegungen, durch die schnelle Übernahme einer neuen Technologie oder durch die Geißel des Fundamentalismus. Eine ältere Frau, die jahrelang den gleichen Weg zu ihrem Lebensmittelladen gegangen ist, wird sich abrupt nicht mehr nach rechts, sondern nach links wenden. Die Spontanität, die in uns allen steckt, wird weiterhin auf Wegen, die man nicht vorhersehen kann, sowohl spektakuläre Erfolge als auch entsetzliche politische und wirtschaftliche Fehlschläge hervorbringen.

Wildheit ist also immer ein zweischneidiges Schwert. Einerseits sorgt sie dafür, dass die Schönheit, die Spontanität und die bezaubernde Unberechenbarkeit der Welt außerhalb unserer Reichweite parallel zu unseren Erfindungen weiter bestehen wird. In Arten und ökologischen Systemen, die eine erbarmungslose Evolution durchmachen, in den Lotterien, die von Räuber und Beute ständig gewonnen und verloren werden, in unerwarteten Platzregen und leuchtenden Regenbogen, in den unaufhörlich wirksamen physikalischen und thermodynamischen Kräften, die unseren Heimatplaneten schon immer geformt haben, wird die Wildheit gewährleisten, dass es stets Geheimnisse und Wunder zu betrachten gibt, ganz gleich, was für eine Form des Plastozäns wir durch unsere Entscheidungen schaffen. Die Unabhängigkeit und Gleichgültigkeit gegenüber unseren Zielen, die wilde Tiere und wilde Landschaften an den Tag legen, werden weiterhin von entscheidender Bedeutung dafür sein, dass unsere Vorhaben und unsere Träume in der richtigen Perspektive bleiben.

Die Wildheit hat aber auch eine andere Seite, und es wäre töricht, sie zu vergessen. Mit ihren Launen, ihrer Unberechenbarkeit und ihrer Fähigkeit, ständig unsere Erwartungen zu übertreffen, wird sie dafür sorgen, dass eine Umgestaltung der Erde immer ein großes Glücksspiel bleiben wird. Wenn wir so tief in die Funktionsweise eines Planeten eingreifen, werden wir aller Wahrscheinlichkeit nicht in der Lage sein, sämtliche Folgen unseres Handelns vorherzusehen. Uns von der erhabenen Schönheit der Technologie verführen zu lassen, birgt schwere Risiken.

Die Räder für die Benennung geologischer Epochen drehen sich bereits, und möglicherweise werden die Stratigraphen sich in nicht allzu langer Zeit entschließen, unsere Zeit als „Zeitalter der Menschen" zu bezeichnen. Wenn das geschieht, könnten wir vielleicht die Gelegenheit ergreifen, tief durchzuatmen, uns einen Überblick über unser Umfeld zu verschaffen und nachzudenken. Die Neubenennung wird etwas Wichtiges darüber aussagen, wer wir sind und wozu wir werden könnten. Aber im Augenblick des Nachdenkens würde unsere Spezies gut daran tun, so lange wie möglich zu zögern, bevor sie weiter voranschreitet. Eine solche Pause würde die Gelegenheit bieten, uns mit der Tatsache vertraut zu machen, dass die Natur und die Milliarden der darin enthaltenen, sich schnell wandelnden Lebewesen trotz unserer besten Absichten wahrscheinlich nicht aufgeben und sich nicht ganz unserem Kommando unterordnen werden. Nicht einmal nachdem die Mönche und Philosophen der Geowissenschaften die nächste Epoche als die unsere bezeichnet haben.

Anmerkungen

Einleitung

1. Ein solches *gaff* ist ein Stab aus Holz oder Metall mit einem Stahlhaken am Ende; es dient dazu, dass die Fischer große Fische leichter über die Bordwand ihres Schiffes ziehen können.
2. Das Präfix *anthropo-* stammt von dem griechischen Wort für „Mensch".
3. Paul Crutzen mit Christian Schwägerl, „Living in the Anthropocene: Toward a New Global Ethos", *YaleEnvironment360*, January 14, 2011, http://e360.yale.edu/features/living_in_the_anthropocene_toward_a_new_global_ethos.
4. In diesem Buch verwende ich die Begriffe *synthetisches Zeitalter* und *Plastozän* in derselben Bedeutung. Beide bedeuten, dass eine Welt, die früher das Produkt natürlicher Prozesse war, zunehmend zu einem gezielten Konstrukt wird.
5. Das Literaturverzeichnis am Ende des Buches nennt einige Quellen für die hier beschriebenen Ideen. Endnoten und Zitate wurden auf ein Minimum beschränkt.

Kapitel 1

1. Feynman, „There's Plenty of Room at the Bottom."
2. Nach wie vor ist es nicht möglich, im Größenmaßstab der Atome etwas zu „sehen", denn die Wellenlänge des lichtes, mit dem wir sehen, ist viel größer als der Durchmesser eines Atoms. Das Rastertunnelmikroskop kann aber eine visuelle Abbildung der Dinge schaffen, die dort vorgehen; dazu liefert ein Strom eine elektrische Wiedergabe des „Aussehens" einer Atomoberfläche oder -anordnung.

3. Zitiert in Joachim Schummer und Davis Baird, Hrsg., *Nanotechnology Challenges: Implications for Philosophy, Ethics and Society* (Singapore: World Scientific, 2006), S. 421.

4. Banana Boat beruhigte auch Anwälte, die möglicherweise gegen grausame Behandlung unschuldiger Früchte vorgehen würden, dass seine Produkte keinerlei Bananen enthält.

5. Mark R. Miller, Jennifer B. Raftis, Jeremy P. Langrish, Steven G. McLean, Pawitrabhorn Samutrtai, et al., „Inhaled Nanoparticles Accumulate at Sites of Vascular Disease“, *ACS Nano* 11, no. 5 (2017), S. 4542–4552.

Kapitel 2

1. Ein verblüffendes Bild dieses ersten Erzeugnisses der molekularen Produktion ist online allgemein verfügbar; es lohnt, die Aufnahme zu betrachten.

2. Sündüs Erbas‚-Çakmak, David A. Leigh, Charlie T. McTernan, and Alina L. Nussbaumer, „Artificial Molecular Machines“, *Chemical Reviews* 115, no 18 (2015), S. 10157.

3. Drexler, *Engines of Creation.*

4. Offene Briefe zwischen Drexler und Smalley, veröffentlicht in *Chemical and Engineering News* 81, no. 48, S. 37–42, http://pubs.acs.org/cen/coverstory/8148/8148counterpoint.html.

Kapitel 3

1. Eine endgültige und noch genauere Version der Karte des menschlichen Genoms wurde 2003 veröffentlicht; danach wurde das Humangenomprojekt offiziell für abgeschlossen erklärt.

Kapitel 4

1. Zitiert von Andrew Pollock in „His Corporate Strategy: The Scientific Method", *New York Times,* 4. September 2010, http://www.nytimes.com/2010/09/05/business/05venter.html.
2. Bill Joy, „Why the Future Does Not Need Us", *Wired* 8, no. 4 (April 2000), https://www.wired.com/2000/04/joy-2.
3. Nachdem der technische Fortschritt ausgeblieben war und die Ölpreise 2014 sanken, fuhr Exxon seine Investitionen in die Technologie synthetischer Biotreibstoffe zurück. Erst 2017 nahm die Begeisterung bei dem Unternehmen nach einem Durchbruch wieder zu. Siehe Imad Ajjawi, John Verruto, Moena Aqui, Leah B. Soriaga, et al., „Lipid Production in Nannochloropsis gaditana Is Doubled by Decreasing Expression of a Single Transcriptional Regulator", *Nature Biotechnology* 35, no. 7 (2017), S. 645–652.
4. Pressemitteilung des J. Craig Venter Institute: „First Self-Replicating Synthetic Cell", 20. Mai 2010, http://www.jcvi.org/cms/press/press-releases/full-text/article/first-self-replicating-synthetic-bacterial-cell-constructed-by-j-craig-venter-institute-researcher.
5. McKibben, *The End of Nature,* 213–214 (dt. *Das Ende der Natur,* S. 221–222).
6. Paul Crutzen, „The Geology of Mankind", *Nature* 415 (January 2002), S. 23.

Kapitel 5

1. Leopold, „Marshland Elegy", in *A Sand County Almanac.*
2. Leopold, „The Outlook", in *A Sand County Almanac.*

3. Gespräch beim Aspen Environmental Forum (2012), wiedergegeben unter http://grist.org/living/save-the-median-strip-or-how-to-annoy-e-o-wilson.

4. Emma Marris, „Handle with Care", *Orion Magazine*, Mai/Juni 2015, https://orionmagazine.org/article/handle-with-care.

5. Marris, *Rambunctious Garden*.

6. Ellis, „The Planet of No Return"; und Erle C. Ellis, „Too Big for Nature", in *After Preservation: Saving American Nature in the Age of Humans,* Hrsg. Ben Minteer und Stephen Pyne (Chicago: University of Chicago Press, 2015), S. 26.

7. Bundesministerium für Umwelt, Naturschutz, Bau und Reaktorsicherheit: Nationale Strategie zur biologischen Vielfalt, 2007. https://www.bmu.de/fileadmin/Daten_BMU/Pools/Broschueren/nationale_strategie_biologische_vielfalt_2015_bf.pdf, S. 40. https://www.fileadmin/bmu-import/files/english/pdf/application/pdf/broschuere_biolog_vielfalt_ strategie_en_bf.pdf.

8. Stephen Jay Gould, *Time's Arrow, Time's Cycle: Myth and Metaphor in the Discovery of Geological Time* (Cambridge, MA: Harvard University Press, 1987), S. 3. (dt. *Die Entdeckung der Tiefenzeit.* Übers. v. H. Fliessbach; München: dtv 1992, S. 16).

Kapitel 6

1. Da es sich um eine rettende Methode handelt, haben manche Autoren vorgeschlagen, sie mit dem biblisch klingenden Begriff als *gerichtete Diaspora* zu bezeichnen.

2. Stephen G. Willis, Jane K. Hill, Chris D. Thomas, David B. Roy, Richard Fox, David S. Blakeley und Brian Huntley, „Assisted Colonization in a Changing Climate: A Test-Study Using two U.K. Butterflies",

Conservation Letters 2, no. 1 (2009), S. 46–52. https://doi.org/10.1111/j.1755-263x.2008.00043.x.

3. Robert Elliott, *Faking Nature: The Ethics of Environmental Restoration* (New York: Routledge, 1997).

4. Fred Pearce vertritt die Ansicht, viele derartige Versuche zur Korrektur von „Fehlern" seien sowohl Geldverschwendung als auch ökologisch unnötig.

5. Im Jahr 2017 wurden die ersten menschlichen Embryonen mit der CRISPR-Technologie redigiert. Hong Ma, Nuria Marti-Gutierrez, Sang-Wook Park, Jun Wu, et al., „Correction of a Pathogenic Gene Mutation in Human Embryos", *Nature* 548 (August 2, 2017), https://doi.org/10.1038/nature23305.

6. Emma Marris, „Humility in the Anthropocene", in *After Preservation: Saving American Nature in the Age of Humans,* Hrsg. Ben A. Minteer und Stephen J. Pyne (Chicago: University of Chicago Press, 2015), S. 48.

7. In der Erwartung, dass in Zukunft die DNA der heute verschwindenden Arten gebraucht wird, sammeln mehrere Organisationen die Genome vorhandener Arten in der Hoffnung, dass sich diese Proben irgendwann in der Zukunft als nützlich erweisen könnten. Beispiele sind das Frozen Ark project im britischen Nottingham, UK und der Frozen Zoo am Institute for Conservation Research des Zoos von San Diego.

8. Wem es bei dem Gedanken, eine ausgestorbene Art von den Toten aufzuerwecken, kalt den Rücken herunter läuft, der sollte bedenken, dass man mit ähnlichen Methoden auch speziesübergreifende Klone lebender, aber stark gefährdeter Arten wie des Java-Nashorns schaffen könnte. Man könnte die DNA Überlebender Java-Nashörner in die Eizellen enger, aber weniger gefährdeter Verwandter wie der Sumatra-Nashörner einschleusen. Manch einer hält es vielleicht für besser, wenn ein geklontes Java-Nashorn, das von

einer Sumatra-Nashorn-Mutter zur Welt gebracht wurde, durch den indonesischen Dschungel streift, als dass es überhaupt keine Java-Nashörner mehr gibt.

9. Stewart Brand, „The Dawn of De-extinction: Are You Ready?", TED Talk, https://www.ted.com/talks/stewart_brand_the_dawn_of_de_extinction_are_you_ready/transcript?language=en.

10. Zitiert in „Mammoth Genome Sequence Completed", BBC News, 25. April 2015, http://www.bbc.com/news/science-environment-32432693.

11. Scott R. Sanders, „Kinship and Kindness", *Orion Magazine*, Mai/Juni 2016, S. 34.

12. Kevin Esvelt, George Church und Jeantine Lunshof, „'Gene Drives' and CRISPR Could Revolutionize Ecosystem Management", *Scientific American*, 17. Juli 2014, https://blogs.scientificamerican.com/guest-blog/gene-drives-and-crispr-could-revolutionize-ecosystem-management.

13. Sanders, „Kinship and Kindness."

Kapitel 7

1. International Agency for Research on Cancer, press release no. 180, 5. Dezember 2007, https://www.iarc.fr/en/media-centre/pr/2007/pr180.html.

Kapitel 8

1. Alvin Weinberg, *Reflections on Big Science* (Cambridge, MA: MIT Press, 1967) (dt. *Probleme der Grossforschung*. Übers. v. I. Heckl; Frankfurt a. M.: Suhrkamp 1970).

2. Technische Lösungen wie das Antiblockiersystem werfen unter anderem das Problem auf, dass sie den Menschen ein falsches Gefühl der Sicherheit vermitteln können. Auf dieses veränderte Sicherheitsgefühl reagieren

die Menschen in der Regel mit schnellerem Fahren, womit ein Teil des Nutzens, der erreicht werden sollte, zunichte gemacht wird.

3. Das Fachgebiet wird manchmal auch als Klimasanierung bezeichnet, im Deutschen ist aber Geoengineering der am häufigsten verwendete Begriff.

4. Paul J. Crutzen, „Albedo Enhancement by Stratospheric Aerosol Injection: A Contribution to Resolve a Policy Dilemma?,“ *Climatic Change* 77 (2006), S. 211–219. https://doi.org/10.1007/s10584-006-9101-y.

5. Die Ozeane verschaffen uns schon heute einen Aufschub bis zu einer beträchtlichen Erwärmung, weil sie von Natur aus 30 bis 40 % des von Menschen ausgestoßenen Kohlendioxids absorbieren; außerdem nehmen sie bis zu 90 % der Wärme auf, die von den verbleibenden Treibhausgasen eingefangen werden.

6. Am Ende seines Buches *Das Ende der Natur* erklärt McKibben trotzig, er könne die „dröhnende Endgültigkeit" der Position, die er zuvor auf mehreren hundert Seiten verteidigt habe, nicht ertragen. Er fasst den Entschluss, sich in die Bekämpfung des Klimawandels zu stürzen, und er „hoffe wider alle Hoffnung", dass sich dieser unwiederbringliche Verlust verhindern lässt.

7. Paul J. Crutzen, „Geology of Mankind" *Nature* 415 (3. Januar 2002), S. 23.

Kapitel 9

1. Ein weiterer Grund, warum die Aussicht, irgendwelche Aerosole in den Himmel zu sprühen, mit Sicherheit feindselig aufgenommen würde, ist die sogenannte Chemtrail-Verschwörungstheorie. Ihre Vertreter glauben, eine niederträchtige Staatsmacht würde schon heute Chemikalien aus Verkehrsflugzeugen versprühen, um so die Kontrolle über die

arglose Öffentlichkeit auf dem Boden zu erlangen. Der Vorschlag, etwas Ähnliches als Reaktion auf den Klimawandel zu tun, weckt Verdächtigungen.

2. Royal Society, „Geoengineering the Climate: Science, Governance, and Uncertainty", 2009, https://royal-society.org/~/media/Royal_Society_Content/policy/publications/2009/8693.pdf.

3. Eine weitere Auswirkung auf das Weltklima, die mit dem Hinterende von Säugetieren in Verbindung steht, ist die mutmaßliche massive Verminderung des in die Atmosphäre abgegebenen Methan durch die übermäßige Jagd auf Pflanzenfresser im späten Pleistozän und Holozän. Diese Aussterbeereignisse und die damit einhergehende Verminderung der Methanemissionen könnten eine gewisse globale Abkühlung hervorgerufen haben, aber jeder Trend in dieser Richtung wurde durch die Milliarden hinzugekommenen, starke Darmwinde ausstoßenden Haustiere, die den Fleischhunger der Menschheit befriedigen sollen, ins Gegenteil verkehrt.

4. Naomi Klein, „Geoengineering: Testing the Waters", *New York Times,* 27. Oktober 2012, http://www.nytimes.com/2012/10/28/opinion/sunday/geoengineering-testing-the-waters.html.

5. Sabine Fuss, Josep G. Canadell, Glen P. Peters, Massimo Tavoni et al., „Betting on Negative Emissions", *Nature Climate Change* 4, no. 10 (2014), S 850–853.

6. Massimo Tavoni und Robert Socolow, „Modeling Meets Science and Technology: An Introduction to a Special Issue on Negative Emissions", *Climatic Change* 118 (2013), S. 13.

7. David Keith' Unternehmen Carbon Engineering bildete die Shortlist der Unternehmen, die für den Preis berücksichtigt worden.

8. kurz nach dem Ende des Vietnamkrieges wurde ein internationales Abkommen namens ENMOD-Konvention *Convention on the Prohibition of Military or Any Other Hostile Use of **Environmental Modification** Techniques* (dt. *Umweltkriegsübereinkommen*) geschlossen, das die Abwandlung des Wetters als Militärstrategie verbot. Manche Kommentatoren haben vorgeschlagen, das Prinzip von ENMOD auch auf die vorgesehenen Versuche zum Geoengineering anzuwenden.

9. Jason Mark, „Hacking the Sky", *Earth Island Journal* (Herbst 2013), http://www.earthisland.org/journal/index.php/eij/article/hacking_the_sky.

10. Die Formulierung wurde erstmals verwendet von Dipesh Chakrabarty in „The Climate of History: Four Theses", *Critical Inquiry* 35, no. 2 (2009), S. 197–222.

Kapitel 10

1. George Whitesides, „The Once and Future Nanomachine", Scientific American, 16. September 2001, S. 75.

2. Später wurde das Projekt in „Humangenomprojekt-Schreiben" umbenannt, um es von dem Projekt zu unterscheiden, das während der Amtszeit des Präsidenten Clinton abgeschlossen wurde; dieses bezeichnete man jetzt als „Humangenomprojekt-Lesen".

3. Zitiert in Joel Achenbach, „After Secret Harvard Meeting, Scientists Announce Plans for Synthetic Human Genomes", *Washington Post*, 2. Juni 2016.

4. Collins, zitiert in ebd.

5. Charles Lieber, zitiert in Simon Makin, „Injectable Brain Implants Talk to Single Neurons", *Scientific American* (1. März 2016), https://www.scientificamerican.com/article/injectable-brain-implants-talk-to-single-neurons.

6. Drew Endy und Laurie Zoloth, „Should We Synthesize a Human Genome?", Offener Brief, 10. Mai 2016, https://dspace.mit.edu/bitstream/handle/1721.1/102449/ShouldWeGenome.pdf?sequence=1.

7. J. Craig Venter, zitiert in Maggie Fox, „Synthetic Stripped-Down Bacterium Could Shed Light on Life's Mysteries", NBC News, 24. März 2016, http://www.nbcnews.com/health/health-news/little-cell-stripped-down-life-form-n545081.

8. Kurzweil, *The Singularity Is Near*, S. 296.

9. Der Templeton-Preisträger Holmes Rolston sprach von „drei Urknallen", welche die bedeutsamsten Entwicklungen in der Geschichte des Universums kennzeichnen. Diese drei Ereignisse sind die Entstehung des Universums selbst, die Entstehung des Lebens und die Entstehung des Geistes. Sollte die Singularität eintreten, könnte Kurzweil sie vielleicht als vierten Urknall klassifizieren.

10. Ansichten, die mit Descartes in Verbindung gebracht werden, nennt man cartesianisch nach der lateinischen Version seines Namens: Cartesius.

11. Zur Erforschung der Zusammenhänge zwischen Gedanken wie denen von Kurzweil und der christlichen Theologie entstand das Fachgebiet der sogenannten Simulationstheologie.

12. Zitiert in Michael Specter, „Rewriting the Code of Life", *New Yorker*, 2. Januar 2017, S. 36, http://www.newyorker.com/magazine/2017/01/02/rewriting-the-code-of-life.

Kapitel 11

1. Crutzen und Stoermer, „The Anthropocene", 17.
2. Antonio Stoppani, „Corso di Geologica", in *Making the Geologic Now: Responses to Material Conditions of Contemporary Life,* Hrsg. Elisabeth Ellsworth und Jamie Kruse, trans. Valeria Federighi und Étienne Turpin (New York: Punctum Books, 2013), S. 34–41.
3. Thomas C. Chamberlin, *Geology of Wisconsin: Survey of 1873–1879* (Madison, WI: Commissioners of Public Print, 1883).
4. Derselbe Andy Revkin äußerte auch die Vermutung, die Menschheit könne bei dem Gedanken an Geoengineering ungute Gefühle bekommen.
5. David Keith, *The Case for Climate Engineering* (Cambridge, MA: MIT Press, 2013), S. 173.
6. Crutzen und Schwägerl, „Living in the Anthropocene."
7. Rick Bass, zitiert in Bogard, *The End of Night.*

Weiterführende Literatur

1. Ackerman, Diane. *The Human Age: The World Shaped by Us*. New York: W. W. Norton, 2014.
2. Biello, David. *The Unnatural World: The Race to Remake Civilization in Earth's Newest Age*. New York: Scribner, 2016.
3. Bogard, Paul. *The End of Night: Searching for Natural Darkness in an Age of Artificial Light*. New York: Little, Brown and Company, 2013 (dt. *Die Nacht: Reise in eine verschwindende Welt*. Übers. v. Y. Badal; München: Blessing 2014).
4. Crutzen, Paul und Eugene Stoermer. „The Anthropocene." *Global Change Newsletter* 41 (Mai 2000): 17–18.
5. Drexler, K. E. *Engines of Creation: The Coming Ear of Nanotechnology*. New York: Anchor Books, 1986.
6. Drexler, K. E. „Molecular Engineering: An Approach to the Development of General Capabilities for Molecular Manipulation." *Proceedings of the National Academy of Sciences of the United States of America* 78 (9) (1981): 5275–5278.

© Springer-Verlag GmbH Deutschland, ein Teil von Springer Nature 2019
C. J. Preston, *Sind wir noch zu retten?*,
https://doi.org/10.1007/978-3-662-58190-2

7. Ellis, Erle. 2012. „The Planet of No Return: Human Resilience on an Artificial Earth" *The Breakthrough Journal* (Winter). https://thebreakthrough.org/index.php/journal/past-issues/issue-2/the-planet-of-no-return.

8. Feynman, Richard. „There's Plenty of Room at the Bottom." Vorlesung am California Institute of Technology, 29. Dezember 1959. *Caltech Engineering and Science* 23(5) (Februar 1960): 34. http://calteches.library.caltech.edu/1976/1/1960Bottom.pdf.

9. Gardiner, Stephen. *A Perfect Moral Storm: The Ethical Tragedy of Climate Change*. New York: Oxford University Press, 2011.

10. Kurzweil, Ray. *The Singularity Is Near: When Humans Transcend Biology*. New York: Penguin, 2006 (dt. *Menschheit 2.0: die Singularität naht*. Übers. v. M. Rötschke; Berlin: Lola Books 2014).

11. Lee, Keekok. *The Natural and the Artefactual: The Implications of Deep Science and Deep Technology for Environmental Philosophy*. Lanham, MD: Lexington Books, 1999.

12. Leopold, Aldo. *A Sand County Almanac: And Sketches Here and There*. New York: Oxford University Press, 1949.

13. Mark, Jason. *Satellites in the High Country: Searching for the Wild in the Age of Man*. Washington, DC: Island Press, 2015.

14. Marris, Emma. *Rambunctious Garden: Saving Nature in a Post-Wild World*. New York: Bloomsbury, 2011.

15. Marris, Emma, Peter Kareiva, Joseph Mascaro und Erle Ellis. „Hope in the Age of Man." *New York Times*, 7. Dezember 2011. http://www.nytimes.com/2011/12/08/opinion/the-age-of-man-is-not-a-disaster.html.

16. Marsh, George Perkins. *Man and Nature: Or, Physical Geography as Modified by Human*
17. *Action.* Cambridge, MA: Harvard University Press, 1965 (1864).
18. McKibben, Bill. *The End of Nature.* New York: Random House, 1989 (dt. *Das Ende der Natur.* Übers. v. U. Rennert; München: List 1989).
19. McKibben, Bill. *Enough: Staying Human in an Engineered Age.* New York: Henry Holt and Company, 2003 (dt. *Genug!: Der Mensch im Zeitalter seiner gentechnischen Reproduzierbarkeit.* Übers. v. U. Bischoff; Berlin: Belin Verlag 2003).
20. Mill, John Stuart. „On Nature." In *Nature, the Utility of Religion, and Theism.* London: Longmans, Green, Reader, and Dyer, 1874.
21. Morton, Oliver. *The Planet Remade: How Geoengineering Could Change the World.* London: Granta, 2015.
22. Pearce, Fred. *The New Wild: Why Invasive Species will be Nature's Salvation.* Boston: Beacon Press, 2015 (dt. *Die neuen Wilden: wie es mit fremden Pflanzen und Tieren gelingt, die Natur zu retten.* Übers. v. G. Gockel und B. Steckhan; München: oekom 2016).
23. Purdy, Jedediah. *After Nature: A Politics for the Anthropocene.* Cambridge, MA: Harvard University Press, 2015.
24. Purdy, Jedediah. „The New Nature." *Boston Review,* 11. Januar 2016. http://bostonreview.net/forum/jedediah-purdy-new-nature.
25. Vince, Gaia. *Adventures in the Anthropocene: A Journey to the Heart of the Planet we Made.* Minneapolis, MN: Milkweed, 2014 (dt. *Am achten Tag: eine Reise in das Zeitalter des Menschen.* Übers. v. M. Niehaus, M. Wiese und J. Wissmann; Darmstadt: Theiss 2016).

© Springer-Verlag GmbH Deutschland, ein Teil von
Springer Nature 2019
C. J. Preston, *Sind wir noch zu retten?*,
https://doi.org/10.1007/978-3-662-58190-2